中国科学技术协会　主编

FOCUSING ON THE FUTURE OF SCIENCE AND TECHNOLOGY

面向未来的科技

——2022重大科学问题、工程技术难题及产业技术问题解读

中国科学技术出版社
·北京·

图书在版编目（CIP）数据

面向未来的科技.2022重大科学问题、工程技术难题及产业技术问题解读/中国科学技术协会主编.—北京：中国科学技术出版社，2023.2

ISBN 978-7-5046-9875-9

Ⅰ.①面… Ⅱ.①中… Ⅲ.①科学研究工作—研究—中国 Ⅳ.① G322

中国版本图书馆 CIP 数据核字（2022）第 210841 号

策　　划	刘兴平　秦德继
责任编辑	高立波　夏凤金　冯建刚
封面设计	北京潜龙
正文设计	中文天地
责任校对	焦　宁
责任印制	李晓霖

出　　版	中国科学技术出版社
发　　行	中国科学技术出版社有限公司发行部
地　　址	北京市海淀区中关村南大街16号
邮　　编	100081
发行电话	010-62173865
传　　真	010-62173081
网　　址	http://www.cspbooks.com.cn

开　　本	787mm×1092mm　1/16
字　　数	280千字
印　　张	22.5
版　　次	2023年2月第1版
印　　次	2023年2月第1次印刷
印　　刷	北京荣泰印刷有限公司
书　　号	ISBN 978-7-5046-9875-9 / G·990
定　　价	98.00元

（凡购买本社图书，如有缺页、倒页、脱页者，本社发行部负责调换）

编委会

（按姓氏笔画排序）

卫　征　马福海　王寿君　王金南　方向晨

史玉波　伏广伟　刘文杰　池　慧　李　骏

吴学兵　陈晔光　陈　霖　范青华　欧阳武

易　军　郑传临　胡海岩　顾长志　唐志共

黄路生　曹学勤　崔利锋　彭友良　舒印彪

雒建斌　穆荣平　戴琼海

前言
Preface
面向未来的科技

发展是第一要务，科技是第一生产力，人才是第一资源，创新是第一动力。党的二十大把高质量发展作为全面建设社会主义现代化国家的首要任务，强调把教育、科技、人才作为全面建设社会主义现代化国家的基础性、战略性支撑，要求加强基础研究，突出原创，鼓励自由探索。

当今世界百年未有之大变局加速演进，新一轮科技革命和产业变革突飞猛进，科学研究范式正在发生深刻变革，科技创新成为国际战略博弈的主要战场，围绕科技制高点的竞争空前激烈。集中力量进行原创性引领性科技攻关，坚决打赢关键核心技术攻坚战，发现问题是关键。提出真问题，才能解决真问题，才能创造更多"从0到1"的新突破。

中国科协自2018年开始组织开展重大科学问题和工程技术难题征集发布活动，并于2021年增加产业技术问题，充分发挥科协系统组织优势，发挥一线科学家的创新和探索精神，发挥战略科学家的敏锐性和前瞻性，研判世界科技前沿趋势，汇聚科技工作者战略共识，引导科技工作者面向世界科技前沿、面向经济主战场、面向国家重大需求、面向人民生命健康，把握大趋势、探究真问题、寻求新突破，在科技界和全社会引起强烈反响。

2022重大科学问题、工程技术难题和产业技术问题征集发布等系列活动，收到

115家全国学会、学会联合体、领军企业科协提交的642个问题难题。经过3万余名科技工作者网络投票，百余名院士专家多轮评选，最终遴选出10个对科学发展具有导向作用的前沿科学问题、10个对工程技术创新具有关键作用的工程技术难题、10个对产业发展具有重要作用的产业技术问题，在第二十四届中国科协年会上面向社会发布。

在此基础上，中国科协牵头组织问题难题推荐学会和相关专家学者，解读问题难题并结集成《面向未来的科技——2022重大科学问题、工程技术难题及产业技术问题解读》一书。目的是让广大科技工作者更好地把握世界科技前沿和发展趋势，让社会公众更好地理解科学，特别是让更多的青少年心怀科学梦想，树立创新志向，努力营造崇尚科学、自主创新的良好环境。希望广大科技工作者、管理者和社会公众为本书的优化迭代提供宝贵意见。

中国科学技术协会
2022年11月

目 录
contents

面向未来的科技

第一篇　前沿科学问题

1. 如何早期诊断无症状期阿尔茨海默病？
   预防阿尔茨海默病的曙光　　　　　　　　　　　　　　中国认知科学学会 / 003

2. 如何实现可信可靠可解释人工智能技术路线和方案？
   可信人工智能推动智能科技的变革　　　　　　　　　　中国人工智能学会 / 011

3. 如何实现原子尺度精准制备和结构调控构建未来信息功能器件？
   在原子尺度下精准制造信息器件　　　　　　　　　　　中国真空学会 / 021

4. 新污染物治理面临何种问题和挑战？
   新污染物环境风险评估和管控　　　　　　　　　　　　中国环境科学学会 / 037

5. 如何实现自动、智能、精准的化学合成？
   化学自动合成机器　　　　　　　　　　　　　　　　　中国化学会 / 051

6. 如何整合多组学对生物的复杂性状进行研究？
   多组学整合分析开创生物复杂性状研究新篇章　　　　　中国畜牧兽医学会 / 061

7. 能否实现材料表面原子尺度可控去除？
   超精密制造强劲助力大国崛起　　　　　　　　　　　　中国机械工程学会 / 077

8. 如何全方位精准评价城市综合交通系统及基础设施韧性?

　　城市交通韧性建设的术与道　　　　　　　　　　　　　　中国公路学会 / 087

9. 宇宙中的黑洞是如何形成和演化的?

　　一片光明的黑洞研究　　　　　　　　　　　　　　　　　中国天文学会 / 099

10. 制约海水提铀的关键科学问题是什么?

　　突破海水提铀技术瓶颈，尽快实现经济可行　　　　　　　中国核学会 / 109

第二篇　工程技术难题

1. 如何突破我国深远海养殖设施的关键技术?

　　在深远海中给鱼儿安个家　　　　　　　　　　　　　　 中国水产学会 / 121

2. 如何实现我国煤矿超大量"三废"（固、液、气）低成本地质封存及生态环境协同发展?

　　地质封存及生态环境协同发展引领未来煤矿废物处置方向

　　　　　　　　　　　　　　　　　　　　　　　　　　中国环境科学学会 / 131

3. 如何创建心源性休克的综合救治体系?

　　心源性休克救治——既不遥远，也不陌生　　　 中国生物医学工程学会 / 141

4. 如何实现全固态锂金属电池的工程化应用?

　　全固态锂金属电池的过去、现在和未来　　　　　　 中国汽车工程学会 / 153

5. 如何实现高精密复杂硬曲面随形电路?

　　高精密复杂硬曲面随形电路制造技术助力中国电子产业升级发展

　　　　　　　　　　　　　　　　　　　　　　　　　　　　中国电子学会 / 165

6. 如何突破高原极复杂地质超长深埋隧道安全建造与性能保持技术难题?

　　复杂艰险山区长大深埋隧道修建技术难题　　詹天佑科学技术发展基金会 / 175

7. 如何解决高温跨介质的热/力/化学耦合建模与表征难题?

　　高速飞行与流动中的热力化学现象　　　　　　　　中国空气动力学会 / 185

8. 如何从低品位含氦天然气中提取氦气?

　　突破核心技术,实现氦气国产化　　　　　　　　　中国化工学会 / 195

9. 如何利用遥感技术对地球健康开展有效诊断、识别与评估?

　　谱遥感体检与地球健康　　　　　　　　　　　　中国遥感应用协会 / 205

10. 如何实现极大口径星载天线在轨展开、组装及建造?

　　太空天眼——极大口径星载天线　　　　　　　　中国振动工程学会 / 217

第三篇　产业技术问题

1. 如何建立细胞和基因疗法的临床转化治疗体系?

　　建立合理临床转化体系,促细胞和基因疗法落地　　中国细胞生物学学会 / 229

2. 如何实现存算一体芯片工程化和产业化?

　　存算一体芯片引领算力时代新技术革命　　　　　　中国通信学会 / 239

3. 碳中和背景下如何实现火电行业的低碳发展?

　　碳捕集、利用与封存技术助力火电行业的低碳发展　　中国能源研究会 / 253

4. 如何通过标准化设计—自动化生产—机器人施工—装配式建造系统性解决建筑工业化和高能耗问题?

　　走向新型建筑工业化　　　　　　　　　　　　　中国土木工程学会 / 267

5. 如何发展自主可控的工业设计软件?

　　工业产品研发设计软件成为智能创造的灵魂

　　　　　　　　　　　　　　　　　　中国科学学与科技政策研究会 / 279

6. 如何利用多源数据实现农作物病虫害精准预报?

　　利用多源数据实现农作物病虫害精准预报　　　　　　　中国植物保护学会 / 291

7. 如何采用非石油原料高效、安全地合成己二腈?

　　以非石油原料合成己二腈　　　　　　　　　　　　　　中国化学会 / 305

8. 小麦茎基腐病近年为什么会在我国小麦主产区暴发成灾,如何进行科学有效地防控?

　　茎基腐病——我国小麦生产新挑战　　　　　　　　　中国植物病理学会 / 315

9. 如何研制大型可变速抽水蓄能机组?

　　可变速抽水蓄能机组的科学问题　　　　　　　　　　中国电机工程学会 / 325

10. 如何突破满足高端应用领域需求的高品质对位芳纶国产化"卡脖子"技术?

　　芳纶纤维产业技术发展现状及未来发展趋势　　　　　中国纺织工程学会 / 341

PART 1

第一篇
前沿科学问题

1. 如何早期诊断无症状期阿尔茨海默病？

根据 2019 年《柳叶刀》更新数据显示，阿尔茨海默病（AD）及其他痴呆在中国人群主要死因中上升至第 5 位。目前我国有 5300 多万认知障碍患者，且该数据仍在增长，阿尔茨海默病无疑已经成为当下重大的社会问题。

经本人多年对阿尔茨海默病的防治研究发现，阿尔茨海默病从病理改变到临床症状出现是一个连续的过程，阿尔茨海默病发生症状前 15～20 年就开始出现病理生理变化，相对于阿尔茨海默病痴呆阶段无法逆转的窘境，无症状期为疾病治疗带来了一缕曙光，而阿尔茨海默病无症状期的早期诊断才能使阿尔茨海默病未病先防、未病先治成为可能。临床医生和科研工作者正应用创新思维和高科技手段探索能够识别阿尔茨海默病无症状期的标志物，目前已初见成效。系统的临床指南和专家共识正在逐渐形成，以帮助我们实现无症状期阿尔茨海默病的早期诊断。就广大民众而言，提高预防意识，降低可控风险因素的发生，积极参加早期筛查，才能真正实现阿尔茨海默病无症状期的诊断。

贾建平
首都医科大学宣武医院神经疾病高创中心主任
首都医科大学宣武医院学术委员会副主任

预防阿尔茨海默病的曙光

随着人口老龄化，阿尔茨海默病（AD）作为痴呆的主要原因，已成为当今社会最为热点的话题之一，受到了全社会的广泛关注。阿尔茨海默病常表现为记忆下降、语言功能受损等症状，严重影响患者的生活质量，也给家庭和社会带来沉重负担。最新数据显示，我国 60 岁以上痴呆患者总数超过 1500 万人，其中阿尔茨海默病患者约有 983 万。经济调查显示，预计到 2050 年，中国因阿尔茨海默病所致经济负担将达到 12 万亿元人民币。对阿尔茨海默病的早期诊断和防治成为亟须解决的重大科学和社会问题。

什么是无症状期阿尔茨海默病？

阿尔茨海默病患者在未出现症状前，脑内就已存在许多病理改变，这一时期称为无症状期阿尔茨海默病，也可称为"阿尔茨海默病临床前阶段"。阿尔茨海默病临床前阶段的概念是 2011 年由美国国立老化研究所和阿尔茨海默病协会（NIA-AA）制定的阿尔茨海默病诊断标准中提出的。此时期患者没有记忆等认知功能障碍，也就是说，通过临床上的认知评估量表等测评，分数都在正常范围内。

有些人可能有家族遗传史，携带导致阿尔茨海默病发生的基因突变或变异，但尚未出现记忆力下降等认知功能障碍，这部分人群被称为无症状期的家族性阿尔茨海默病。大量研究表明，携带有这些基因突变的人群在日后必然发病，可据此作出预测性诊断。目前公认的家族性阿尔茨海默病的突变基因包括淀粉样蛋白前体（APP）基因、早老素 1（PSEN1）基因和早老素 2（PSEN2）基因。国内外还发现了除这三大基因外的其他致病基因。值得一提的是，不同种族、地域存在着遗传基因的差异和发病特点，例如，发病的年龄、突变的位点等有着明显的不同。

还有些人没有家族遗传史，不携带导致阿尔茨海默病发生的基因突变或变异，记忆和认知功能正常，但通过一些客观的检测手段可以检测到脑内发生的病理改变，这部分人群被称为无症状期的散发性阿尔茨海默病。

阿尔茨海默病的发展是一个连续体

阿尔茨海默病是一个连续疾病的概念，其发生发展可分为以下几个阶段：临床前阶段（无症状期）、轻度认知障碍阶段（MCI 期）和痴呆阶段（痴呆期）。具体来讲，阿尔茨海默病的脑病理改变早在临床症状出现之前 15～20 年，甚至更长时间就已经出现，该阶段是临床前阶段，也是阿尔茨海默病发展过程中最长的一个期，如同一个"潜伏期"。随后，开始出现细微的认知下降，神经心理学评估未达到痴呆标准，称为轻度认知障碍阶段，也称为阿尔茨海默病的前驱期。随着病程进展，阿尔茨海默病病理生理发展到一定程度而出现临床症状，且神经心理学评估达到了痴呆标准，被称为阿尔茨海默病的痴呆阶段，也就是传统意义上的阿尔茨海默病。阿尔茨海默病的痴呆阶段，根据严重程度，又可进一步分为轻度、中度和重度。轻度认知障碍阶段和痴呆阶段加在一起，统称为有症状期，往往持续 7～10 年（如下图）。

阿尔茨海默病是一个疾病连续体

健康大脑　无症状期　轻度认知障碍　阿尔茨海默病

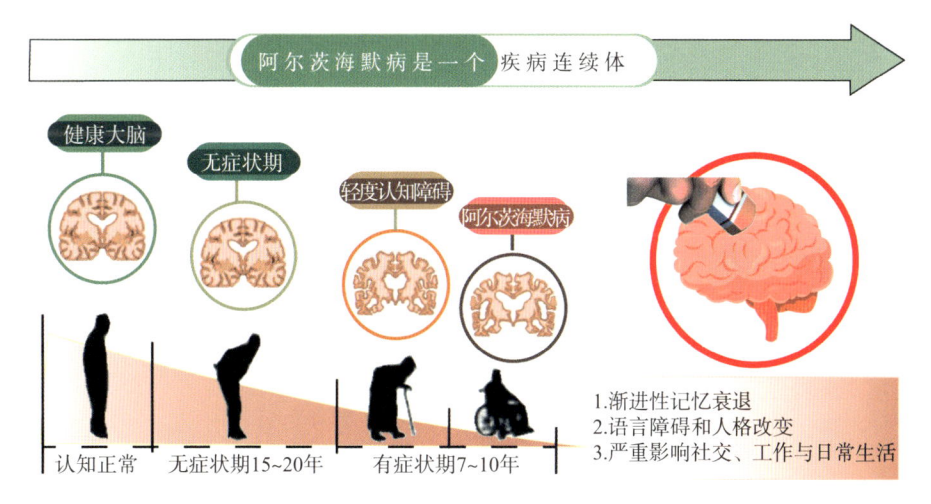

1. 渐进性记忆衰退
2. 语言障碍和人格改变
3. 严重影响社交、工作与日常生活

认知正常　无症状期15~20年　有症状期7~10年

阿尔茨海默病的发生发展可分为临床前阶段、轻度认知障碍阶段和痴呆阶段
（传统意义上的阿尔茨海默病）

随着疾病的发生发展，越到后期阿尔茨海默病进展越快。有些患者由于日常生活能力的降低或丧失、缺乏照料、高龄以及其他并发症等情况，未进展到重度痴呆阶段就有可能死亡。由于无症状期相对有症状期长，阿尔茨海默病的关键病理生理改变刚刚发生，疾病发展相对缓慢，如果此时进行识别和干预，有可能延缓、阻止甚至逆转阿尔茨海默病向更严重阶段的发展，从而达到治愈的目的。

如何识别和诊断无症状期阿尔茨海默病？

大量证据表明，在阿尔茨海默病的典型症状出现前，可能出现一些不易察觉的先兆症状，包括轻微的认知改变、功能丧失和睡眠质量变差，很难通过临床检查和普通的神经心理检查识别。因此，需要更敏感的认知测试，特别是具有挑战性的情景记忆测试（如单词列表的延迟回忆和成对联想学习），才有可能检测到这些轻微的变化，从而预测后续可能发生的阿尔茨海默病。除此之外，睡眠和昼夜节律问题在阿尔茨海默病中也是非常常见的，睡眠障碍也是痴呆的一个重要危险因素，这就提醒我们，睡眠质量应得到临床医生的特别关注，因为较差的睡眠质量可能是认知能力下降的早期迹象。

由于复杂的遗传、环境和其他因素，脑内神经元的损伤在症状出现前几年甚至几十年就开始了。阿尔茨海默病尚处于无症状阶段时，很难在临床表现和日常工作中发现和察觉，这就需要我们采用更为"科技"的手段进行分析检测。国内外多个研究证实，脑脊液生物标志物的异常，如β淀粉样蛋白（Aβ）水平降低和tau蛋白水平升高能够用于阿尔茨海默病无症状期的识别。研究者也在不断探索血液中的Aβ和tau及各亚类的水平在诊断无症状期阿尔茨海默病中的科学价值。除了Aβ和tau，国内外学者也在探索其他机制的体液生物标志物，例如神经炎症、血管功能、突触功能相关的指标。

随着技术的发展，医学影像学越来越多地被用于检测和定位阿尔茨海默病相关的大脑变化，因此有可能成为无症状期阿尔茨海默病的无创生物标志物。结构磁共振成像显示，内侧颞叶萎缩和某些阿尔茨海默病脆弱区域的皮质变薄可能是无症状期阿尔茨海默病的一个征象。功能磁共振成像研究显示，一些脑区例如海马、纹状体、楔前叶、后扣带回皮层及相关的通路和网络功能会在阿尔茨海默病出现症状之前发生细微变化，也可能是无症状期阿尔茨海默病的标志物。此外，随着示踪剂的开发，正电子发射计算机断层扫描（PET）成像技术已在临床中应用，能够用于阿尔茨海默病典型病理特征，如脑内β样淀粉蛋白沉积、tau蛋白沉积和葡萄糖代谢异常的检测，用于阿尔茨海默病临床前阶段的评估。目前正在开展大量科学研究，可帮助我们识别阿尔茨海默病的早期阶段，有助于在出现症状前开展早期干预（如下图）。

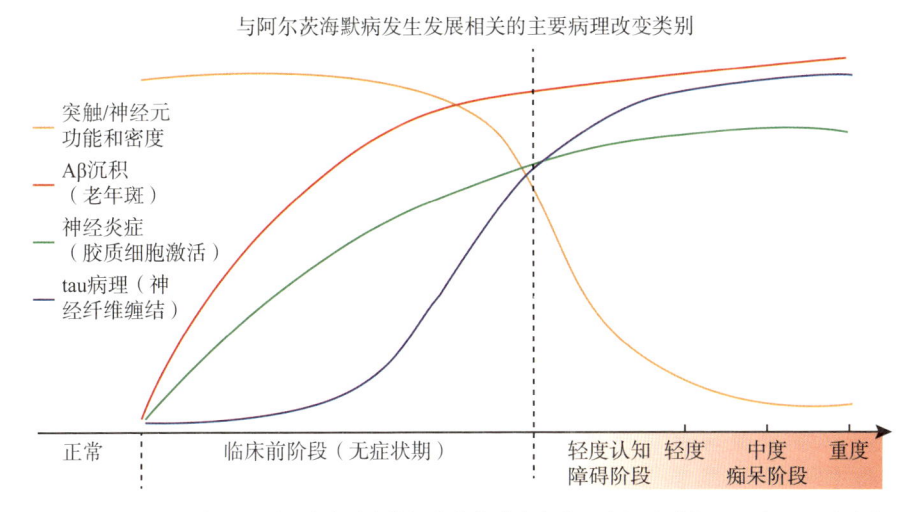

与阿尔茨海默病发生发展相关的主要病理改变类别

- 突触/神经元功能和密度
- Aβ沉积（老年斑）
- 神经炎症（胶质细胞激活）
- tau病理（神经纤维缠结）

正常 | 临床前阶段（无症状期） | 轻度认知障碍阶段 | 轻度 中度 重度 痴呆阶段

阿尔茨海默病发生发展过程中多种生物标志物的动态变化示意图（引自2019年 *Cell* 杂志）

阿尔茨海默病的早期干预是逆转阿尔茨海默病的关键

在首次出现临床症状之前，阿尔茨海默病有很长的无症状期，这也是治愈阿尔茨海默病的最佳时间窗。多种生物标志物的应用、生活方式的改变是阿尔茨海默病的早期干预的关键。生物标志物能够提前诊断阿尔茨海默病，有助于无症状期的识别。不良生活方式可能是阿尔茨海默病发生的危险因素，越来越多的证据表明，在早期进行生活方式干预，将会改变阿尔茨海默病的病理进程。近十年来的研究表明，生物学因素和社会学因素对阿尔茨海默病发生发展过程的影响作用明显。各种遗传因子、众多环境因素、超重与肥胖、睡眠障碍、营养与饮食、饮酒和吸烟、心理压力与抑郁、经济地位等都与认知功能的调节有关。随着科学技术的发展，大数据的先进计算和系统生物学工具的使用有助于临床科学家对阿尔茨海默病的病因进行更加深入的研究，对预防阿尔茨海默病的发生有重要意义。"用进废退"的认知老化假说表明，多参与身体性、社会性和智力性活动，可结合不同环境来增强对功能与认知下降的减缓作用。坚持长期的良好生活方式和避免各种痴呆的危险因素，或将成为阿尔茨海默病防治的关键，甚至可使阿尔茨海默病得到逆转和治愈，具有重要的科学和社会意义（如下图）。

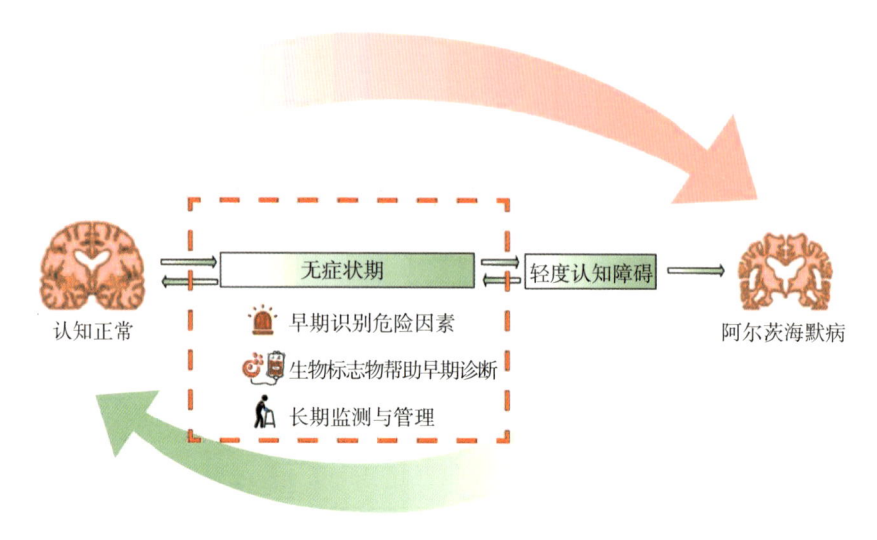

阿尔茨海默病的早期干预是逆转阿尔茨海默病的关键

展望未来

随着科学技术的进步，近年来很多组学技术和检测手段相继诞生。基因组学、蛋白质组学、影像组学、表型组学以及人工智能等先进技术的应用，将有助于发现和筛选出无症状期阿尔茨海默病的新型指标，提升阿尔茨海默病的早期精准诊断。未来将开发出更多简便快捷、经济实用、创伤性低的方法，更多的指标将有望被大规模的验证和推广应用，并最终纳入阿尔茨海默病的无症状期诊断标准和指南中。

随着人们健康意识的增强，对早期发现、早期防治观念的逐渐认同，使得"爱忘事"的人们，无论年轻或年老，都能得到及早发现和治疗。我们认为，阿尔茨海默病是可预防、可治愈的。让我们一起留住美好记忆，呈现生命真谛。

中国认知科学学会

撰稿人：王　彦　全美娜　王启庚　刘文颖　贾建平

编辑：何红哲

2. 如何实现可信可靠可解释人工智能技术路线和方案?

人工智能如何实现可信、可靠、可解释?这是一个重大的科学问题。近年来,人工智能的迅猛发展对人类社会的生产生活方式产生了巨大影响。但是随着人工智能应用场景的不断扩展,人工智能的可信、可靠、可解释问题逐渐显现。在关乎生命安全、社会公平、经济平稳、社会稳定和用户隐私的领域,人工智能的可信、可靠、可解释性与其在真实世界应用的深度和广度紧密关联。就目前具有代表性的深度学习方法来说,虽然其能够取得非常高的预测精度,但面对复杂环境中的异常情况或恶意干扰时,性能会明显下降。此外,人们对其"如何决策""为什么这样决策"和"决策了什么"的了解相当有限。随着人工智能稳定学习和解释技术及人工智能应用的安全保障技术发展,其可信、可靠、可解释性正在不断增强,数据-知识联合驱动的方式有望为可信人工智能的发展提供新动能。

高新波

重庆邮电大学校长

可信人工智能推动智能科技的变革

人工智能（Artificial Intelligence，AI）是一门研究和开发用于模拟、延伸和扩展人类智能的理论、方法、技术和应用系统的科学。通俗地说，人工智能旨在使机器具有与人类相似甚至更强的认知、行为和决策等能力，能够对现实世界中的事物和场景做出预测和回应。可信可靠和可解释是保障人工智能安全和被人类信赖的关键，人工智能在这些性质上的良好表现将全面促进自身的快速发展，推动智能科技的深度变革。

八十载的成长之路

1943 年，沃伦·麦卡洛克和沃尔特·皮茨提出了一种人工神经元模型，他们将这种神经元设定为包含"开"或"关"两种状态。当一个神经元受到足够数量的邻近神经元的刺激时，将会出现由"关"向"开"的状态转变。这是目前普遍认定的人工智能的最早工作。其后，一些早期的人工智能研究逐步得到发展。1950 年，阿兰·图灵在发表的《计算机器与智能》中提出了著名的"图灵测试"作为判断机器是否具有智能的标准。1956 年，约翰·麦卡锡、马文·明斯基、克劳德·香农等学者在达特茅斯组织了一个研讨会，共同讨论了机器模拟智能等一系列问题，并在会议期间首次出现了"人工智能"这一术语。因此，此次会议被公认为人工智能诞生的会议。1957 年，康奈尔大学的实验心理学家弗兰克·罗森布拉特模拟实现了一种由他发明的名为"感知机"的神经网络，这个模型可以完成一些简单的视觉处理任务，这在当时引起了极大的轰动。随后，闵斯基和西摩·佩珀特在《感知机：计算几何学》一书中证明了两输入的感知机不能解决异或问题。这使得神经网络的研究在之后的一段时间内陷入低谷。1965 年，世界上第一个专家系统诞生，它使用强有力的、领域相关的知识来进行推理和判断，并成为早期人工智能系统的一个重要分支。而在 20 世纪 80 年代，专家系统技术逐渐成熟并应用到很多领域。在此时期，戴维·鲁梅尔哈特、詹姆斯·麦克莱兰分别出版了两卷著作《并行分布式处理》，显示出了神经网络巨大的潜力，使神经网络的研究再次兴盛。2006 年，杰弗里·辛顿提出深度学习，将神经网络研究推向新的高潮，这股研究热潮一直延续至今。

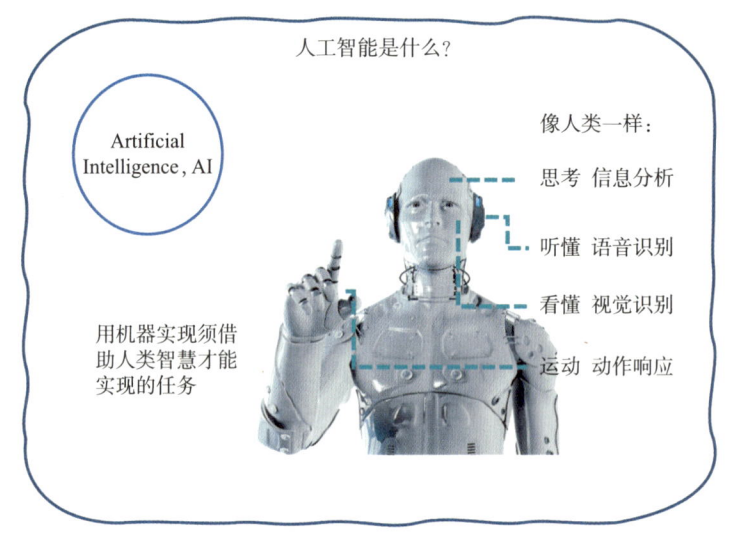

人工智能（引自 Nextbrain 网站）

人工智能技术的迅猛发展深刻影响和改变着每个人的日常生活，给人类社会带来了深刻的变革。从微观上看，人工智能在我们身边发挥着不可替代的作用，从人脸、指纹认证，到电商平台的商品推荐及医疗服务中的辅助诊断，层出不穷，比比皆是。从宏观上看，人工智能技术相关产业能够创造巨大的社会效益和经济价值，已经成为全球各国竞相布局的高科技领域。

人工智能的达摩克利斯之剑

人工智能虽然已展现出强大的能力并得到一定程度的应用，但其隐藏的缺陷和危机也在日益凸显。如同悬挂在王座上的达摩克利斯之剑一般，强大的人工智能也可能因其潜在的漏洞对经济和社会造成危险，失去人们的信赖。

从其内在角度，人工智能自身模型的可靠性和可解释性尚未得到充分保障。如果一个智能系统易受环境中异常情况或恶意干扰的影响而无法做出准确预测，那么这个系统是不可靠不可信的。如下图所示，检测系统会受到训练数据分布的影响，识别不出仅有侧脸的人或凭空编造出不存在的长椅；自动驾驶系统中的目标检测模型可能被带有恶意扰动的路标误导而导致交通事故，对人身安全构成重大威胁。另外，如果人工智能系统输出的决策与人类认知不一致，或做出决策的依据和过程无法被人类理解，那么该系统就缺乏可解释性。例如，使用人工智能系统评判成员业务水平时，由于系统不能解释争议性决策的判别依据，可能造成不必要的争端；人工智能应用在医疗诊断方面时，医生往往不能得知人工智能的诊断依据，所以不能充分信任人工智能的诊断结果。

从其外在角度，人工智能的应用虽然已遍布我们日常生活的方方面面，但其滥用、恶用的问题也愈发明显。对于广泛使用的智能内容生成，如果不法分子通过人工智能生成伪造的人脸图像、指纹特征，从而盗取其他用户的银行账户资产，将会造成

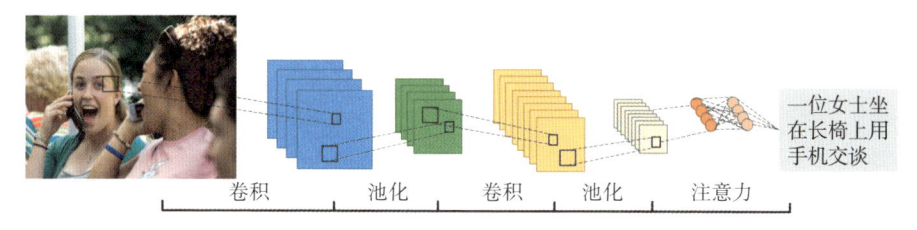

两位用手机交谈的女士被误识别为"一位女士坐在长椅上用手机交谈"
（引自论文 Object Hallucination in Image Captioning）

严重的经济损失。此外，在使用人工智能过程中可能涉及敏感信息和隐私，如果不法分子攻击人工智能模型或交互过程，窃取和泄露隐私，将会造成恶劣的社会影响。

从驱动方式的角度，纯粹依赖数据驱动而学习到的人工智能具有不可靠不可控风险。张钹院士在 2022 世界机器人大会主论坛上表示，人工智能纯粹靠数据驱动的方法必然不稳定、必然不可解释、必然不可靠。例如，纯粹靠数据驱动的人工智能模型很容易将一只带有大象纹理的猫的图像分类为大象。这些漏洞暴露了人工智能有许多的风险和挑战，也将阻碍其进一步发展和融入人类日常生活。那么，接下来的问题是，我们该如何解决这些漏洞，实现可信可靠可解释的人工智能呢？

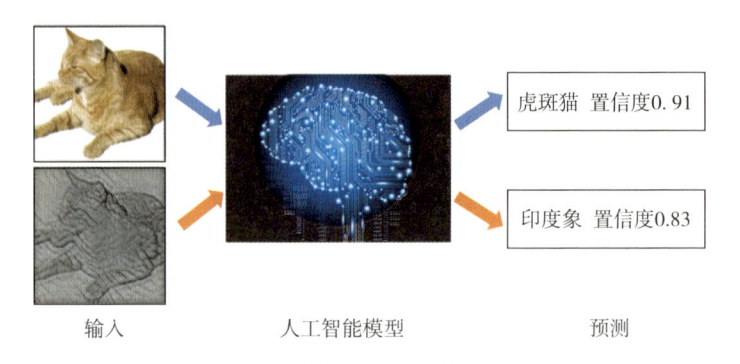

虎斑猫更换为印度象纹理后，被误分类为印度象

（引自论文 ImageNet-trained CNNs are biased towards texture; increasing shape bias improves accuracy and robustness）

长风破浪——可信人工智能的探索

为实现既要让人们的生活安全和隐私得到高效保障，也要使人工智能在可靠、可信、可解释的前提下得到稳定发展，大量学者做出了巨大努力。

人工智能内在的可信可解释

在我们日常生活的环境中，由于人工智能系统的稳定性不足，自然因素（如阴影、云雾、光线和物理噪音等）的变化会影响其在复杂环境下的性能。针对这一问题，科学家们提出了多种解决方案，其中，领域自适应和噪音消除是两个代表性方案。领域自适应从模型训练的角度出发，力求通过各种方式来寻找一个在多种数据分布上都能表现良好的模型。而噪声消除方案则是从优化输入图片的角度出发，利用一系列方法去除输入图像中的噪声，从而改善人工智能系统的表现。除了自然噪声的影响，对人工智能的对抗扰动也引起了科学家们的关注。这些精心设计的扰动虽然微小，但会对人工智能系统的性能产生巨大影响。针对这个问题，科学家们研究了大量的防御方法，其中，典型的方法有对抗训练和噪声建模。对抗训练是将带有对抗扰动的图片作为新的数据来帮助训练模型，使模型在推理阶段面对类似的对

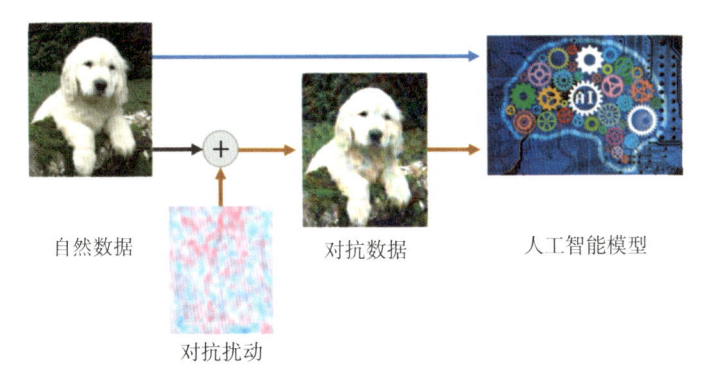

将带有对抗扰动的图片作为新的数据进行对抗训练（引自 CORTEX 网站）

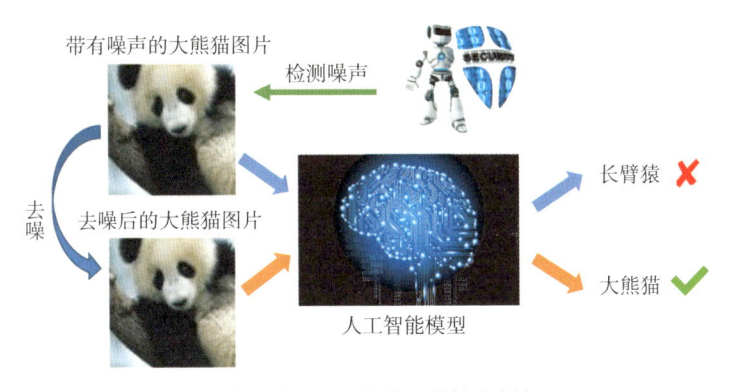

通过去噪提升人工智能系统的稳定性
（引自 Shutterstock 网站，以及论文 Explaining and Harnessing Adversarial Examples）

抗干扰时表现稳健。噪声建模的思想与噪声消除类似，旨在学习对抗数据和自然数据之间的潜在关联，并能够利用这种关联将恶意数据尽可能地恢复成自然数据。

此外，当前人工智能决策依据和过程通常不清晰或不能被人类充分理解。为解决这个问题，科学家们设计了基于模型的主动解释和事后被动解释两种方案。基于模型的主动解释是直接构建一个可以被人理解的模型，如线性回归、逻辑回归、广义加法模型和决策树等。而事后被动解释则是利用一些方法以人类能够理解的方式去解释人工智能的决策过程，如全局代理法、局部代理法、反事实解释法和显著图可视化方法等。其中，以 Grad-CAM 为代表的显著图可视化方法是一种直观且常用的可视化手段，它通过计算梯度等方式来获得输入图片中每个像素对预测结果的贡献度，并常常以热力图的方式表示出来。

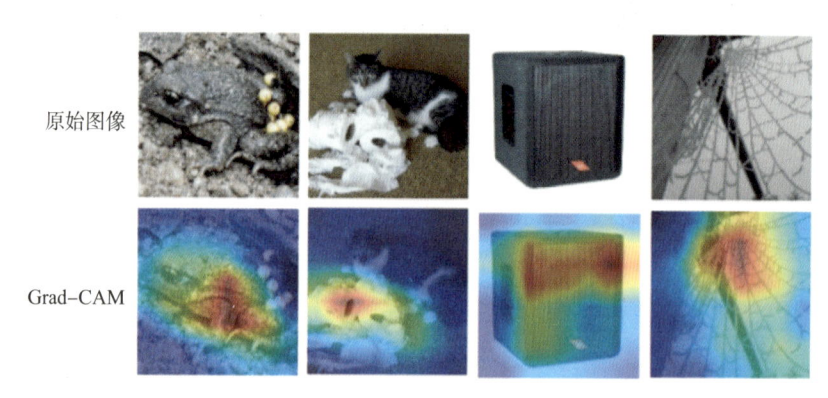

原始图像以及它们的 Grad-CAM 可视化结果
（引自论文 CBAM: Convolutional Block Attention Module）

人工智能衍生应用安全

随着人工智能在经济、法律、安防、社交等领域中被广泛部署，其衍生的应用产品也越来越多。然而，人工智能误用、滥用和恶用的问题也随之日益明显，我们该如何保障人工智能衍生应用的安全可信？

首先是决策的公平性问题。美国芝加哥法院曾因使用了存在偏见和歧视的人工智能系统作为"法官",导致对黑人犯罪者量刑过重的问题发生。为解决这一问题,科研人员对人工智能的预处理、中间处理和后处理三个阶段都进行了改进,通过群体或个体的实验者对人工智能系统决策公平性的反馈意见来评估并分别调整输入数据、算法和输出数据,有效提升了智能行为决策的公平性,降低了偏见和歧视的发生。

针对盗用人脸、声音等引发的经济问题,科研人员对伪造出来的虚假内容提出了有效的检测方案,简单的虚假内容可以通过与视觉细节的不一致性来进行检测;但面对更复杂的伪造数据,则需要通过时域和频域相结合,通过伪造数据时留下的蛛丝马迹来进行检测,从而保证了人们的财产安全。

伪造图片与真实图片的对比

(引自论文 Media Forensics and DeepFakes: an overview)

人工智能的隐私安全问题也是近年来讨论的热门话题,在保证收集敏感信息的同时防止用户隐私泄露开始受到越来越多的关注和重视。科研人员通过对传输信息和传输信道的加密,使有用的信息只可用于特定的人工智能系统,从源头上阻止了不法分子获取用户隐私信息来胡作非为。这一类方法就像人工智能世界的警察,不停地检查着是否有坏人出现,以使得这个"世界"安全可靠并值得信赖。

数据 – 知识双驱动

作为人工智能的"食物"与"能源"——数据,近年来也被证明其具有不可靠不可控的风险。除了上述噪声或恶意干扰给数据带来的危险,还有很多真实存在的问题值得探索,例如,人工标注的图像标签是否正确?在类似医疗诊断这样专业性较强的领域是否能获得优良的数据？给定的数据分布是否均衡？这些问题都暴露出人工智能不能单纯靠数据作为"食物"，更应该利用知识来判断这些"食物"是否可以食用、该食用多少等，这也就是数据－知识联合驱动的方式。这种联合驱动方式看似容易，但操作起来却面临诸多问题和挑战，因为把知识应用到数据驱动，方法上要有很多改变。科研人员提出了知识图谱、因果学习和粒计算等方式来进行联合驱动。知识图谱是以结构化的形式描述客观世界中概念、实体及其之间的关系，已成为互联网知识驱动的智能应用的基础设施；因果学习是指让机器具备因果思维，通过输入数据，算法可以推断某件事的前因后果，进行反事实推理；粒计算则是一种计算智能领域中模拟人类思维和解决复杂问题的新方法，它强调对现实世界多层次与多视角的理解与描述，从而得到问题的粒结构表示。数据和知识双驱动的发展能有效地节约人工成本、降低由于工作疏忽带来的影响，更能为人工智能在医学、法律这类专业性领域的发展提供新思路，探索一条可靠可信的人工智能道路。

可以明确的是，面对人工智能出现的潜在隐患，科学家们已开展深入研究，通过多种多样的方式有效地解决了许多存在的问题，为人工智能的高速发展、为未来人工智能科技的发展奠定更加坚实的基础。

奔赴可信可靠可解释人工智能的星辰大海

梦幻而璀璨的智能科技海洋仿佛有着魔力，人们总愿徜徉其中、展望未来。从精细小巧的智能手表、精准全面的商品推荐，到潜入深海的科考装置、飞入太空的探测仪器，其中的智能技术让我们无比震撼，这些成果展现出人工智能正走向璀璨的未来。

当然，人工智能技术在带来美好生活体验的同时，其潜在的问题也给人类带来了不安和风险。目前，我们最大的恐惧不是机器会试图消灭我们，而是担忧无法保障和掌握人工智能的安全性和可信性。数据驱动下的人工智能拥有着神经网络，但是它对数据的理解、预测的机制与人类感知仍有很大不同。现实中，由于人工智能的不可信、不可靠和不可解释性，导致不可避免的生命和财产损失以及不公平的歧视现象频频出现。

所以，真正的人工智能与我们的预期还相距甚远，我们仍处于人工智能的探索时期。为加速这一时期的进展，我们需要着手建造具备领域知识、认知能力和强大推理性能的智能系统，将目光投向数据-知识联合驱动的可信赖人工智能研究，打造能够在复杂环境中良好表现的可信可靠可解释人工智能。这种人工智能有望掀起一场巨大的时代变革浪潮。在过去的20年间，我们已经见证了人工智能重大的技术进步，语音识别、智能翻译、目标检测等技术的实现无一不在诉说着人工智能的璀璨未来。

未来，我们希望看到越来越多的被人们所信赖的可靠人工智能系统及应用。例如，可靠预警自然灾害并帮助疏散避险，保护人民安全；准确识别病症并提供治疗手段，守护人民健康；可信辨析经济风险并指导防范措施，保障人民财产。不难想象，以"确保可信、可靠、可解释"为引导的人工智能将为这个社会带来巨大的改变，人们的生活水平将因此得到新的提升，人类文明也将实现质的飞跃。让我们共同努力，携手奔赴可信可靠可解释人工智能的星辰大海！

中国人工智能学会

撰稿人：王楠楠　高新波

编辑：韩　颖

3. 如何实现原子尺度精准制备和结构调控构建未来信息功能器件？

技术迭代推动器件性能的飞跃。经历了宏观制造、介观制造、微观制造和纳米制造等多个阶段，当前制造技术最具代表性的半导体工艺最前沿已经走到了 2 nm 尺度。信息器件朝着更小尺寸、更低功耗、更高性能的方向发展，未来将逼近"有限个原子"尺度，制造技术进入到原子尺度不再遥不可及，原子尺度下的精准制造已经成为当前科学、技术和产业界共同关注的前沿研究热点。

然而，在原子尺度下，常规制造技术遇到了原理性和系统性的瓶颈，精度的提升将不再是线性微缩，而是从经典行为到量子行为的跨越，势必孕育出颠覆性的新材料、新器件和新原理。原子尺度制造技术将使我们通过对单原子的精细操控，在常规物质世界的底层，制备新型原子材料，制造信息功能器件。

高鸿钧
中国科学院院士
中国科学院物理研究所研究员

在原子尺度下精准制造信息器件

原子是由中子、质子、电子等基本粒子构成,其直径大约是 0.1 nm。一根头发丝的直径就相当于 50 万个碳原子排在一起。尽管在物理学中原子还不是组成世界的最小单元,但它是化学反应中不可再分的最小微粒,被认为是直接构成常规物质的最小单元。在原子尺度的精准制造是物质科学的终极梦想。

制造技术的发展

人类物质文明和制造技术的尺度密切相关。从石头工具到金属工具,人类手工制造的尺度长时间处于毫米量级。18 世纪 60 年代蒸汽机发明后,人类进入机械制造时代,制造尺度达到了亚毫米的精度。19 世纪 70 年代,电力的利用使制造技术快速达到了微米尺度。20 世纪中叶光学技术大发展,使制造技术突破了微米尺度,进入微纳制造时代。微纳制造极大地促进了信息技术的发展,材料、信息和能源成了人类文明的三大支柱。进入 21 世纪以来,以大数据和机器智能为主要标志的智能时代需要更快的信息数据传输速度,亟需在原子级水平制造信息器件。

原子尺度精准构建未来信息器件的必要性

随着信息器件的微缩化,现有技术遇到瓶颈。单元器件的特征尺寸进入几个纳米,甚至达到了 2 纳米的技术节点,已经趋近硅基器件的极限,摩尔规律近于失效。

以硅基半导体为代表的高品质材料和先进微纳加工技术是信息科技发展的基础和核心。降低能耗是实现我国双碳目标的重要手段。未来信息器件必然朝着性能更高、功耗更低、尺寸更小的方向发展。材料尺寸的极限目标达到单个原子水平，需要在新材料、新技术和新物理等方面展开前沿研究和相关知识储备。随着材料和器件的特征尺寸进一步缩小，其物理性质对材料和器件自身的原子构型以及边界、表界面的原子结构都极其敏感，量子效应显著，并表现出一些新奇的物理性质，经典半导体物理不再适用。因此，为了达到器件发展的极限目标，需要发展原子尺度精准的材料制备及表征、信息器件构筑及功能调控的方法和技术。

中国制造业体量大，但核心竞争力不强，关键元件还受制于人。国家的中长期发展规划确定了我国要由制造大国向制造强国转变的战略目标。在信息技术与制造技术深度融合的前景下，正在引发新一轮科技革命和产业变革。我国信息科学技术将在低维材料和原子制造领域促进和加强我国的核心竞争力和国际话语权，为国家提供面向未来原子制造时代的人才储备、技术支撑和科学研究基础，抢占新一代制造领域的国际战略高地。

原子尺度精准构建未来信息器件的发展现状

1965 年，诺贝尔物理学奖获得者理查德·费曼教授在他的著名演讲"底部还有很大空间"中所指出的：原子不同的排列方式将导致材料千变万化的性质。未来原子制造技术不仅仅指"自下而上"的原子增加、堆叠和"成料"，还包括原子移除、原子位移和原子的有序排列等，单个原子的增减、原子位置的微小改变都能实现新的功能，甚至彻底改变核心单元的功能；缺陷、边界乃至界面往往决定了低维体系的新奇物性。同时，也需要在原子水平上去观测构型、测量性能和评估材料及器件质量。

在信息功能材料的原子水平制备上，有多种方法可以基于原子量级进行材料的生长。较为典型的有化学气相技术、原子层沉积技术、表面分子在位合成及组装技术、孤立原子掺杂、激光冷原子技术、分子束外延技术、扫描探针操纵技术等，而能够实现原子增减、原子位移、原子有序排列、原子构型观测、原子水平性能测试的技术目前只有扫描探针显微技术（scanning probe microscope，SPM）。

扫描探针显微技术包括用扫描隧道显微术（scanning tunneling microscopy，STM）和原子力显微术（atomic force microscopy，AFM）。STM 由 IBM 苏黎世实验室的格尔德·宾宁和海因里希·罗雷尔在 1981 年发明。它利用导电探针尖端的原子与样品表面的局域隧穿电流实现了对材料表面结构和电子结构的原子级精准测量。隧穿电流在 1 nm 左右的真空间隙里就可以产生，不需要探针和探测对象的接触（成键）。施加在纳米尺度真空隧穿结两端的扫描偏压会产生极强的局域电场，为探针尖端原子和衬底原子提供了可控的相互作用力。利用这个效应，1990 年 IBM Almaden 实验室的唐纳德·马克·艾格勒等在 Ni（110）表面用 STM 探针移动吸附的 35 个 Xe 原子构筑了原子级精准的人工结构，宣告了 STM 原子操纵技术的诞生。图中三幅 STM 形貌图展示了散乱的 Xe 原子经针尖操纵组成有序结构"IBM"三个字母的过程。随后他们又利用这种技术在 Cu（111）表面用 48 个 Fe 原子构筑了"量子围栏"，测量到了金属表面态的自由二维电子气在人工量子结构中因限域效应形成电子态驻波，这项著名的工作不但展示了量子效应的直观图像，而且证明利用 STM 原子操纵方法可以直接在单原子精度调控材料的局域电子态。自 90 年代中期，中国科研人员在 STM 原子操纵领域逐步取得重要进展。1993 年，中国科学院真空物理实验室利用大隧穿电流扫描的办法在 Si（111）表面用 STM 探

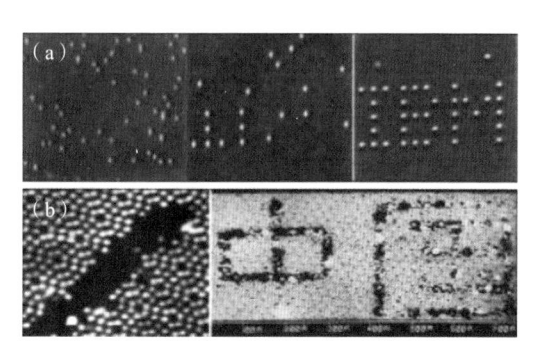

（a）Ni（110）表面散乱 Xe 原子经 STM 针尖操纵改变吸附位置，形成有序的"IBM"字样结构；（b）Si（111）7×7 表面经 STM 针尖刻蚀形成数字"100"和汉字"中国"

针刻蚀出了具有原子级平整有序边界的纳米沟槽，并利用这种方法刻蚀出纳米尺度的数字"100"和汉字"中国"。这些结果展示出原子操纵这一工具的重要科研价值。

随着原子操纵技术的发展，人们利用这一方法在 Cu（111）表面构筑了一氧化碳（CO）分子的蜂巢结构（honeycomb）、利布结构（Lieb）、笼目结构（Kagome）、克库勒结构（Kekulé）和分形结构等一系列不同对称性的人工二维电子晶格。在同一衬底上不但实现了对能带色散关系从抛物线型到 Dirac 型线性色散和无色散平带的自由调控，而且实现了二阶拓扑绝缘体角态等众多新奇量子态。

还有一些非周期或准周期二维结构，在自然界很难找到对应晶格，当前只能通过原子操纵等人工构筑晶格的方法来研究。在 Cu（111）衬底上操纵 CO 分子构筑的五重对称性的准周期彭罗斯拼图结构，为人们提供了研究二维准晶的局域电子态的体系。在同样体系中构筑了三阶三角自相似分形晶格，并预言该体系将来可作为

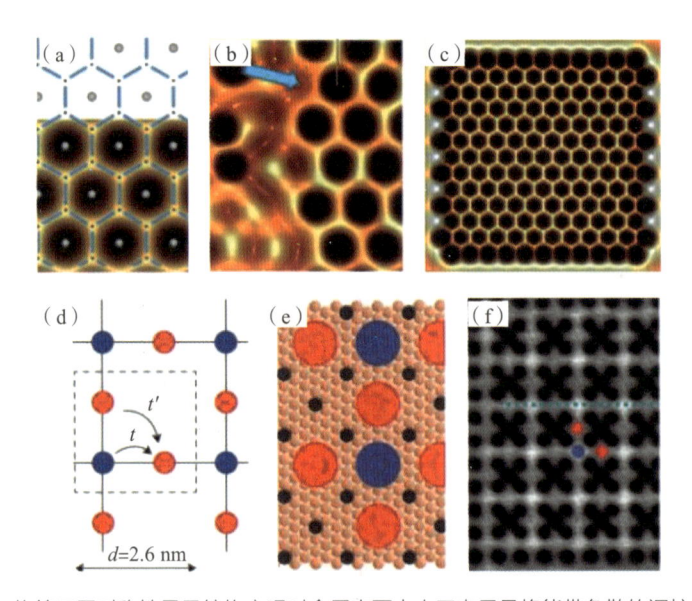

构筑不同对称性量子结构实现对金属表面态人工电子晶格能带色散的调控

（a）类石墨烯电子晶格的结构设计示意图；（b）类石墨烯电子晶格构筑过程，蓝色箭头表示了 CO 分子的移动路径；（c）类石墨烯电子晶格的 STM 图像；（d）Lieb 晶格示意图；（e）Lieb 型电子晶格设计图，通过 CO 分子密度实现对晶格最（次）近邻跳跃常数 t（t'）的调控；（f）Lieb 型电子晶格 STM 图

人工模型晶格研究分数维晶格中的自旋序。此外，理论预言的某些拓扑电子态，例如拓扑边界态和拓扑角态，往往出现在具有特定对称性的有限晶格中。这样的体系也可以在 CO-Cu（111）模型系统中通过构筑人工晶格来研究。通过调控近邻跳跃参数，构筑出了具有稳定零能模角态的二阶拓扑绝缘体人工二维电子晶格。还构筑出了具有拓扑边界态的人工 Kekulé 晶格。虽然这种人工构筑的电子晶格并非真实晶格，只能存在于超高真空和液氦温度条件，但是作为独特的研究平台，它为人们提供了探索新奇的量子效应重要途径。同样在 Cu（100）表面通过原子操纵产生氯原子（Cl）空位成功构筑了具有平带结构的 Lieb 晶格，这种晶格属于人工原子晶格，与 Cu（111）-CO 体系相比，人工操作的 Cl 空位格子稳定性大大增加。在半导体或氧化物等表面的平带结构更有应用价值，有待将来去探索。

由于单个磁性原子对于高频微波的吸收具有选择性，只有当微波频率 f 满足 $hf=$ 塞曼劈裂能（h 为普朗克常数）时才能激发自旋。把高频微波信号引入 STM 的隧穿结，结合扫描探针原子精度空间分辨、自旋共振 0.01 μeV 级的能量分辨，以及时域电学测量纳秒级的时间分辨率，人们就可以探测单个磁性分子或磁性原子的自旋动力学，这一技术被称为电子自旋共振 - 扫描隧道显微镜（ESR-STM）。利用该技术结合原子操纵，人们精确地测量了人工磁性量子结构间相互作用，探测纳米级磁体的偶极场，甚至单原子核的自旋极化。例如，IBM 研究中心在 Ag（100）表面双层氧化镁（MgO）衬底上通过精确地操纵 Ti 原子的相对位置，详细研究了两个自旋 1/2 原子的耦合，用 ESR-STM 实现了纳秒时间尺度单自旋的调控。两个相距不远的 Ti 原子，其中一个提供目标（target）自旋，另一个提供控制（control）自旋，在 STM 针尖施加特定频率的脉冲，可以实现双原子体系的铁磁和反铁磁调控。这些令人振奋的进展展示了 STM 原子操纵技术在亚纳米尺度的自旋时域测量、相干自旋调控中的应用，显示了这种研究手段在将来的单自旋器件研发中的巨大潜力。

在原理性器件的构筑上，复杂单原子、单分子尺度的原型器件仍难以构筑，研究进展缓慢。最早在 2012 年，研究采用与磁性原子链解耦的绝缘衬底，而当衬底

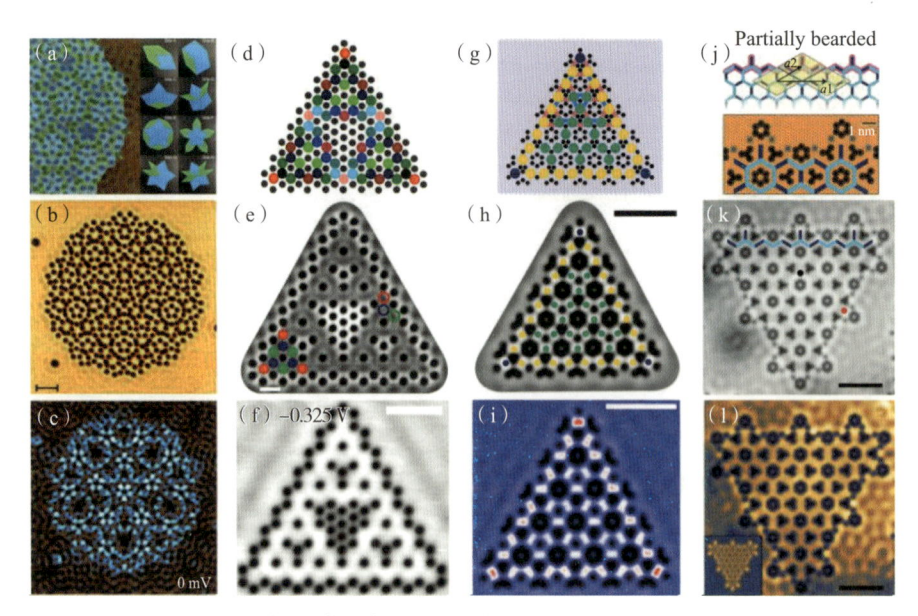

利用原子操纵在 Cu（111）-CO 体系中实现的准周期结构、分形结构、
具有拓扑量子态人工电子晶格。

（a）~（c）彭罗斯贴砖结构的准周期人工晶格：（a）彭罗斯贴砖准周期结构示意图及 CO 分子构成的准周期晶格设计图，右：构成该结构的 8 种单元；（b）人工晶格准周期结构 STM 形貌图，比例尺为 5 nm；（c）人工晶格准周期结构态密度空间分布图。

（d）~（f）分形结构人工晶格：（d）CO 分子构成的三阶谢尔宾斯基三角的分形结构晶格设计图；（e）对应的人工晶格 STM 形貌图，比例尺为 2 nm；（f）对应的态密度空间分布图，比例尺为 5 nm。

（g）~（i）呼吸笼目人工晶格：（g）CO 分子构成的呼吸笼目晶格设计图；（h）对应的人工晶格 STM 形貌图，比例尺为 5 nm；（i）对应的态密度空间分布图，其中三个角的位置显示拓扑角态，比例尺为 5 nm。

（j）~（l）Kekulé 人工晶格：（j）CO 分子构成的 Kekulé 晶格设计图；（k）对应的人工晶格 STM 形貌图，比例尺为 5 nm；（l）对应的态密度空间分布图，其中边缘突起处显示拓扑边界态，比例尺为 5 nm

直接为金属时，磁性原子间通过衬底电子可以产生间接耦合，如 RKKY（Ruderman-Kittel-Kasuya-Yosida）相互作用。与自发形成的结构相比，通过原子操纵构筑的人工结构具有更高的可调控性，有利于在原子精度系统研究原子距离的影响。德国汉堡大学通过原子操纵的办法在 Cu（111）表面直接调节两个 Fe 原子的间距，测得的 RKKY 作用能与理论一致的余弦振荡式指数衰减。利用这种作用，他们在非磁性的 Cu（111）衬底上构筑了反铁磁 RKKY 耦合的 Fe 原子链，并提出了全自旋逻辑门模

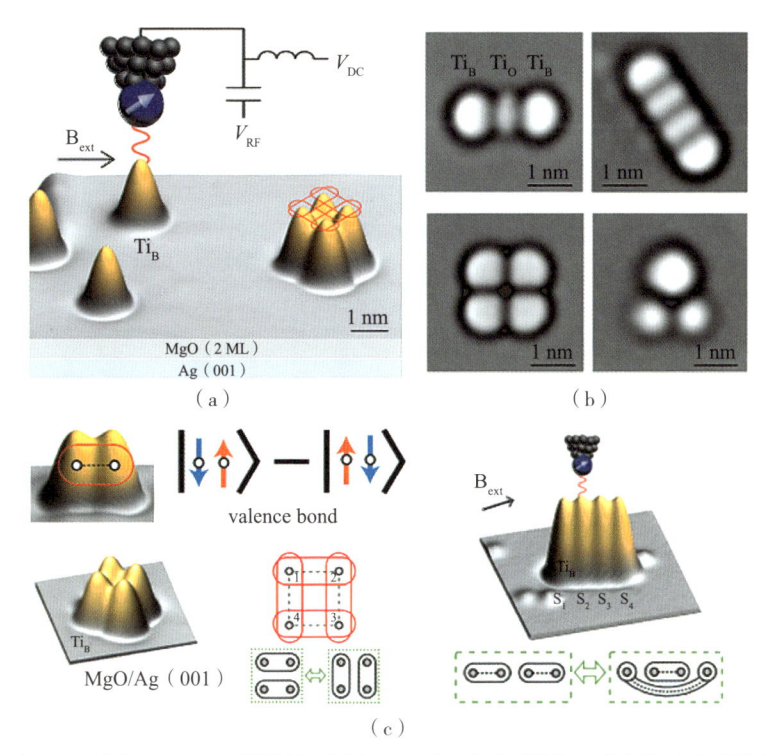

（a）在 MgO 衬底上通过原子操纵精确调控 Ti 原子距离及吸附位置示意图；（b）构筑的三自旋和四自旋等相互作用自旋体系的 STM 像；（c）结合 ESR-STM 技术在磁性人工量子结构中进行了自旋动力学调控，发现不同 Ti 原子构型是有不同的自旋耦合态，实现了对其多体机制的研究和自旋涨落的调控

型器件，该模型器件以 Co 岛作为输入位点，三个 Fe 原子在链的交汇处组成反铁磁的三重态。以外部脉冲磁场作为输入信号，STM 磁性针尖在输出端读取输出结果，测定了四种状态的自旋分辨态密度。相应的"或"门运算如下图的态密度图所演示。

加拿大 Alberta 大学设计了一个具有"或"门逻辑运算功能的模型器件。利用 Si（001）-H 表面 2×1 元胞中一对相邻 Si 悬挂键可以受针尖偏压的调控而在其中一个悬挂键上捕获一个电子，且电子可以在两个悬挂键之间转移的物理现象，以单个 2×1 元胞为一个 bit，可以定义电子在左边或右边分别为二进制 1 或 0。由于相邻 bit 上电荷的静电排斥作用可以产生相互耦合。他们成功构筑了"或"门运算的逻辑计算单元，通过原子操纵使三对 Si 双原子形成 Y 形的"或"门逻辑器件，施加针尖

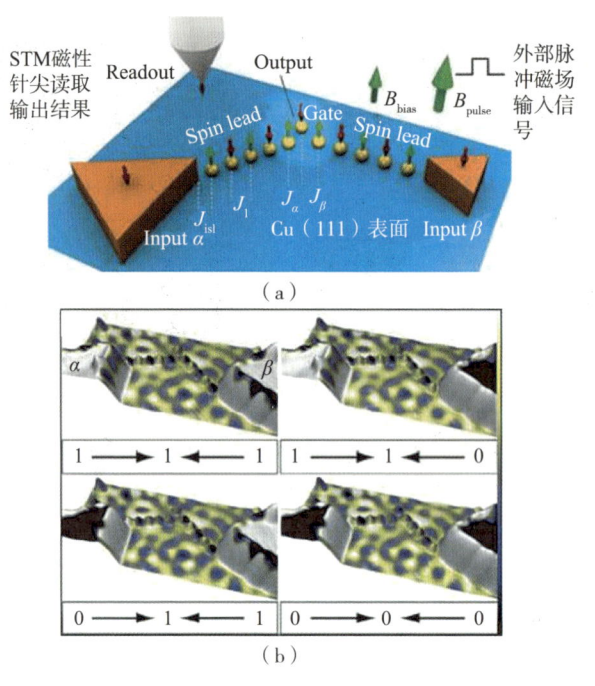

（a）人工 Mn 原子链的自旋逻辑门模型器件的示意图；（b）器件演示"或"门运算四种状态的自旋分辨态密度图

电流初步实现了 0 和 1 态的输出。在半导体衬底上实现了具有特定功能的人工量子结构。

原子力显微术近年来在导电和绝缘表面的原子级分辨、操纵分子及原子等领域发展迅速。相较于 STM，AFM 不受样品导电性的限制，同时能够提供更多操纵过程中的力学信息，因而在推断反应机理、操纵机理、分子电荷操纵、单原子识别等许多方面有显著优势，可与 STM 操纵互为补充。AFM 按工作时针尖与样品是否接触，大致可以分为接触式 AFM（contact AFM）及非接触式 AFM（nonContact AFM，NC-AFM）两种模式。NC-AFM 的悬臂在机械激励下以本征频率振动，根据反馈信号的不同，可以分为振幅调制和频率调制两种工作模式。qPlus 型力传感器的应用进一步提高了 NC-AFM 的分辨率。相比于基于硅悬臂的传统力传感器，qPlus 型力传感器使用具有更高弹性系数的石英音叉作为悬臂，可以以很小的振幅（小于

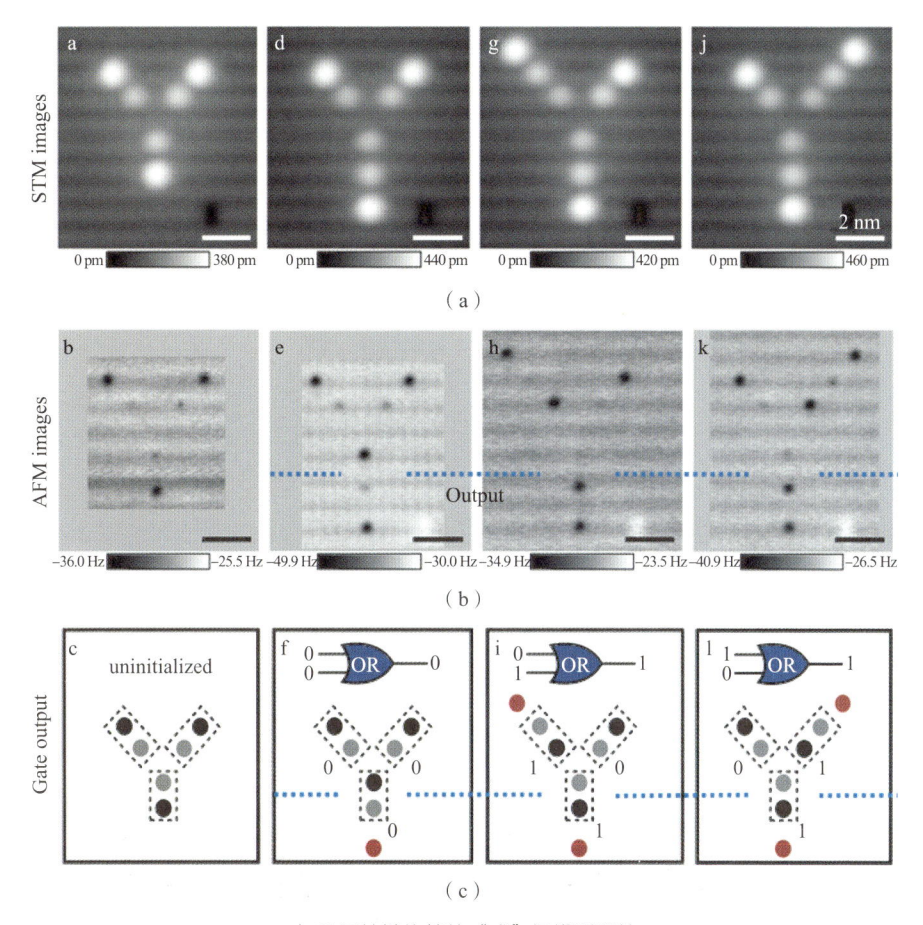

由 Si 悬挂键构筑的"或"门模型器件

（a）不同驱动状态下器件结构的恒流填充态的 STM 图像；（b）相应的恒高 q+AFM 频率变化图像；（c）原理示意图（c 为三对 s：悬挂键组成的未初始化的 OR 门；f 为增加了微扰的初始化门）

100 pm）稳定成像；qPlus 型力传感器使用的石英晶体是一种压电材料，振动时可产生与振幅成比例的压电信号，因此不需要激光检测，是一种自检测传感器，可在极低温环境下工作。

NC-AFM 具有电子/空穴注入能力，可以用于诱发表面化学反应。相较于 STM 表征仅能反映样品费米能级附近的电子态密度信息，NC-AFM 表征可以反映样品的实际形貌。应用 NC-AFM，可同时获得分子轨道成像及化学键成像，得到化学反应前驱体、中间产物及最终产物详细的结构特征，如 C—C 键的形成与断裂及其键级信息等，从而可以更加深入地了解反应路径和反应机理。

使用探针操纵原子或分子形成原子级"开关"，在形成逻辑门或记忆存储元件方面有广阔的应用前景。有关 STM/AFM 操纵吸附原子、吸附分子及表面自身原子的方法，涉及横向和纵向位移操纵、旋转和构型改变。STM 进行原子操纵制造人工纳米结构时，需要减少热噪声和热漂移的影响以提高信噪比，因此需要低温的工作环境（如液氦温度）。室温下使用 STM 进行原子级精准的操纵需要克服热敏开关、热扩散和热解离的影响，具有非常大的挑战性。而 AFM 在室温条件下可以在 Si，Ge 等样品表面得到原子级高分辨成像，其中，硅悬臂 AFM 为在室温下操纵原子和分子并探测其性质提供了很大的便利。

随着技术参数的持续优化以及研究体系的不断扩展，SPM 原子操纵技术在科研

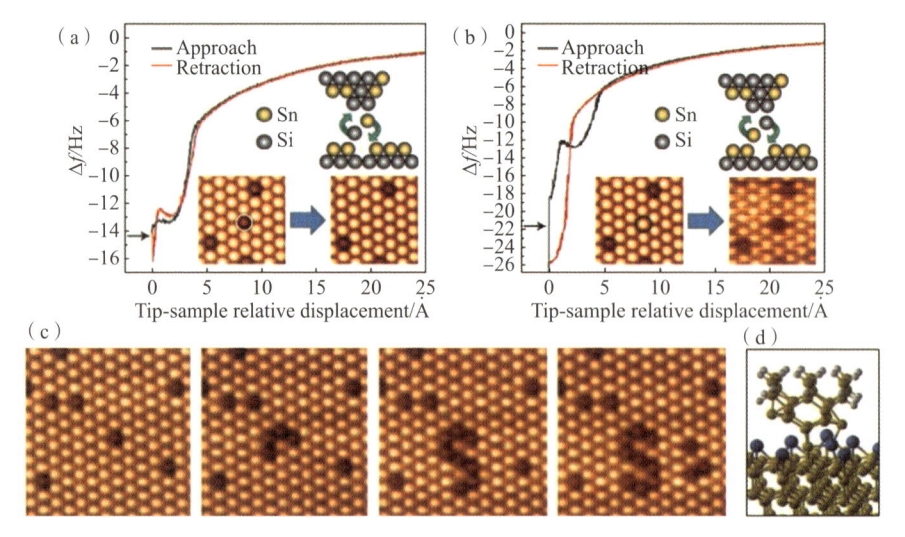

AFM 在垂直基底方向纵向操纵针尖 – 基底原子交换（图中硅 Si、锡 Sn、氢 H 原子分别用黄、蓝、白球表示，上半部分代表针尖尖端模型，下半部分代表表面原子分布模型）

（a）针尖接近（黑色）和远离（红色）基底上的 Si 原子（右侧白色圆框标识）时的频率偏移曲线，在这一过程中来自针尖的 Sn 原子取代了原来在基底上的 Si 原子；（b）针尖接近（黑色）和远离（红色）（a）中沉积的 Sn 原子（右侧黑色圆框标识）时的频率偏移曲线；（c）操纵过程中针尖与基底的结构模型，垂直交换原子的操纵方法包含了针尖和表面间多原子的复杂相互作用；（d）在混合半导体表面使用上述操纵方法在低原子浓度处沉积或移除原子，实现"写"原子标记

领域发挥了独特的作用，但是该项技术仍然未能走出实验室。其主要原因有两点，首先是串行人工操纵的低效率与低成功率，其次是人工量子结构对极低温超高真空环境的依赖。此外，在浩瀚的信息器件材料体系中适宜进行原子操纵的体系仍然非常稀少。近年来，针对以上难题的解决方案逐渐被提出，尤其是程序辅助的自动原子操纵在多个体系中的成功实践，使得原子操纵技术开始出现重要革新。

原子尺度精准构建未来信息器件面临的难题

尽管早在 1993 年中国科学家就实现了操纵原子构筑了汉字"中国"，IBM 科学家操纵原子构筑了量子围栏，2002 年 IBM 科学家又研制出量子器件。但原子级精准制造相关科学与技术目前在国际上仍处于概念阶段，相关研究方向已经成为国际科技竞争的热点，面临的主要挑战包括：大范围精准组装存在困难，功能设计尚未实现；物性的原子尺度精准表征和调控的手段依然不足；用原子制造技术构造功能器件甚至系统尚属空白。

随着近年来原子尺度探测、表征和操控技术的不断突破，"自下而上"的原子制备正逐渐成为具有重要应用价值、变革性的技术路线和方案。围绕功能导向原子制造前沿科学与技术，需解决以下关键科学问题。

第一，如何发展原子尺度精准制备的方法、技术和理论。包括发展多场调控下表面原子、分子的原子级精准制造方法与相关技术，结合理论研究，在原子尺度精准构建原子/分子晶体材料及其异质结构。

第二，如何实现材料结构、物性与功能的原子尺度表征与调控。包括发展在原子尺度实现磁性、超导、拓扑等特性的精准表征方法，高精度测量电子能带结构、激子超快动力学过程、自旋耦合特性、量子拓扑态等，研究表面和界面效应对其物性的影响，通过材料的可控掺杂、表面修饰实现能带调控等。

第三，如何在原子尺度精准构建信息电子、光电器件。包括利用高品质低级材料和原子、分子人工晶格材料设计和构建具有特殊电学、光电特性的异质结构，发展超高真空封装、电路搭建和工艺，实现超快逻辑器件、高灵敏度光电探测器、高速低功耗自旋逻辑和存储器件、准粒子器件、神经形态仿生及类脑计算等功能器件。

我们的路在何方？

目前，在原子尺度制备与器件的国际研究领域呈现出中、欧、美三足鼎立的态势。美国、欧洲、加拿大相继布局了"从原子到产品研究计划""从原子到产品的可靠性""机器学习的原子构筑技术"等重大项目，针对低维功能材料的原子尺度制造、特性研究和原型器件构筑已开展了一定的前期研究。我国从 2016 年起，科技部、国家自然科学基金委以及中国科学院都围绕该方向进行了布局，如中国科学院设置了"功能导向的原子制造前沿科学问题"战略性先导科技专项（B 类）等。

"原子制造"涉及的相关装备存在"卡脖子"问题。基于原子尺度精准制备和结构调控，构建未来信息功能器件的发展策略是在单原子精度上实现原子排列、电子态、自旋序等特性的精准构建和功能化。无论通过人工的针尖操控构筑，还是通过超高真空分子束外延技术（MBE）生长，抑或半导体中孤立掺杂原子、建立激光冷原子体系，都需要高精尖科研仪器装备。目前无论是"自下而上"原子制造所需的扫描探针显微镜、高质量分子束外延系统，还是"自上而下"原子级精准刻蚀设备等高尖端科研仪器装备都面临被美国、德国、日本等国家禁运的"卡脖子"问题。科技部、国家自然科学基金委、中国科学院已经在相关领域部署了重大科研仪器设备研制专项，并取得了若干突破，如国家自然科学基金国家重大科研仪器研制项目"二维电子材料及纳米量子器件的研究和原位分析仪器"已于 2021 年中期完成验收。但距离高端科研装备实现全部国产化替代，仍有较长的距离。

高通量规模化的"原子制造"技术有待开发。目前实现"原子制造"的主要技术路径均存在生产效率较低的问题，在实验室原型功能器件制备及预研阶段，尚不存在瓶颈。近年来北京大学、中国科学院等国内优势力量也在大尺寸原子厚度低维材料制备方面取得了若干突破。但考虑到将来产业化、跨尺度互联及与现有半导体工业兼容性等问题,科学界需提前布局,考虑发展高通量规模化的"原子制造"问题。目前可能存在重要突破的技术包括高通量分子束外延技术、高效率原子自主操纵技术等。

高精度物性表征及调控有待突破。基于原子尺度精准制备和结构调控进行未来信息功能器件的构造需要对所制备材料进行高精度表征,并探索材料结构与物性的关联,理解材料构效关系。未来该方向需在单电子/单自旋层次上物性的精准测量、超高真空环境原子刻蚀等器件制作技术、存储/传输/逻辑运算原理性器件的原子级精准构筑等方面进行突破。同时利用多场扫描探针探测技术在单电子/单自旋层次上实现物性的精准调控、实现单原子精度构筑的低维器件在逻辑、运算、存储等方面的原理性展示。

宏观层面组织一批稳定的"规模化"研究队伍。鉴于本领域特点,单个课题组已无法独立完成材料设计、制备、表征、物性调控、器件制备的全流程工作。与美国能源部 2000 年以来部署的建制化的量子材料研究中心相比,国内目前主要是通过课题组、研究院所合作完成这一工作,无法体现我国科研体制集中力量办大事的特点。建议通过组建全国重点实验室等途径,组织并稳定支持一批规模化、建制化的研究队伍,通过对本领域全链条研究,占领本领域科学制高点,并尽早实现基于原子尺度精准制造的未来信息功能器件产业化。

总之,针对未来新型信息器件的新原理及其构筑方法,我国科技工作者需要发展原创性的低维材料、人工量子晶格和异质结构的原子尺度精准制造方法,突破原子尺度制备材料的关键技术难点,解决原子尺度精准的材料制备及物性表征、信息器件构筑及功能精准调控的方法和技术等核心科学问题。以重大科学前沿问题为导向,整合在低维材料、物理和器件等研究领域的优势力量,发挥集体攻关优势,在新型信息存储和逻辑运算等器件方面取得重大科学突破,研制一批原创的原子制造科研装备。抢占"信息功能器件牵引的精准原子制造"这一国际研究高地，继而成为原子制造领域的引领者。在这个过程中，需要凝聚一批强有力的研究群体，锻造核心研究力量、发展关键技术，为国家提供面向未来原子制造时代的人才储备和知识储备、技术支撑和科学研究基础。这对实现科技强国的战略目标具有重要意义。

中国真空学会

撰稿人：杨海涛

编辑：余　君

4. 新污染物治理面临何种问题和挑战？

近年来，我国深入开展二氧化硫、二氧化氮、大气细颗粒物、化学需氧量、氨氮等常规污染物的污染防治工作，取得了显著成效。与此同时，持久性有机污染物、内分泌干扰物、抗生素等新污染物问题也逐渐显现，并受到我国政府的高度重视。新污染物治理已成为持续改善生态环境质量，保障人民群众健康和引领全球生态环境治理的重要举措。但是我国的新污染物治理还处于起步阶段，很多新污染物治理相关的科学问题不明确，相关技术力量依旧薄弱，不少地方存在治理能力不足的问题。新污染物治理仍面临诸多挑战，加强新污染物治理能力是我国目前重要的课题。在新污染物环境风险准确评估基础上对其风险进行科学管控是支撑新污染物精准防控和依法治理的必要手段。

吴丰昌
中国环境科学研究院环境基准与风险评估国家重点实验室主任
中国工程院院士

余 刚
北京师范大学环境与生态前沿交叉研究院院长

新污染物环境风险评估和管控

新污染物是什么？

新污染物不同于常规污染物，指新近发现或被关注，对生态环境或人体健康存在风险，尚未纳入管理或者现有管理措施不足以有效防控其风险的污染物。新污染物多具有生物毒性、环境持久性、生物累积性等特征，在环境中即使浓度较低，也可能具有显著的环境与健康风险，其危害具有潜在性和隐蔽性。目前，国内外广泛关注的新污染物主要包括国际公约管控的持久性有机污染物（POPs）、内分泌干扰

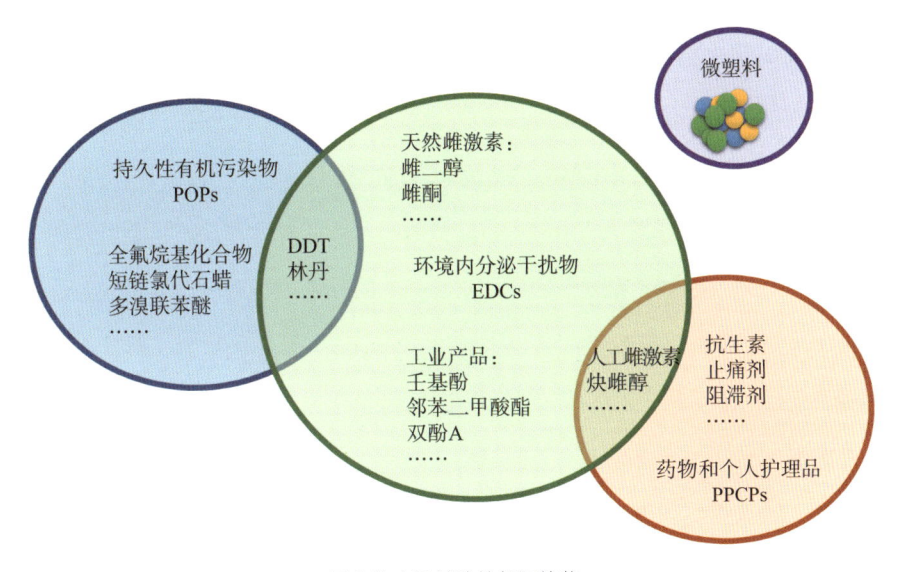

国内外广泛关注的新污染物

物（EDCs）、抗生素和微塑料等。

持久性有机污染物（POPs）是指具有高毒性，进入环境后难以降解，可生物积累，能通过空气、水和迁徙物种进行长距离越境迁移并沉积到远离其排放地点的地区，并能够在陆地生态系统和水域生态系统中积累，对环境和生物体造成负面影响的天然或人工合成的有机物，包括滴滴涕（DDT）、多氯联苯、二噁英、多溴联苯醚（PBDEs）、六溴联苯、六溴环十二烷（HBCD）、全氟辛基磺酸（PFOS）、全氟辛酸（PFOA）、短链氯化石蜡（SCCPs）等。POPs一旦进入环境中，将在水体、土壤和底泥等环境介质以及生物体中残留数年甚至数十年时间，人类和动物通过饮食和环境暴露等途径摄入或接触到POPs，将可能导致生殖、遗传、免疫、神经、内分泌等系统受到负面影响，危害身体健康。国际社会于2001年达成了《关于持久性有机污染物的斯德哥尔摩公约》（简称《公约》），《公约》在附件A（消除类）、附件B（限制类）和附件C（无意产生类）清单中列明了首批12种类持久性有机污染物，分别提出淘汰、限制或限排等管控要求。此外，允许缔约方大会在《公约》附件中增列管控化学物质。截至目前，《公约》附件所列化学物质已增至31个种类。

内分泌干扰物（EDCs）是一类可引起生物体内分泌系统紊乱的外源性物质，不仅能够引起生物体自身健康状况发生改变，甚至可能引发种群性别比例失衡而导致种群数量衰减，如壬基酚、双酚A、邻苯二甲酸酯、有机氯农药等。它们无处不在，比如在食品、饮用水、包装材料、化妆品和多种消费品中都有检出。它们通过接触、摄入、积累等多途径暴露，但是并不直接作为有毒物质对生物体产生急性毒性，而是类似于雌激素，即使剂量很低也能让生物体的内分泌失衡而产生异常现象。研究表明EDCs与多种非传染性疾病存在相关性，如肥胖、Ⅱ型糖尿病、甲状腺病、神经发育性疾病、激素相关的癌症和生殖系统疾病等。

抗生素，是指由微生物或高等动植物在生活过程中所产生的具有抗病原体或其他活性的一类次级代谢产物，能干扰其他生活细胞发育功能的化学物质。临床常用的抗生素有微生物培养液中的提取物以及用化学方法合成或半合成的化合物如β-内

《公约》管控持久性有机污染物（POPs）

公约要求	附件 A 应采取必要的法律和行政措施，禁止和消除的化学品	附件 B 应限制生产和使用的化学品	附件 C* 应采取控制措施减少或消除的源自无意产生的污染物	我国批约情况
首批受控（12 种）（2001 年）	艾氏剂、狄氏剂、异狄氏剂、七氯、毒杀芬、多氯联苯、氯丹、灭蚊灵、六氯苯	滴滴涕	多氯二苯并对二噁英、多氯二苯并呋喃、六氯苯和多氯联苯	已批约
首次增列（9 种）（2009 年）	十氯酮、五氯苯、六溴联苯、林丹、α- 六氯环己烷、β- 六氯环己烷、商用五溴二苯醚和商用八溴二苯醚	全氟辛基磺酸及其盐类和全氟辛基磺酰氟	五氯苯	已批约
第二次增列（1 种）（2011 年）	硫丹			
第三次增列（1 种）（2013 年）	六溴环十二烷			已批约
第四次增列（3 种）（2015 年）	六氯丁二烯、五氯苯酚及其盐类和酯类、多氯萘		多氯萘	启动报批程序
第五次增列（2 种）（2017 年）	短链氯化石蜡、十溴二苯醚		六氯丁二烯	
第六次增列（2 种）（2019 年）	三氯杀螨醇、全氟辛酸及其盐类和相关化合物			正在开展评估
第七次增列（1 种）（2022 年）	全氟己烷磺酸（PFHxS）、其盐类及相关化合物			

* 附件 C 中红色字体 POPs 既有故意生产来源（列入附件 A 管控），又有无意产生的副产物源（列入附件 C 管控）。

酰胺类、大环内酯类、喹诺酮类、磺胺类等。由于在人类医疗、畜禽和水产养殖上的大量使用，抗生素不断进入环境中，表现为"持续存在"的状态。环境中持续存在的抗生素不仅可以选择性抑杀一些环境微生物，而且能够诱导一些耐药菌群或抗性基因的产生，耐药性菌株可通过各种途径感染人体；抗生素残留也会造成人和动物体内肠道菌群的微生态改变，增加条件性致病菌感染的风险。

微塑料是指颗粒尺寸小于 5 毫米的塑料，其粒径范围可从几微米到几毫米，是形状多样的非均匀塑料颗粒混合体，其成分包括聚乙烯（PE）、聚丙烯（PP）、聚氯乙烯（PVC）、聚对苯二甲酸乙二醇酯（PET）、聚苯乙烯（PS）和聚酰胺（PA）等。微塑料在生态系统中以初级微塑料（人造微材料）或次级微塑料（由较大的塑料垃圾分解而产生）的形式存在。微塑料具有粒径小、疏水性强、稳定不易分解、分布广等特点。作为一种可造成很多污染物的载体，在被摄食后会对生物产生毒性作用，并在食物链中发生转移和富集，从而对生态环境安全构成潜在威胁。

新污染物基础科学研究的兴起

20 世纪中叶，美国科普作家蕾切尔·卡逊在《寂静的春天》中生动描述了滴滴涕对生态环境的破坏，揭开人类重新认识有毒有害化学物质危害的序幕。经过几十年方兴未艾的发展和积累，20 世纪 90 年代末出现新污染物（Emerging Contaminants）的概念，自此全球新污染物研究进入迅速发展期。近二三十年来，在科技部和国家自然科学基金委等的持续资助下，我国开展了大量新污染物相关的基础研究，并取得了一系列重要研究成果，包括新污染物分析方法体系的建立，我国典型地区新污染物污染状况、污染特征和环境影响的评价，以及新污染物控制方法的建立。根据新污染物风险评估与管控领域研究态势分析，我国相关 SCI 论文发文量位居全球第一；中国科学院和清华大学名列新污染物相关 SCI 发文量全球前五的科研机构。但是，相关研究以基础理论或原理研究为主，能够真正支撑新污染物治理的技术应用尚不足。

我国新污染物治理拉开帷幕

新污染物科学研究的兴起及其创造的大量研究成果在一定程度上推动了我国新污染物治理的行动。2001 年我国作为首批签约国签署了《关于持久性有机污染物的斯德哥尔摩公约》，POPs（持久性有机污染物）的批约和履约行动奏响了新污染物治理从研究走向实践的序曲。

我国新污染物治理总体思路是"筛、评、控"，即首先在有毒有害化学物质中

2022年5月,国务院办公厅印发《新污染物治理行动方案》,全面部署新污染物治理工作,我国新污染物治理拉开帷幕

2022年3月,十三届全国人大五次会议指出要"加强固体废物和新污染物治理"

2021年10月,生态环境部发布"新污染物治理行动方案(征求意见稿)"

2021年11月,《中共中央、国务院关于深入打好污染防治攻坚战的意见》要求"到2025年,新污染物治理能力明显增强"

2021年3月,全国人大通过《中华人民共和国国民经济和社会发展第十四个五年规划和二〇三五年远景目标纲要》,强调"重视新污染物治理"

2020年11月,中国共产党十九届五中全会审议通过的《中共中央关于制定国民经济和社会发展第十四个五年规划和二〇三五年远景目标的建议》提出要"重视新污染物治理"

各省(自治区、直辖市)陆续出台新污染治理工作方案

各省(自治区、直辖市)陆续将新污染物治理纳入"十四五"生态环境保护规划

我国新污染治理拉开帷幕

筛选出具有潜在环境风险、需要优先开展环境风险评估的新污染物,再通过进一步环境风险评估识别出需要进行优先控制的新污染物,然后对这些重点新污染物实行全过程管控,包括其源头禁限、过程减排和末端治理,即"禁、减、治"。

新污染物优先性筛选

有毒有害化学物质的生产和使用是新污染物的主要来源。我国是化学品生产和使用大国,近五年我国化学药品原药年产量就高达270万~350万吨。新污染物种类繁多,面对众多新污染物,无论在科学研究还是管理控制上,都要有所侧重。因此,精确筛选出需要优先研究和管控的新污染物至关重要。20世纪中期以来,一些国家着手构建优控污染物框架和名录,并应用于环境管理。美国国家环境保护局于1976年最早提出重点管控的129种优控污染物,包括滴滴涕、毒杀芬、多氯联苯、六氯苯、二噁英等POPs,于1998年提出"饮用水化学候选污染物清单"(CCL),并每五年进行一次更新,红霉素、雌二醇、雌三醇、雌酮、17α-乙炔雌二醇和壬基酚等新污染物进入CCL名录。欧盟"水框架指令"规定了45种优控物质的水环

境质量标准，包括七氯、HBCD、PFOS、PBDEs、二噁英、17β-雌二醇等POPs和EDCs，并于2015年建立候选物质清单，雌激素、大环内酯、环丙沙星和阿莫西林等新污染物进入候选名录。原国家环保总局于1989年通过我国水中优先控制污染物黑名单（68种），含有多种氯代POPs。我国于2004年批准《公约》生效，并于2014年和2016年批准《公约》修正案，将管控的POPs物质从最初的12种类增加到22种类，并分别于2007年和2018年发布了公约国家实施计划及其增补版。中华人民共和国生态环境部等部委于2017年和2019年发布了两批优先控制化学品名录，SCCPs、PFOS、PFOA、壬基酚等POPs和EDCs列入。

为筛选地表水中优控的新污染物，包括清华大学在内的国内多个研究团队不断完善新污染物的筛选和风险评估方法，基于有毒有害化学品性质、毒性、环境暴露等信息进行我国优先控制新污染物筛选。然而，由于缺乏充足的环境暴露和毒理数据，新污染物易被优控筛选方案排除。因此，应在新污染物清单数据和相关实验研究数据基础上，借助计算化学和计算毒理学方法，开发可靠的新污染物特性、毒性和暴露精准预测模型，建立基于环境风险的优先控制对象筛选信息化平台，综合考

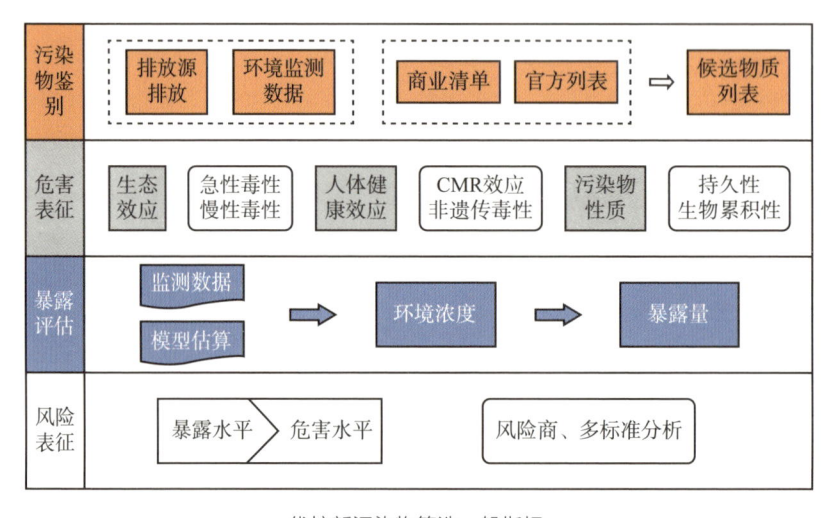

优控新污染物筛选一般指标

（图片来源：优控新兴污染物筛选及其在永定河的污染特征研究，清华大学博士学位论文，2020）

虑新污染物在特定环境中的污染水平、持久性、危害效应、暴露、生态和健康风险，并在利益相关者充分交流信息的基础上筛选确定优先控制污染物清单，筛选优先管控的新污染物，并进行动态更新。

新污染物环境风险评估

新污染物的分析技术和监测是其环境风险评估的基础手段。在分析技术方面，近年来，环境中多类别新污染物快速筛查和精准定量分析技术，以及基于靶向/非靶向分析和效应导向分析（EDA）的新污染物识别等方法正得到快速发展和应用。鉴于新污染物在环境中存在的浓度非常低，且环境样品中通常存在复杂的基质干扰，目前的检测体系面临两个主要问题：一是针对不同类物质，前处理步骤有差异且需

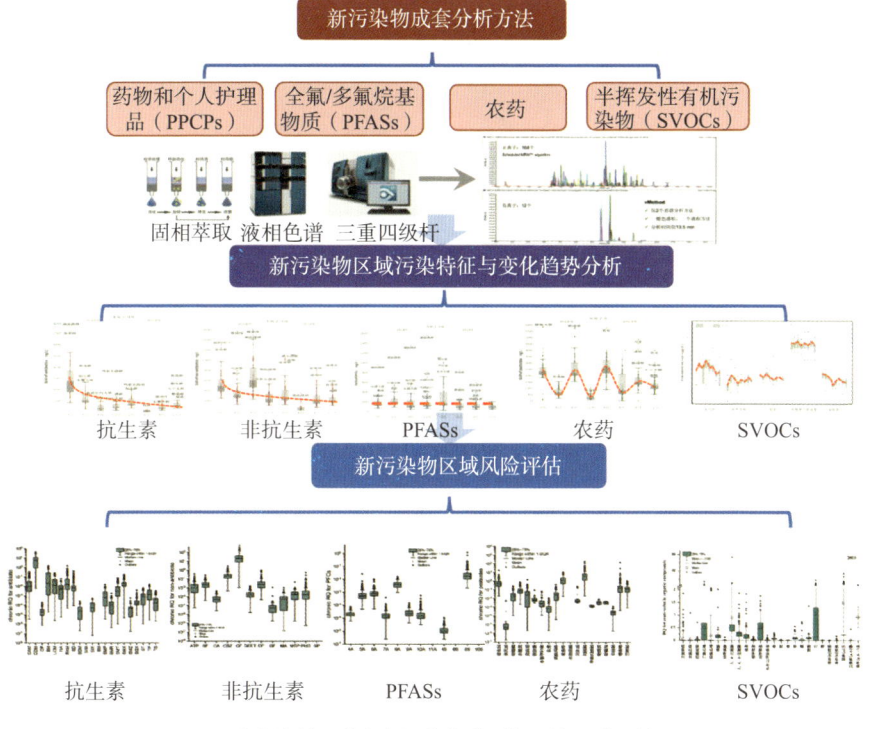

太湖流域西北部新污染物监测与环境风险评估

要的样品较大，相应分析过程也会消耗大量的人力和物力；二是同一种方法检测新污染物数量有限，现有的检测方法大多数集中于检测几类结构相似的新污染物，能同时检测的新污染物数量有限。针对该问题，清华大学研究团队选择 8 大类 41 小类共计 168 种药物及代谢物作为目标物，基于固相萃取 – 高效液相色谱/质谱，开发出能同时检测 168 种目标物的环境样品分析方法。通过对前处理、色谱和质谱条件共计 14 项参数的优化，显著缩短了样品预处理时间，并且与经典分析 1694 方法（美国国家环境保护局 USEPA）相比，本方法仪器分析效率提高了约 7 倍，有机试剂的使用减少 90%。

在新污染物环境监测方面，目前仅受控的 POPs 被纳入履约成效评估监测计划，但维持在 POPs 公约的最低需求水平。其他新污染物大多尚未列入我国生态环境质量和污染排放相关监测项指标中，国内多个科研机构已经开展的研究类监测基本是为了完成中短期的科研项目任务，研究区域主要局限于经济发达的东部地区，且欠缺较长时间尺度区域污染变化趋势数据，不能全面科学评估区域生态环境质量变化。由于缺少系统性和全面性数据支撑，尚不能精确识别我国环境中新污染物的污染特征、来源、生态和健康风险。因此，应充分利用我国具备新污染物监测能力的各类机构，统筹组建新污染物监测联盟，建立并采用由权威机构牵头制定的统一新污染物技术规定和标准规范开展环境监测，以解决新污染物环境污染数据系统性和可比性差的问题。聚焦重点区域、重点行业，初步查明我国现阶段应重点管控的新污染物，加强 POPs 履约成效评估监测，建立全国统一、数据共享、动态更新的新污染物污染状况数据库和评估信息化平台，为准确评估新污染物区域环境风险提供科学支撑。

在新污染物环境风险评价方面，目前多采用风险商方法，但是尚欠缺基于人体健康和生态环境安全的公认评价基准，计算方法和选择的物种毒性数据的不同可能导致不同的生态风险评价基准值，造成其风险评价结果的不确定性，不利于有效的管控政策制定。因此，应推动新污染物环境基准建立方法和技术规范研究，加强新污染物对本地物种的毒性效应研究，构建适合我国生态系统的物种敏感性分布模型。

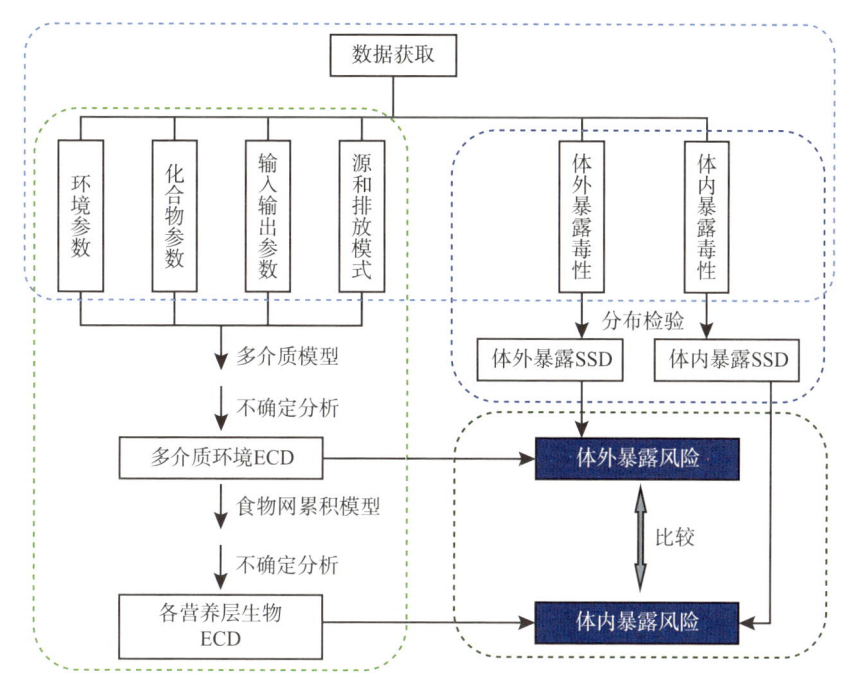

基于多介质模型和食物网累计模型的 POPs 生态风险评价模式
（ECD：暴露浓度分布；SSD：物种敏感性分布）
（图片来源：我国新兴污染物环境风险评价与控制研究进展，《环境化学》，2013）

研发可靠的新污染物环境暴露模型和技术规范，构建本地化暴露场景和参数，实现新污染物人体暴露和生物暴露精准评估。逐步推进新污染物生态风险和人体健康风险评价基准的建立，推动重点区域开展新污染物环境风险的常态化评估试点。

新污染物风险管控

国务院办公厅关于印发《新污染物治理行动方案》的通知中提到对于新污染物治理要"严格源头管控，防范新污染物产生；强化过程控制，减少新污染物排放；深化末端治理，降低新污染物环境风险"。目前新污染物相关管控标准非常缺乏。危险废物鉴别标准（毒性物质含量鉴别）中只有首批 12 种 POPs 的含量标准，新增列的

POPs（尤其是 HBCD、PFOS、PFOA、SCCPs 等）的标准值仍然缺位，废物端的管控缺乏依据。虽然新修订的《GB 5749—2022　生活饮用水卫生标准》将 PFOS 和 PFOA 列入水质参考指标，上海市《DB 31/199—2018　污水综合排放标准》将壬基酚列入污染物控制项目，但国家和地方其他新污染物相关标准仍然非常缺乏，难以依法依规对众多新污染物进行有效管控。因此，在新污染物治理中应以风险管控为主，识别并管控高风险新污染物风险源，实施全生命周期管理。研发和推广高风险化学品的绿色替代品，推行最佳可行技术和最佳环境实践。加强新污染物降解机理研究，优化污水深度处理技术，研发新污染物和常规污染物的协同去除技术；针对典型行业研发集成绿色低碳关键成套技术，实现化学品"三废"的资源化回收和减污降碳。

在新污染物控制技术上，相关科研人员发表了大量文章和专利，并且已经开展中试和示范工程研究，如全氟和多氟烷基物质（PFASs）的处置技术、PPCPs 的控制技术示范，虽然效果很好，但是由于缺乏新污染物相关环境排放标准，缺少实际应用需求，且经济性和实用性依然存在问题；应逐步制定并实施高风险新污染物的环境控制标准，将它们纳入各级政府的常规环境管理体系，依法依规对其进行有效管控。随着我国新污染治理工作的持续推进，预计更多新污染物控制标准将出台，必将促进新污染治理的技术应用和产业化需求，更好地服务于新污染物治理。

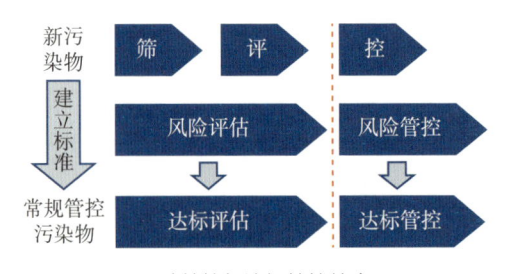

风险管控与达标管控结合

新污染物协同管控和全球治理

随着环境监测技术的发展和监测对象的扩展，以及对化学物质环境和健康危害认识的不断深化，可被识别出的新污染物将不断增加，因此新污染物风险管控将面临不断提出新问题和解决新问题的长期挑战。我国很多地方存在传统污染物和新污染物污染并存的叠加问题，一些新污染物的环境迁移性也使地方面临更复杂的挑战，对地方的新污染物风险管控能力提出了高要求。目前我国很多地方新污染物管控能力不足，迫切需要加强各地的新污染物管控能力。新污染物中部分 POPs 已经列入国际公约管控，近二十年来，我国建立了包括实施机制、制度、政策、法规、科技支撑等在内的 POPs 履约保障体系，在多个领域取得了显著成效，正在从跟跑向并跑、领跑发展，但在应对部分 POPs 替代和不断新增 POPs 的评估和批准过程中仍存在技术困难。

新污染物治理是一项长期性的复杂系统工程。应从国家层面统筹环境中新污染物和常规污染物的协同管控，完善区域层面环境管理体系；以长江、黄河等国家重大战略区大保护和绿色发展高地建设为契机，推进流域层面的新污染物联防联控，建立流域新污染物风险评估和管控创新平台；并建立各相关部门之间的有机联系和协调工作机制，努力架接科学研究、工程技术、政策管理和公众参与之间的桥梁，共同推动我国新污染物风险管控，助力美丽中国和健康中国建设。以履行化学品国际公约、参与全球化学品环境治理为抓手，深度参与全球环境治理，增强我国在全球环境治理体系中的话语权和影响力，深化生态环境保护国际交流合作，共谋新污染物治理管理和技术瓶颈的解决方案，着力共建清洁美丽世界，携手共建地球生命共同体。

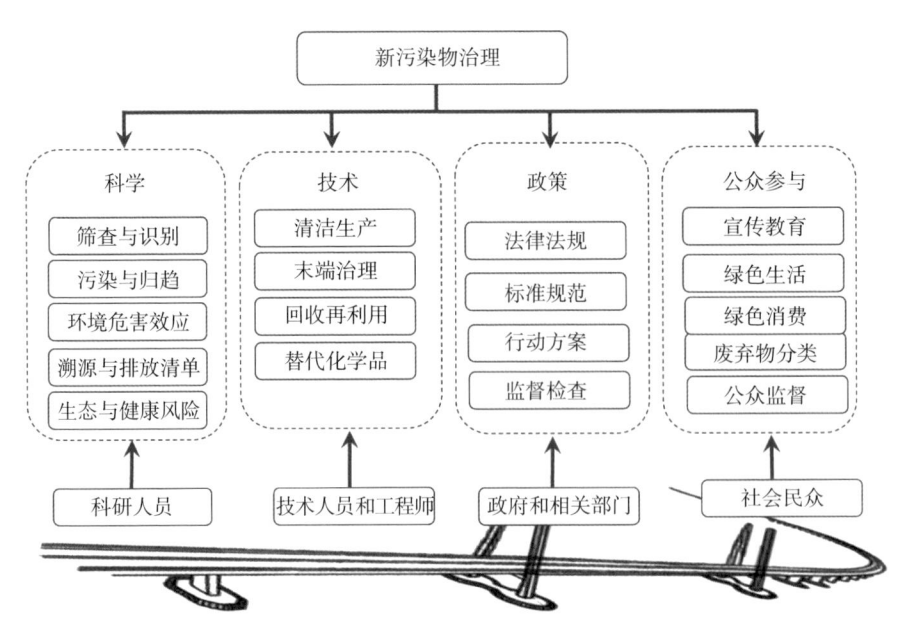

```
                        新污染物治理
    ┌───────────────┬──────────────┬──────────────┐
    ↓               ↓              ↓              ↓
  科学            技术            政策          公众参与
 筛查与识别      清洁生产        法律法规        宣传教育
 污染与归趋      末端治理        标准规范        绿色生活
 环境危害效应    回收再利用      行动方案        绿色消费
 溯源与排放清单  替代化学品      监督检查        废弃物分类
 生态与健康风险                                  公众监督
    ↑               ↑              ↑              ↑
  科研人员    技术人员和工程师  政府和相关部门    社会民众
```

新污染物治理需要多方协同参与

（图片来源：Emerging contaminant control: From science to action. Frontiers of Environmental Science & Engineering，2022）

中国环境科学学会

撰稿人：王　斌　任志远　郑　烁　张　丹　李玉清　衡利苹

编辑：王　菡

5. 如何实现自动、智能、精准的化学合成？

大数据和人工智能的飞速发展正在引发化学学科以实验、理论和模拟为主的传统研究范式的改变，为化学研究带来了前所未有的机遇。本文介绍了国内外化学合成自动化和智能化的研究计划、重要的进展与影响，指出了我国发展化学自动合成研究面临的问题，并提出了有益的建议。

王梅祥

中国科学院院士

清华大学教授

化学自动合成机器

化学合成依赖反应物选择、反应条件控制等诸多因素，因此很难用定量、可预测的数学关系进行指导。长期以来，化学合成基于专家经验和试错，合成效率不能满足人类社会对新功能分子和材料的迫切需求。近年来，化学合成机器的出现为自动化、集成化地开发合成化学分子提供了便捷可操控的平台原型，但智能化、精准化程度还有很大的提升空间。如何融合量子力学底层规则，赋予自动合成机器智慧核心，帮助突破人类专家的思维和算力局限，预测全新的合成路径，优化复杂合成过程，实现真实反应条件下的化学反应路径预测和反应条件自动优化，推动化学合成精准化和智能化，是合成化学和相关学科中的重大前沿科学问题。

化学自动合成机器是时代产物

习近平总书记指出，"实施创新驱动发展战略，首先要看清世界科技发展大势""虽有智慧，不如乘势"。当前，新一轮科技革命正在突飞猛进。虽说"不识庐山真面目，只缘身在此山中"，准确判断这一轮科技革命的特点和标志可能要经过相当长的一段时间，但有一点现在看是比较清楚的，即数据密集型研发范式将成为这一轮科技革命的主要特征之一。科学研究历经实验科学、理论推演、计算模拟三种范式，现在正在向第四种范式——数据密集型研发范式发展转变。伴随着这种转变的是人工智能的快速兴起。2016年3月，人工智能"阿尔法围棋"（AlphaGo）击败围棋世界冠军李世石，表明人工智能已经达到人类智力水平。此后，人工智能快速席卷物质科学、生命科学和人文科学的研究领域。2021 年 7 月，人工智能程序"阿尔法折叠"（AlphaFold）准确预测了 98.5% 的人类蛋白质结构，被誉为截至目前人类在 21 世纪取得的最重要的科技突破之一。

长期以来，化学合成采取依赖专家经验和人工试错的研究模式，失败率较高。更重要的是，这种研究模式容易引发安全事故，不仅影响社会稳定，而且破坏化学在社会公众中的形象，引发"后继无人"的危机。实现化学合成自动化、智能化是化学科技工作者长久以来的梦想。人工智能的发展为实现这一梦想提供了可能，化学自动合成机器应运而生。

各国竞相研发化学自动合成机器

英国欲引发化学革命

2009 年，英国工程与自然科学研究理事会制定了"拨打分子"（Dial-a-Molecule）重大挑战研究计划，计划用 20～40 年的时间使有机合成的效率达到 100%，并且要像拨打电话一样轻而易举。从 2010 年开始，项目负责人南安普顿大学理查德·惠特比（Richard Whitby）教授组织科学家用两年时间制定了实施路线图。专家认为，实现"拨打分子"计划面临三大挑战——合成目标可预期、合成路线精巧和合成方式可持续。为此，路线图从三个方向着手应对这些挑战：①未来的实验室和合成路线优化；②高效低成本地合成；③高效的催化剂。化学自动合成机器是"未来的实验室和合成路线优化"方向的研究内容。

按照设计，化学自动合成机器是一台集成了合成、分离、提纯、检测等多种功能于一身的可自动合成有机化合物的智能设备，可合成 10 亿种有机分子，至少是人类已合成的有机化合物数量的 10 倍。制造这样一台机器需要解决三大问题：①数据——已有的全部有机化学知识；②软件——通过编程将这些化学知识教给机器人；③硬件——自动化合成操作机器。在这三者中，硬件方面最接近成功，已有商业化的生物分子合成机器，但反应器主要为间歇式。无论从自动化的角度还是从提高反应速度和产率的角度，连续流动式反应器才是首选。在数据方面，主要困难有两点：①数据不够翔实，需要更多的反应细节；②只有成功的经验，没有失败的教训，机器不仅要知道怎样做能成功，更要学习怎样做会失败。在软件方面，困难不在于教给机器人类已经合成了什么，而在于让机器学会创造从未合成过的分子。

美国看重军民两用属性

从2015年起，美国专事投资颠覆性国防技术的国防部高级研究计划局先后资助了两个化学自动合成机器研究项目——"制造它"（Make-It）和"加速分子发现"（Accelerated Molecular Discovery）。

"制造它"项目旨在实现已知分子的自动化合成；研究内容包括合成路线智能规划和优化方法，自动化控制软件和合成硬件；资助时间是2015—2019年。"制造它"项目展望了国防应用情景：在恶劣环境中按需生产普通药品，从而减少在前线运输和储备关键药品需求。按照任务分工，美国麻省理工学院、斯坦福国际研究院和格日博夫斯基科学发明公司（Grzybowski Scientific Inventions）负责自动合成路线设计，麻省理工学院、斯坦福国际研究院和英国格拉斯哥大学负责自动合成硬件，美国普渡大学和波士顿大学负责快速反应筛选。

"加速分子发现"项目旨在通过发展基于人工智能的闭环系统，提高发现和优化未知分子的速度；研究内容包括从已有资源中抽取数据，发展自主实验平台及优化，整合计算方法，开发基于物理的表示和预测工具；资助时间是2019—2023年；主要参与机构包括麻省理工学院、加拿大多伦多大学、不列颠哥伦比亚大学、韩国蔚山科学技术院等。"加速分子发现"项目同样具有国防考虑，例如，美国军方测试非化学专业人员能否使用合成路线智能规划软件Chematica合成非法物质。

我国高度重视颠覆性意义

中国科学院、中国人民解放军军事科学院等国家高端智库建设试点单位积极向国家建言发展化学自动合成机器。国家自然科学基金委员会连续三年组织化学科技工作者研讨人工智能在化学领域的应用，提炼遇到的瓶颈问题，分析可能的解决方案。2021 年 4 月召开的中国化学会第 32 届学术年会倡导化学科技工作者利用大数据、人工智能等最新科技成果，引领探索科技新范式，提高化学科学解决重大问题的能力。2020 年 7 月，以英国利物浦大学研发的化学实验机器人登上《自然》杂志封面为契机，《光明日报》组织了"人工智能会取代化学家吗"专题研讨会，邀请国内专家对这一问题进行深入探讨。国家重点研发计划在 2021 年部署了五个基于大数据和人工智能技术的材料和药物研发项目。北京大学、清华大学、中国科学院、广州国家实验室、苏州沃时数字科技有限公司、武汉智化科技有限公司等高校、研究机构和企业主动部署了化学自动合成机器相关研究。浙江大学自主研发了国内首套化学材料智能高通量合成与筛选平台系统 iChemFoundry，并于 2022 年 9 月举办了第一届自动化智能分子制造会议暨 2022 世界人工智能大会"AI+ 化学化工"分论坛。

化学自动合成机器是把"双刃剑"

化学自动合成机器是数据密集型研发范式的典型代表和发展结果，其颠覆性意义突出表现在两个方面：①化学自动合成机器改变了化学科学的传统面貌，通过化学合成自动化、智能化，将研究人员从大量重复性工作中解放出来，使他们有更多时间从事创造性的活动；②搭载了人工智能的化学自动合成机器，大幅提高了人类研发新型功能分子和材料的效率，增强了人类拓展未知科学疆域的能力。

目前，美国麻省理工学院、斯坦福国际研究院、伊利诺伊大学、国际商业机器公司、英国格拉斯哥大学、利物浦大学等机构已经研发出一些具有一定实用价值的

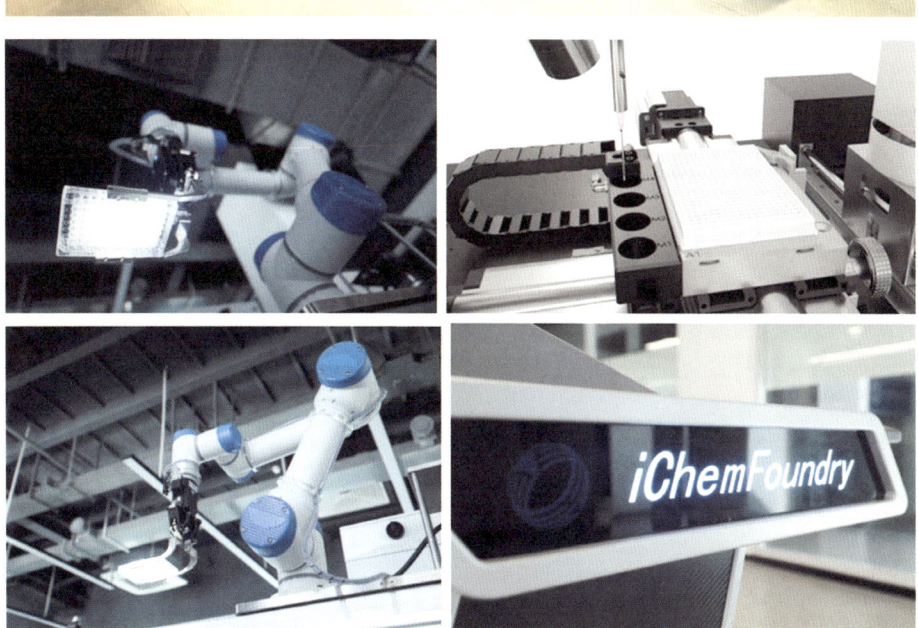

智能高通量合成与筛选平台系统 iChemFoundry（浙江大学杭州国际科创中心供图）

化学自动合成机器，主要用于新药创制。麻省理工学院成功建立了产学研合作链条。美国化学会免费向麻省理工学院开放百万化学反应规模的高质量数据集。麻省理工学院牵头组建了机器学习促进药物发现和合成联盟，成员包括礼来、辉瑞、默克等世界一流制药公司和生物技术企业。麻省理工学院利用其研发的化学自动合成机器合成了盐酸苯海拉明、盐酸利多卡因、安定及盐酸氟西汀四种药物，产量为每天810～4500份制剂，品质均达到美国药典标准。成功的案例还有成立仅10年的英国人工智能药物发现公司Exscientia。在美国国防部高级研究计划局资助下，斯坦福国际研究院开发了化学自动合成机器SynFini，随后授权Exscientia公司使用它开发抗肿瘤药物。2020年1月，由Exscientia公司和日本住友制药公司联合开发的DSP-1181成为首个由人工智能平台设计并进入临床试验阶段的候选药物，可惜临床效果未达到预期。2021年4月，由Exscientia公司和德国Evotec公司联合开发的由人工智能平台设计的肿瘤免疫小分子EXS-21546进入临床试验阶段。

必须指出，化学自动合成机器是把"双刃剑"，其不仅能合成治疗人类疾病的药物，也能合成危及人类的化学武器。2022年3月，一份来自美国生物制药公司合作制药（Collaborations Pharmaceuticals）的研究显示，通过调整参数（将抛弃毒性分子转为选择毒性分子），原本用于设计药物分子的人工智能软件成功设计出化学武器；如果再结合自动合成平台，一个自主制造杀人武器的装置就会出现。

我国发展化学自动合成机器遇到的问题

首先是数据问题。研发化学自动合成机器必须使用海量高质量数据训练智能算法。然而，我国化学化工数据库原始积累不足、数据质量差，国外数据库公司不愿成规模地卖给我国高质量数据，通过文本挖掘从已发表论文、专利中获取数据的方法不仅可能面临知识产权诉讼，而且挖掘到的数据在完整性、系统性、标准化、可重复性等方面都存在一系列问题。这迫使我国化学科技工作者只能自建数据库。在国家有关部门的支持下，清华大学和南开大学共同建设了化学键能数据库 iBonD，国家重点研发计划也部署了"国家新材料数据库平台建设关键技术研究"项目。但在建设数据库过程中，科研人员普遍遇到经费支持不足、数据核实困难、不被科研评价认可、运营维护乏力等问题。

其次是软件和硬件问题。受数据问题制约，我国在合成路线智能规划软件方面缺乏原创性算法和计算模型，研究水平与领先国家存在一定差距。未来几年，领先国家可能研发出成功的通用商业软件，进而快速占据市场。届时，如果我国不能取得重大突破，未来可能会面临非常高的准入壁垒。在硬件方面，我国科研机构所用的高级自动化合成设备和分析设备长期依赖从国外进口，短时间内难以实现国产替代。成套设备进口价格在千万元级别，大部分实验室无力负担，制约了我国自动化合成技术发展和经验积累。

再次是人才问题。研发化学自动合成机器需要具有合成化学、自动化、计算科学、人工智能、数据分析等专业背景的研究人员通力合作，尤其要求团队负责人兼具化学和人工智能知识。国内符合要求的复合型人才相对比较少。

政策建议

以"四个面向"为原则，加快化学自动合成机器研发部署工作。美欧发达国家在数据、智能算法、自动化硬件等关键环节处于明显优势甚至垄断地位，留给我国的追赶窗口期估计有五年，为此必须加快化学自动合成机器研发部署工作。研发部署应坚持面向世界科技前沿、面向经济主战场、面向国家重大需求、面向人民生命健康，即明确我国发展化学自动合成机器的目的是解决世界重大前沿科学问题和国家重大需求，而不是简单地跟随发达国家。建议国家有关部门针对化学自动合成机器多学科交叉的特点，在项目申请、评审、管理、结题等环节采取相应的举措，以鼓励化学、工程、人工智能等领域科研人员合作开展研发，同时鼓励高校或科研机构与企业、数据库厂商等合作申请项目。

以建设数据库为重点、以发展智能算法和自动化硬件为两翼，研发具有自主知识产权的化学自动合成机器。数据库建设是我国发展化学自动合成机器的突出短板，应成为发展重点。建议我国统筹部署化学反应数据库建设，建立若干个面向不同应用领域的公共反应数据库。国家出台统一的数据格式规范标准和知识产权保护办法，保证各公共反应数据库互联互通，保护数据提供、存储、使用各方权益。建议公共反应数据库采取高校、科研机构、企业合建的方式，需建立可持续发展机制，并配套数据核查设施和机制。在智能算法方面，针对当前国内外研发集中在药物领域的特点，建议采取差异化发展策略，积极发展国防亟须或具有经济价值的物质的智能合成规划软件。在自动化合成和分析硬件方面，针对传统仪器设备的操作者是人的特点，建议另辟赛道，部署研发适应自动化合成特点（操作者是机器）的合成和分析设备，并积极建立接口标准。

加快培养适应数据密集型研发范式的人才。我国目前的理科人才培养模式还存在一些不适应数据密集型研发范式的方面。建议在理科生本科培养阶段增加人工智能、数据分析等方面的课程。建议重点引进从事数据密集型研发的海外中青年人才归国效力。

高度重视人工智能引发的伦理和安全问题。化学自动合成机器及作为其"大脑"的人工智能算法存在被用于危险用途的可能。因此，在鼓励研发化学自动合成机器和人工智能算法的同时，出台必要的限制和防范措施，将科学研究严格限制在安全的范围内，严防先进技术被滥用。

中国化学会

撰稿人：边文越　鞠华俊

编辑：高立波

6. 如何整合多组学对生物的复杂性状进行研究？

如何整合多组学对生物的复杂性状进行研究？这是重大的科学问题。生物的复杂性状受基因表达、基因之间的调控作用、基因与环境的相互作用等控制，传统的基于单个组学对复杂性状的分析，难以完整理解这些性状的形成机制，更难以有针对性地解决复杂疾病的预测与治疗、动植物品种的改良以及重要经济性状提升等难题。在2022重大科学问题的评选当中，各位专家一致推选"如何整合多组学对生物的复杂性状进行研究"作为一个重大的科学问题，它将为我们带来一个全新的视点，从原来的一点、一面的角度，上升到立体、全方位、多角度地考量基因到性状最终呈现形态上的一系列中间过程的作用。目前国内众多高校以及科研院所等相继开展了对多组学数据采用传统的线性模型或者新颖的深度学习模型的研究，我们期望在未来这些研究能够推动生物复杂性状的研究进入新的篇章。

黄路生
中国科学院院士
中国畜牧兽医学会理事长

多组学整合分析开创生物复杂性状研究新篇章

生命体既是简单的又是复杂的，简单的在于仅有氨基酸以及核苷酸等分子便可形成一个完整的生命体；而复杂的是这些分子之间千变万化的排列组合，以及其组合后形成的各种结构间的相互作用，甚至与环境的作用，造就了这个纷繁的生物世界。

解码生命之书

从日常饮食的肉、蛋、奶，到人类自身的健康、疾病等，生物体的一切性状都是由基因控制的。人类很早就认识到了基因的存在，1865年，孟德尔提出了基因的分离和自由组合定律，开启了现代遗传学的大门。然而孟德尔提出的基因只是假想的遗传信息载体，在随后100年里，人类科学家们开始了对基因本质的艰难探索过程。随着摩尔根提出基因连锁定律、艾弗里证实DNA是基因的物质载体、沃森和克里克提出DNA的双螺旋结构，人类对基因的认识不断深入。

在了解了基因的本质之后，人类又开始研究基因影响生物表型性状的机制。最开始，人们普遍认为性状由某个基因控制。1967年，科拉纳、霍利和尼伦伯格破译了DNA的遗传密码，完整描述了从基因到蛋白质的清晰过程。似乎破译基因构成的生命密码已经近在眼前。然而，雅各布、莫诺等人研究发现基因对性状的影响并不总是如此简单，存在多个基因控制一个性状、一个基因控制多个性状以及基因之间相互作用等各种复杂情形。生物体的遗传机制是复杂和难以捉摸的，复杂性状形成机制的解析一直是一个科学难题，时至今日，人类仍未彻底了解基因控制性状的机制。

为了进一步探明基因这部天书的密码组成，组学的概念逐渐被发展出来。组是一类性质相同的研究对象的集合，而组学，就是遗传学中对这些研究对象的集合进行系统性研究的学科。现代的组学研究，通常包含基因组学、表观组学、转录组学、蛋白质组学、代谢组学等。组学将同类的对象统合到一起进行探究，如基因组学就是研究生物体的基因的功能和基因之间的相互关系。组学已经成为现代科研工作者研究复杂性状的有力武器。

同 DNA 联系最近的基因组学是最早开始发展的。基因组学是一项以全基因组测序技术为基础的学科，通过基因组信息的综合利用，基因组学致力于解决复杂性状的研究问题。时至今日，人们仍在不断改进测序技术以求更快更精准地解码基因组，并利用得到的基因组信息对生物体的表型差异进行遗传方面的解释，例如疾病的成因、动物毛色的差异等，这也是基因组学的研究内容。

由于基因组是通过转录表达为 RNA 等生物大分子进一步调控性状表达的，因而在此基础上转录组的概念被提出。转录组指在相同环境下一个细胞或者一群细胞中能够转录出的所有 RNA 的总和。与基因组有所不同，对于固定的一个细胞，在没有突变的情况下，细胞的基因组是固定不变的；而转录组会随着外部环境的变化而变化，这揭示了不同组织和时间下基因表达情况的同质性和差异性。通过转录组学研究，人类发现了细胞中 50% 以上的 RNA 都是极少数基因所产生的，不同细胞之间超过 90% 的 DNA 都是相同的。这让人们意识到细胞间，甚至是物种间的基因同质性可能超乎想象。

随着研究不断深入，由 RNA 翻译产生的蛋白质也进入了研究者的视野，蛋白质组学是一种对蛋白质的功能和结构进行大规模研究的学科，在 20 世纪末被提出。蛋白质组是有机体产生的全套蛋白质的总和，与转录组相似，蛋白质组对于一个细胞而言也不是固定的，而是随着其所处的环境和生命周期不断变化。最开始，蛋白质的表达情况是通过 RNA 的含量来衡量，但是人们很快发现，RNA 的含量和蛋白质的表达情况并没有必然联系。RNA 并不总是翻译成蛋白质，RNA 翻译成蛋白质的过程深受环境因素的影响。目前，蛋白质组学的研究在复杂性状解析上表现出了非凡的潜力，在人类的疾病质量、畜禽生产改良等方面发挥着越来越重要的作用。

随着科学研究不断发展，人们发现单纯研究某一方向（基因组、转录组、蛋白质组等）无法完全剖析复杂性状的遗传机制，科学家就提出从整体的角度出发去研究生物体组织细胞结构、基因、蛋白及其分子间相互的作用，通过整合多组学的信息全面整体地分析生物体表型的遗传机制。

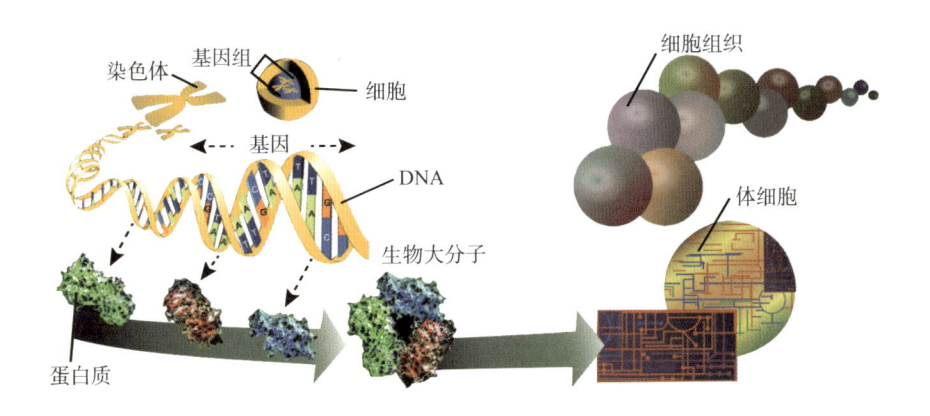

图解多组学（引自 bioinfo.mbb.yale.edu）

积小流而成大河——多组学检测技术的发展历程

基因组测序技术发展历程

1977 年，弗雷德里克·桑格（Frederick Sanger）等发明 DNA 双脱氧核苷酸末端终止测序法（chain terminator sequencing），也称 Sanger 测序。同年，A. M. 马克萨姆（A. M. Maxam）和 W. 伊尔贝特（W. Gilbert）发明 DNA 化学降解测序

法（chemical degradation sequencing）。以上两项技术的出现，标志第一代测序技术诞生。

2005 年，美国 454 生命科学公司推出超高通量基因组测序系统——454 测序技术，创造"边合成边测序"方法，并且每日产量超过 2000 万个碱基，是第一代基因检测技术的 20000 倍，第二代基因检测技术阶段由此开启。

2008 年，首台单分子测序仪问世，可将单分子为目标物边合成边测序，并且不需经 PCR 扩增，实现对单条 DNA 检测，标志基因检测进入第三代技术阶段。

2009 年，纳米级别的单分子测序平台问世，标志基因检测技术进入纳米量级。2012 年，基因测序企业 Oxford Nanopore 推出首款纳米孔 DNA 测序仪，将第四代基因检测技术商业化。

转录组测序技术发展历程

最初转录组测序广泛应用的测序技术为 20 世纪 70 年代的 Sanger 测序，但该方法测序通量低、费时费力。

自 2005 年以来，454 测序技术、Solexa 技术以及 SOLiD 技术为标志的高通量测序技术相继诞生。相较于传统方法，该技术主要特点是测序通量高、测序时间和

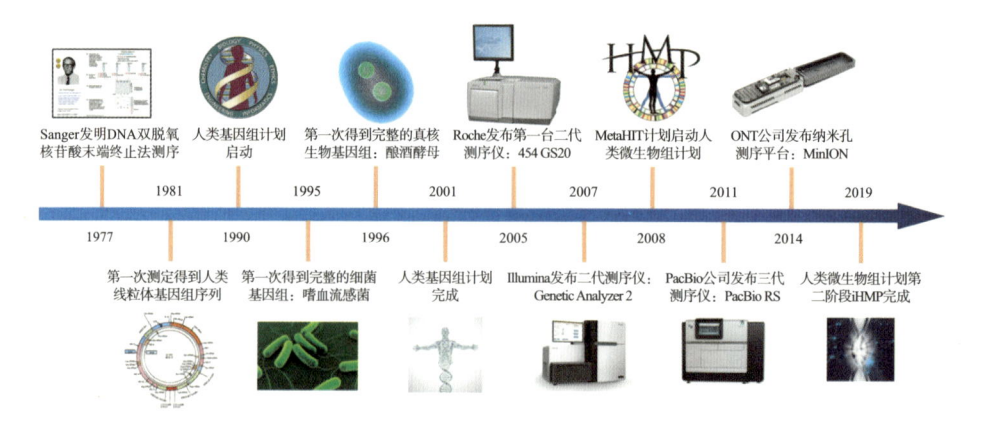

基因测序技术发展史（引自 *Frontiers in Bioengineering and Biotechnology*）

成本显著下降，可以一次对几十万到几百万条 DNA 分子序列测定，这使某物种全基因组和转录组的全貌细致分析成为可能。很多文献中称其为新一代测序技术，足见其划时代意义。

蛋白质组测序技术发展历程

传统的蛋白质组检测技术主要有考马斯亮染技术、银染技术、放射性同位素标记方法等，目前以荧光染色和质谱为基础的方法学正为蛋白质组的多元定量分析提供不可比拟的新技术支持。目前蛋白质测序方法主要分为三类：基于 PCR 扩增的蛋白质测序、Edman 降解测序以及基于质谱的蛋白质测序。

代谢组测序技术发展历程

1983 年，荷兰应用科学研究组织 Jan Van der Greef 首先采用质谱对尿中代谢指纹进行研究，并陆续有不少科学家开始应用高效液相色谱（high performance liquid chromatography，HPLC）和磁共振（nuclear magnetic resonance，NMR）技术进行代谢谱分析。

2005 年，加拿大基因委员会投资 750 万美元创建了"人类代谢组计划（HMP）"，最终构建了 HMDB 代谢组数据库。十几年来，代谢组学检测技术经历了由核磁（NMR）转向气质联用（GCMS）再到液质联用（LCMS）的发展历程，检测结果的有效信息量也有了 10 倍的提升。

多领域的"百花齐放"

基因组学的应用

最初，科学家利用基因组数据中的变异揭示了遗传与复杂性状之间的因果关系。1982 年，鉴定出第一个自然发生的人类致癌变异，开启了挖掘人类癌症背后异常基因的时代。进入 21 世纪，第一个成功的全基因组关联分析揭示了影响年龄相关的黄斑变性重要基因，之后全基因组关联分析也从人扩展到畜禽和植物上，广泛用于发现目标性状相关的基因，与之相似的还有比较基因组学等方法识别有利基因的基因座，从而辅助提高品种性能。利用这些方法，中国科学家发现了 GmSWEET39 基因对大豆种子发育和油分积累方面的关键影响以及其在驯化过程中的重要作用，这些研究成果有助于大豆产量和品质性状的分子标记辅助育种工作。

其他组学的发展与应用

转录组数据通常被用来揭示基因表达与表型的内在联系，有研究整合基因型和转录组数据来探测基因表达对性状的影响，以求找到新的可预测的基因表达与性状之间的关联，而这些工作有助于理解疾病或者优质性状背后的生物学机理。而在水稻上通过对在共表达的基因家族和表达模式上共同和独特特征的研究，也找到了生物胁迫相关基因的作用模式。

此外，还有将如蛋白组学与转录组学相结合，筛选共同差异表达的因子，最终可以用于探究肿瘤细胞发生发展的内在机制以及寻找适合的生物标记物。蛋白质组学获得的信息也可以帮助鉴定抗原，例如旋毛虫病免疫诊断候选抗原的鉴定。而通过结合蛋白组学和代谢组学数据，科学家对静止状态下与激活状态下的细胞进行比较揭示了 L- 精氨酸是中枢记忆细胞抗肿瘤活性的关键调节因子。

整合多组学的应用与发展

整合所有的组学信息最重要的是将组学研究中发现的基因组变异和过去不宜处理的复杂性状相应表型联系起来。以果蝇这种模式动物进行研究发现，在多组学数据的辅助下，所找到的特征标记有效提高了基因组预测的准确性。整合多组学研究在癌症诊断、治疗预测和其他复杂疾病的运用上相比在作物和动物育种领域更加成熟。2019 年，利用多组学数据模拟器 OmicsSIMLA，对多组学数据与疾病状态之间

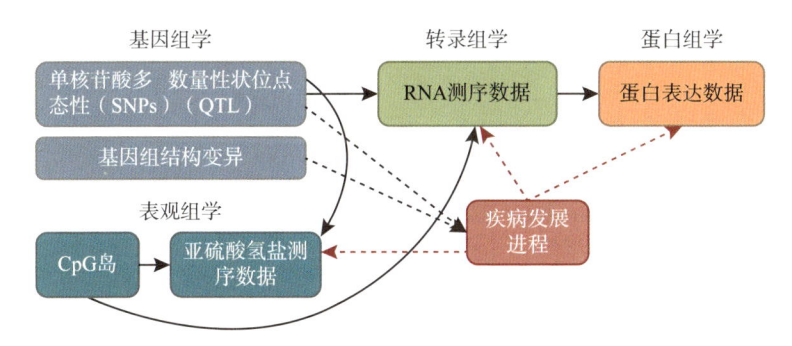

OmicsSIMLA 的模拟框架，黑色的实线箭头表示不同的多组学数之间的相关关系，黑色的虚线箭头表示基因组数据对复杂性状的随机效应，红色的虚线箭头则是复杂性状对甲基化，基因表达以及蛋白表达水平的反馈模拟

的关系进行了建模，当多组学特征对疾病的影响较强时，软件显示出较高的预测准确性。

迎难而上、弯道超车

自 2003 年人类基因组计划完成以来，测序技术发展迅猛，多种测序产品在市场上如雨后春笋般出现，同时测序读长不断加长、通量不断提升、时间不断缩短，大量的基因组序列被破译，测序物种数量和物种多样性与日俱增。

高通量测序技术是对传统 Sanger 测序技术革命性的变革，可以一次对几十万到几百万条核酸分子进行序列测定，高通量测序技术的出现使得对一个物种的转录组和基因组进行细致全貌的分析成为可能。2005 年 12 月，第一台代表大规模并行高通量测序技术的测序仪 454 GS20，由美国生命科学公司开发成功，性能优异。2008 年 11 月 6 日，深圳华大生命科学研究院（原"深圳华大基因研究院"）在《自然》杂志上发表了首个亚洲人基因序列的研究成果，宣布"炎黄计划"的完成，该计划对 100 个中国人进行基因组测序，构建出一个高分辨率的遗传多态性图谱，以促进中国人和亚洲人的医学研究，这是继"DNA 之父"詹姆斯·杜威·沃森和测序先驱克雷格·文特尔之后所进行的第三例人类个人基因组测序。2010年，深圳华大生命科学研究院买入128台Illumina测序仪，成为当时世界最大的测序中心。2013年，深圳华大生命科学研究院收购美国Complete Genomics，获得上游高通量基因测序仪核心技术，之后陆续推出了不同通量的多款测序仪。2015年，瀚海基因基于Helicos技术，研发出中国第一台自主知识产权第三代基因测序仪GenoCare。2019—2020年，华大基因启动全球测序计划，发布"大人群基因组学一站式解决方案"，推动基因测序行业的发展。

目前，中国测序产业规模与创新研究正"比翼齐飞"：产业方面，以深圳华大生命科学研究院、诺禾致源为首的国内测序公司在全球市场占有一席之地，并已建立有独立自主的测序平台，如深圳华大生命科学研究院自主创新研发的MGISEQ-T7、MGISEQ-2000、BGISEQ-500等，产品服务覆盖动植物、微生物、人及药物研发等多领域的核酸水平研究。研究方面，中国农业大学、中国科学院遗传与发育生物研究所、中国科学院北京基因组研究所和中国农业科学院农业基因组研究所等，已成为组学原始创新研究、创新人才培养重要基地，在整合多组学研究生物复杂性状领域，已建立扎实的研究基础，处于国际前沿水平。

强大国种业，端牢自己的"饭碗"

在1865年孟德尔遗传定律提出之前，动植物的育种方式一直是人工选择（1.0版），主要通过表型观测来选定具有理想表型的后代；直到19世纪中叶，随着遗传学三大定律的创立，杂交育种（2.0版）开始出现，其主要通过系谱信息来选育后代；1953年，DNA的结构被发现，分子生物技术迅速发展，动植物育种进入一个全新的阶段——分子育种（3.0版）。分子育种是当前动植物育种领域最常用的手段，并随着测序技术和组学技术的不断发展，分子育种将逐步向精准智慧育种过渡（4.0版）。近年来，为了弥补单组学技术的不足，多组学整合分析在动植物复杂性状改良

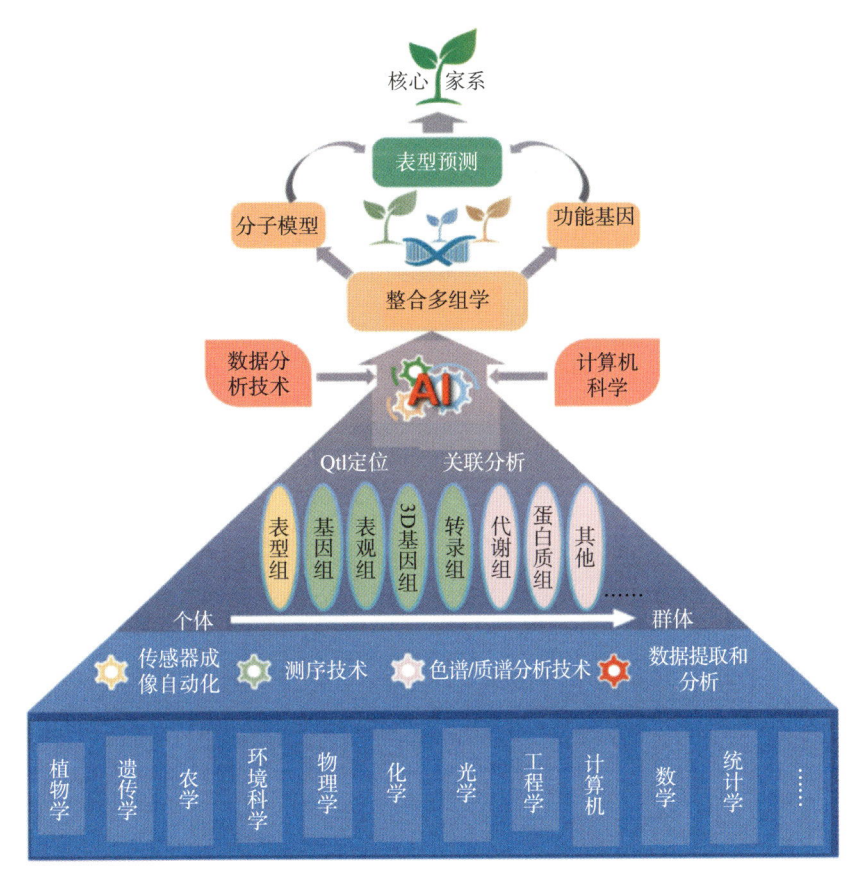

多组学发展树（引自 *Current Opinion in Plant Biology*）

中的应用也越来越广泛，并给高效精准的分子育种带来了越来越多的机会。

多组学技术在动物育种中的应用

从胚胎到成体，动物的生命经由母体的营养给予再到外界饲粮食物的供给，完成了自然界最不可思议的蜕变。在它一生的不同阶段，不同组织器官先后分化完成发育，随后这些组织器官在体重、体积上进行一定程度的增加从而完成生长。在此过程中，环境、基因等众多因素都会参与这个神秘而伟大的过程，引起动物生长速度和生长方向的变化。而动物生产中，动物的生长发育速度和体型体况优劣都与养殖经济效益直接挂钩。体重和体型等生长性状由此成为畜禽育种中的重要内容，了解动物生长中的关键通路等信息成为我们获得更多生长快速、体貌优异动物个体的重要手段。结合多组学信息，我们更能从生长的各个阶段、各个角度探究到生命的奥义。目前我国科学家通过对生长慢体型小的藏猪、生长慢体型中等的乌金猪以及生长快体型正常的杜洛克猪为研究对象，利用转录组和蛋白组信息发现了 10 个潜在的基因对猪骨骼肌生长发育和出生后产肉性能有抑制作用，还有 3 个潜在的基因能促进骨骼肌的快速生长发育，为猪胚胎时期肌肉发育对生长性状的影响作出了可信的阐述。

而在动物的一生中除了不断生长发育外，繁衍是其最根本的天性。繁殖，从交配到妊娠，是动物保存群体、延续优良性状的重要过程。提高动物繁殖力不仅通过提高配怀率、成活率等来提高生产经济效益，还可以通过提高优秀种公畜和种母畜的利用效率加速育种进程。多组学技术可以从多个层面不断深入解析高繁殖力背后的遗传机制，为高效动物生产蓄力。目前，已有许多学者结合蛋白组学和代谢组学研究奶牛不育、精子代谢与公牛生育能力、绵羊子宫潮红中代谢产物的作用等繁殖性能。例如，通过对绵羊静脉注射皮质醇构建妊娠后期皮质醇升高的母体应激模型，使用绵羊基因表达芯片和高分辨魔角旋转（HR-MAS）磁共振技术对母体胎盘进行转录和代谢组学研究。

除了生长及繁殖性状，肉用和乳用等经济性状也是畜禽产业中的关注重点。人们不断追求乳肉等具有更佳风味和更高营养的手段，探究乳肉生产的机理。单一组学已经被用于挖掘肉用或乳用性状的相关基因，但并不能对肌肉、脂肪及乳脂的产生机理和调控机制进行全面系统的解释，而多组学通过从基因组、转录组、蛋白组等多方面可以更完整地揭示乳肉形成机制。以肉用性状中的脂肪沉积研究为例，多组学可通过如下图的生物信息分析方法进行问题研究。

在肉用性状上，一些研究通过全基因组甲基化结合转录组信息可对骨骼肌类型转化以及骨骼肌特异性相关的通路进行全面分析；一些则利用微生物组学与基因组学结合研究猪脂肪沉积相关机制。此外，还有研究者结合基因组、转录组、代谢组

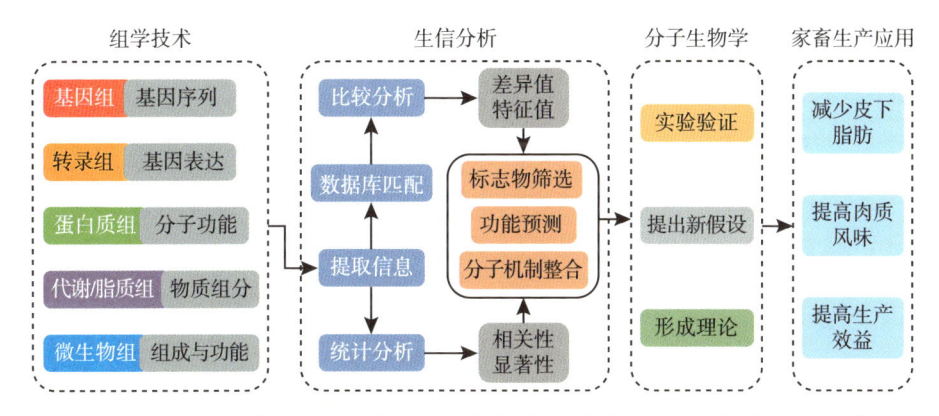

运用多组学生信分析探究家畜脂肪沉积分子机制及应用模式图（引自《中国畜牧杂志》）

对影响肉质性状的相关信号通路进行了研究。在乳用性状上，有通过基因组、转录组和蛋白组挖掘了奶牛产奶候选性状，并对 RP18 基因进行了功能验证，发现其通过调控脂肪酸从头合成过程进而影响乳脂率性状。更有许多研究者将转录组学、代谢组学与宏基因组学结合，探究乳质原因。还有研究人员对 20 头泌乳中期奶牛进行瘤胃宏基因组和代谢组学等多组学分析，来解析高乳蛋白产量奶牛的特征。

多组学技术在植物育种中的应用

粮食是一国能否长治久安的基础，而在我国人口众多的大背景下，如何在有限的耕地面积下提升粮食产量就显得极为重要。

一方面是采用多组学技术，去对农作物重要的农艺性状进行研究，并寻找改良农作物的手段。例如在水稻上，研究人员通过结合代谢组和转录组数据建立了一个覆盖水稻主要组织器官的优质水稻代谢调控网络（RMRN），对水稻整个生命周期进行代谢组学分析，比较代谢物的异同并分析其在不同组织之间的代谢差异。水稻复杂生物过程相关转录因子的分子调控机制研究，将有助于通过调控生长、抗病抗逆、水稻品质等代谢途径，为水稻农艺性状改良和分子育种实践提供新工具。此外，还有如使用多组学联合分析研究植物果实生长发育，比如通过基因组与转录组联合分析探究柑橘类水果成熟机制。对甜橙进行从头测序，绘制高质量的甜橙全基因组草图，揭示了甜橙的物种起源模式，结合转录组数据发现 GalUR 基因表达上调很可能是甜橙富含维生素 C 的重要原因，为柑橘属果实的品质改良提供了重要参考。

另一方面，提升植物的抗逆性也是实现增产保收的重要一环。植物的抗逆性是指植物所具备的抵抗不利环境的某些性状，这些不利环境主要是由生物和非生物胁迫引起的，生物胁迫主要包括病害、虫害和杂草危害等，非生物胁迫主要包括高温、寒冷、干旱和高盐等非生物环境条件。对植物生物和非生物胁迫响应机制的多组学研究，可更全面地解析基因、mRNAs、蛋白质、代谢物与表型间的关系，加速抗性品种的培育。在生物胁迫方面，有研究人员通过对烟草的基因组、转录组和代谢组数据进行整合分析揭示了假眼小绿叶蝉识别寄主植物的重要机制，并阐明了非寄主植物对叶蝉的抗性机制。还有研究人员通过代谢组学和 RNA 测序相结合的方法，确定了番茄中参与病原菌防御和真菌抗性的基因和代谢物，为了解番茄病原菌抗性提供了一个框架。同样通过多组学的方法，番茄中的一个生物合成基因簇被发现，该基因簇在番茄叶片中对镰刀菌二醇的生物合成和对真菌和细菌病原体的抗性具有直接作用。同样的，为了应对非生物胁迫对植物的不利影响，多组学综合分析已被广泛应用于多种作物非生物胁迫响应机制的研究。例如，高温胁迫，通过对大豆根毛的转录组和蛋白质组进行综合分析，发现 10 个关键基因调控模块和多种蛋白质在大豆耐热性中发挥重要作用；转录组和代谢组的整合分析鉴定出糖代谢为水稻高温耐受性或敏感性的关键代谢和转录成分等研究。此外，多组学技术在探究干旱胁迫、盐胁迫以及镉胁迫等对植物的影响机制中也发挥了不可替代的作用。

未来多组学的发展路向何方？

从孟德尔对一粒小小的豌豆进行研究开始，人类从未停止对大自然是如何塑造千姿百态生命方式的探索。尽管逾百年时间，人类已然摸清了自身基因组的序列情况，完成了一次次解析生命中各种性状形成机制的突破，但每一次的突破似乎如通往迷宫下一层的门一般，带来更多未知的挑战。然而科学发展的历史是对虔诚的研究者与坚定真理的信仰者的赞歌，从达尔文的物种起源开始，人类通过多种手段，对之前看不到、摸不着的各种遗传物质进行了测量，上下求索性状形成的奥秘。到如今，对于这些遗传物质的测量，也在向着更微观、更高通量的方向发展。比如目前如火如荼开展的单细胞测序，将曾经对于单个组织下所有细胞内的基因组或转录组等进行测序，细化到了可以对单个细胞内的基因组或转录组等进行测序，进一步提升了人类对于生命体内微观世界的了解程度。同时，生命体各种性状的形成，也并非如人类所设想的在2003年完成人类基因组计划后便可洞悉其形成规律。根据目前的研究结果，各种基因组上的调控区域，各种基因间的互相调控作用，基因与环境间的互相作用，乃至宿主与微生物之间的作用，都将影响最终性状的表现。于1957年被提出的"中心法则"，在经过几十年的发展补充之后依然有着其无法解释的方面，那么在未来，是否能有一种终极的理论，能完整解释各种生命物质之间的作用关系以及其最终介导的生命形态？

　　而为了探寻这一奥秘，并将其进行转化应用，正如前所述，科学家们目前已经在将多组学的检测结果进行整合，并应用于癌症诊断、治疗预测和其他复杂疾病的研究上，同时在动植物育种上的应用也在逐步开展。尤其是表型组概念被提出的今天，如何大量、精准、多尺度地对多种表型进行检测，并将其结果与其他组学整合分析，也将是今后研究的重点。目前，我国建立了全球首个跨尺度多维度人类表型精密测量平台，具备一站式测量26000个以上表型指标的能力，可以获取自然人群样本贯通宏观至微观尺度20余个领域类别的海量表型基线大数据，这些都是我国科学家对生物体性状形成机制进行探索所做努力中一小部分的体现。

　　最后，让我们畅想一下，如果人类能够通过从多组学的整合分析角度，完整解析了各种生命物质与性状表型间的关系，那么将迎来一个复杂疾病在早期可预测，疑难杂症可通过"基因疗法"等解决，动植物的育种可实现快速、定向设计育种的时代。虽然从目前来看，多组学的整合分析还只有短短的几年的发展历程，但是正因如此，它也有着蓬勃的生机与发展的潜力，在未来会给我们的生活带来何种影响，让我们拭目以待！

中国畜牧兽医学会

撰稿人：刘剑锋　杨　宁　侯卓成

编辑：高立波

7. 能否实现材料表面原子尺度可控去除？

　　高端制造能力是国家经济竞争力的核心。尖端武器、高端芯片、精密光学等高端制造行业更是维护国家领土完整、保障国家经济安全的重要支柱。随着核心零部件的持续微型化以及关键功能的高度集成化，高端制造对功能结构或表面的加工质量与精度要求变得越来越苛刻，加工尺度和精度正向纳米级甚至原子量级发展，这对超精密表面制造技术提出了新的挑战。

　　超精密表面制造的实质是实现原子尺度表面材料的可控去除，而超精密制造的最终精度取决于原子级材料可控去除的加工极限。西南交通大学钱林茂和陈磊等人通过精准调控界面机械化学协同作用，实现了单晶硅表面单原子层的可控去除，由此探明了化学机械抛光在半导体晶圆表面的极限精度加工能力。

　　基于化学机械协同的超精密表面制造技术为高性能表面提供了变革性的制造技术，有望在更多材料的超精密表面加工中实现原子尺度的可控去除，推动新一代集成芯片、武器等高端制造行业快速发展。

雒建斌
中国科学院院士

超精密制造强劲助力大国崛起

制造业是推动世界经济发展和人类社会进步的主要动力,更是国家经济竞争力的核心。纵观数百年国际风云变幻,大国崛起离不开工业的支撑。在工业生产中,"制造"是核心,是维护国家安全、维持国家繁荣的核心。制造业中最璀璨的明珠是超精密制造。超精密制造有望引领新一轮的产业变革,助力我国在国际竞争中保持战略优势。

制造技术发展趋势

各类制造技术在引领生产力和社会发展的同时,也需要克服自身迭代的挑战,以适应未来的发展格局。从技术精度及其发展规律的角度来看,制造技术的发展经历了以经验和技艺为基础的手工成形向毫米级微米级甚至纳米级的精度可控机器制的转变。二十世纪六十年代以来,为了满足大规模集成电路、核能、激光和航天等尖端技术的需要,超精密制造技术应运而生。

技术开创期(五十年代至八十年代)

出于航天、大规模集成电路、激光等尖端技术发展的需要,美国率先发展了超精密加工技术,开发了单点金刚石切削(single point diamond turning,SPDT)技术,又称为"微英寸技术",用于加工激光核聚变反射镜、战术导弹及载人飞船用球面、非球面大型零件等。

民间工业应用初期（八九十年代）

在政府的支持下，美国的摩尔公司、普瑞泰克公司开始超精密加工设备的商品化，而日本的东芝和日立以及英国的谢菲尔德大学等也陆续推出产品，并开始用于民间工业光学组件的制造。但当时的超精密加工设备主要以专用机的形式定做，依然昂贵而稀少。这一时期，可加工硬质金属和硬脆性材料的超精密金刚石磨削技术及磨床被开发出来，但其加工效率无法和金刚石车床相比。

民间工业应用成熟期（九十年代至今）

在汽车、能源、医疗器材、信息、光电和通信等产业的推动下，超精密加工技术广泛应用于非球面光学镜片、螺纹透镜、超精密模具、磁盘驱动器磁头、磁盘基板加工、半导体晶片切割等零件的加工。控制器、激光干涉仪、空气轴承精密主轴、空气轴承导轨、油压轴承导轨、摩擦驱动进给轴超精密加工设备也逐渐成熟，并成为工业界常用设备。

超精密加工方法介绍

超精密加工技术主要用于难加工表面的硬脆性玻璃、软脆性磷酸二氢钾（KDP）晶体或单晶硅高质量表面加工和复杂功能组件制造，用于光学、电子、航空航天、生物医学等领域。面向高质量表面的生成和复杂功能组件的制备，超精密加工发展出两个重要的分支，即超光滑表面加工和微纳结构的制造。

光可鉴人——超光滑表面制造

在现代先进制造业中，高表面质量的镜片能够降低光的散射从而获得更高质量的图片。超光滑表面是微纳制造的必要前序步骤。

单点金刚石抛光

计算机数控单点金刚石车削技术，是非球面光学零件加工技术的一种，由美国国防科研机构于六十年代率先开发、八十年代推广应用的。它是在超精密数控车床上，对机床和加工环境进行精确控制条件下，直接利用天然单晶金刚石刀具，单点车削出非球面光学零件。该技术主要用于加工中小尺寸、中等批量的红外晶体和金属材料的光学零件，其特点是生产效率高、加工精度高、重复性好、适合批量生产，加工成本明显低于传统的加工技术。采用该项金刚石车削技术加工出来的直径 120 毫米以下的光学零件表面粗糙度的均方根值为 0.02～0.06 毫米。

单点金刚石抛光超光滑平面和曲面

离子束抛光

离子束抛光技术也叫离子束成型技术，具有较好的稳定性和精确性，避免了对透镜材料的机械性亚表面损伤。离子束抛光的过程是基于微观尺度上的粒子碰撞，即产生"级联碰撞"的结果，通过优化其工艺流程（能量、方向），可对级联碰撞粒子的运动进行一定程度的控制。对于离子束修形相关的物理过程叫作"溅射"，离子溅射可以应用于任何材料，对于加工较硬的材料和抛光高分子材料时，溅射过程的离子束抛光也可以取得比较好的加工效果。另外，离子束可以与低至 0.5 毫米的微加工工具一起使用，以达到传统机械技术无法达到的微小性的抛光误差。

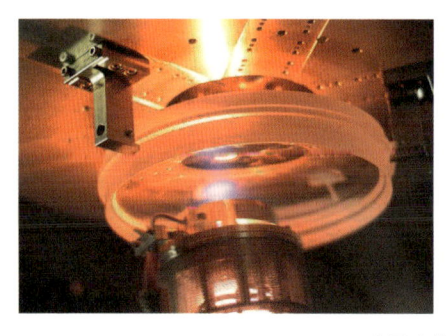

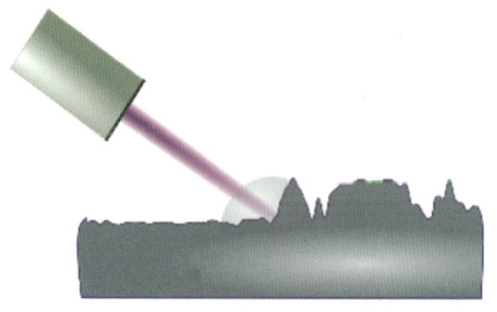

离子束抛光案例和原理

化学机械抛光

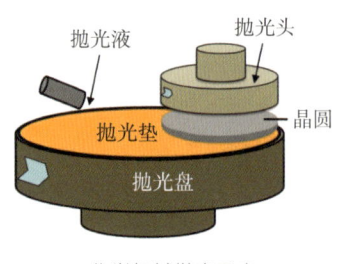

化学机械抛光技术是化学作用和机械作用相结合的技术，其过程相当复杂，影响因素很多。首先，工件表面材料与抛光液中的氧化剂、催化剂等发生化学反应，生成一层相对容易去除的软质层，然后在抛光液中的磨料和抛光垫的机械作用下去除软质层，使工件表面重新裸露出来，然后进行化学反应，这样在化学作用过程和机械作用过程的交替进行中完成工件表面抛光。

化学机械抛光示意

磁流变抛光

磁流变液是由磁性颗粒、基液和稳定剂组成的悬浮液。磁流变液在不加磁场时是可流动的液体，而在强磁场的作用下，其流变特性发生急剧的转变，表现为类似固体的性质，撤掉磁场时又恢复其流动特性，这就是磁流变效应。磁流变抛光技术正是利用磁流变抛光液在梯度磁场中发生流变而形成的具有黏塑行为的柔性"小磨头"与工件之间具有快速的相对运动，使工件表面受到很大的剪切力，从而使工件表面材料被去除。磁流变抛光是电磁理论、流体力学、分析化学等应用于光学表面加工而形成的综合技术。磁流变液是智能材料，在磁场的作用下，可在 1 毫秒内实现固液两相的可逆转换。

气囊抛光

曲面气囊抛光技术由伦敦大学光学科学实验室和英国泽科（Zeeko）公司于 2000 年联合提出。由于抛光工具气囊充气后具有弹性，可以自动适应工件的曲面形状，因此同一气囊可用于抛光加工曲率不同的曲面，既可用于加工非球回转曲面，也可用于加工自由曲面，抛光表面质量极高。

射流抛光

磨料水射流抛光利用由喷嘴小孔高速喷出的混有细小磨料粒子的抛光液作用于工件表面，通过磨料粒子的高速碰撞剪切磨削对材料进行抛光。控制抛光液喷射时的压力、角度及喷射时间等工艺参数可定量修正工件表面粗糙度。当压缩空气通过喷枪上喷嘴小孔高速喷出时，在喷嘴处产生负压，使液槽里搅拌好的含有细小磨料粒子的抛光液通过进液管吸入喷枪，从而形成高速射流，喷射到工件表面，借助于磨料粒子与工件表面高速碰撞，使工件上局部应力场应力高速集中，并快速变化，因而产生冲蚀、剪切，达到材料去除的目的。在抛光过程中，高速磨料粒子如同一把柔性的车刀，对工件表面进行切削加工。通过控制喷射的压力、角度及时间等参数可定量修正被加工件表面的面形。抛光液喷出后，可回收循环使用。

弹性发射加工

弹性发射加工采用浸液工作方式，利用在工件表面高速旋转的聚氨酯小球带动抛光液中粒度为几十纳米的磨料，以尽可能小的入射角冲击工件表面，通过磨粒与工件之间的化学作用去除抛光工件表面的材料。工件表层无塑性变形，不产生晶格位错等缺陷，对加工功能晶体材料极为有利。

纤毫毕现——纳米微结构加工方法

纳米微结构加工技术是实现纳米结构、器件、系统生产的手段，是支撑纳米科技走向应用的基础。

飞秒激光微加工

超快激光是指脉冲宽度极窄的激光，其脉冲宽度通常定义为皮秒至飞秒量级，其瞬时功率极高，与物质之间的相互作用呈现出非线性、非平衡、多尺度的状态。超快激光具有超快（脉冲持续时间短）、超强（瞬时功率高）、超精细（加工结构精细）等特点，由此实现的非线性激光制造技术可以打破传统微纳制造的局限，实现各类难加工材料和复杂微纳结构的超精细制造，精度可达亚微米至纳米量级，在微光学、生物医学、智能电子器件等前沿领域体现出了独特的应用价值。其中，飞秒激光已被证明是在微纳米尺度上进行先进材料加工的有力工具。作为前沿加工技术，飞秒激光加工具有热影响区小、与材料相互作用呈非线性过程、超出衍射极限的高分辨率加工等特点，可以实现对各种材料的高质量、高精度微纳米加工和三维微纳结构制造。

离子束去除

聚焦离子束技术的基本原理是在电场和磁场的作用下，将离子束聚焦到亚微米甚至纳米量级，通过偏转和加速系统控制离子束扫描运动，实现微纳图形的监测分析和微纳结构的无掩模加工。利用电透镜将离子束聚焦成非常小尺寸的离子束去轰击材料表面，实现材料的剥离、沉积、注入、切割和改性。聚焦离子束技术结合扫描电镜等高倍数电子显微镜原位观察，成了纳米级分析、制造的主要方法。该技术目前已广泛应用于半导体集成电路修改、离子注入、切割和故障分析等。

扫描探针加工技术

扫描探针加工技术，包括扫描探针（STM）加工和原子力探针（AFM）加工两种形式。STM 加工主要是利用针尖样品的隧道电流实现对表面原子操纵，AFM 加工一般采用外加电场或通过输送媒介物质形成表面的纳米结构，也可以利用探针直接对表面进行机械加工。扫描探针加工的优点是加工分辨率高、加工过程简便、加工成本低。该加工不需要制作掩模，加工灵活性强，更适合小批量的量子器件的加工。因此，该技术有望成为未来纳米器件加工的重要手段。按照加工原理的不同，扫描探计加工主要有单原子操纵、机械刻写、阳极氧化、蘸笔印刷、针尖解吸附加工等。

光刻蚀

光刻技术是目前主流的微纳米加工的方式，主要是通过特定的光化学反应和物理、化学刻蚀方法，将模版上的图形转移到单晶硅基底上，形成一定规则的表面微纳米结构。由于光子的能量太弱，不足以直接刻蚀衬底实现图形转移。所以需要先通过光使光刻胶被辐射部分变性，再通过显影将变性的光刻胶洗掉，这样就将图案转移到了光刻胶上。光刻在刻蚀步骤中由于非图案部分有光刻胶保护，通过刻蚀工艺，可以将抗刻蚀剂上的图案转移到衬底上，完成微纳加工的过程。而对于离子束去除技术而言，由于离子质量较大，可以对离子束聚焦和方位控制，直接对样品表面进行定点离子束轰击，从而完成微纳结构加工，该过程无须光刻胶和掩模版。

芯片加工

内含集成电路的芯片是高端制造业的核心产品，关系到国家安全和国家发展、广大人民群众工作生活。芯片的制造工艺非常复杂，包括从硅石中提炼冶炼级工业硅锭、提纯硅锭至芯片级硅棒、切割芯片级单晶硅棒成为晶圆、晶圆超光滑表面制造、晶圆表面覆膜并涂光刻胶、光刻机光刻并刻蚀、离子注入、铜导线布置、封装等步骤，其中涉及晶圆超精密表面制造、光刻机镜头制造、光刻等多项超精密加工技术。

芯片级晶圆的超精密表面制造

在对芯片级单晶硅棒进行切割得到硅片后，其原始表面较为粗糙，需要进行抛光处理后方能在晶圆表面制备微结构。并且随着半导体产业技术不断升级，芯片制程越来越小，晶圆表面平整度要求越来越高，细微的表面缺陷即会影响晶圆表面氧化层生成，进而影响芯片良品率。因此需要对硅片进行超精密抛光处理，而化学机械抛光是目前最有效的晶圆平坦化技术。化学机械抛光能使硅片表面粗糙度低至 0.5 纳米，相当于头发丝的十万分之一。并且与此前普遍使用的机械抛光相比，化学机械抛光不会损伤晶圆的亚表层。

光刻工艺

光刻是指利用特定波长的光进行辐照，进而将掩膜板上的图形转移到光刻胶上的过程。光学曝光是一个复杂的物理化学过程，具有大面积、重复性好、易操作以及成本低等特点，是半导体器件与大规模集成电路制造的核心步骤。该步骤利用曝光和显影在光刻胶层上刻画几何图形结构，然后通过刻蚀工艺将光掩模上的图形转移到所在衬底上。

光刻机物镜的加工

光刻机物镜是光刻机的核心光学元件，负责将电路图案放大投影到晶圆上。为实现光刻机的超高分辨率和低特征尺寸，需要对镜头进行超精密抛光，以达到原子级别的加工精度。对于目前制程最先进的极紫外光刻机，由于二氧化碳激光轰击锡液滴产生的 13.5 纳米的极紫外光穿透能力极弱，无法用透镜来调整光路，因此极紫外光刻机都是通过反射镜来对光路进行调整。极紫外反射镜由高精度机床铣磨成型后，还要经过小磨头抛光、磁流变抛光、离子束抛光等超精密抛光手段，才能达到所需的精度。最新一代的极紫外光刻机反射镜最大直径 1.2 米，面形精度峰谷值 0.12 纳米，表面粗糙度 0.02 纳米。

未来制造技术展望

从制造技术的发展规律来看，未来制造必将是直接作用于原子，在原子量级上

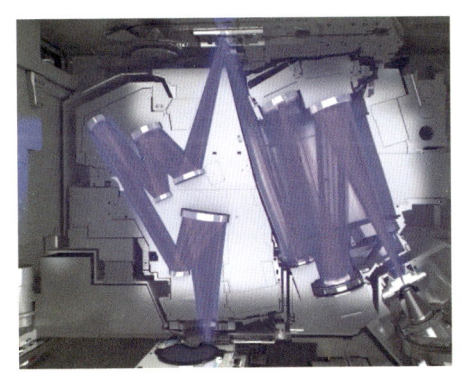

极紫外光刻机反射镜系统

实现材料的去除、转移或增加,从而实现"原子与近原子尺度制造"。但是当加工的尺度正式从微纳尺度向原子尺度发展时,以经典力学、宏观统计分析和工程经验为主要特征的经典制造理论和模型已经无法描述和解释以单个原子为对象的制造技术。下一代制造技术必定是以量子理论为代表的多学科的综合交叉集成。未来制造时代的到来势不可挡,提前布局开展未来制造的研究与探索,是实现中国"制造大国—制造强国—未来制造"转型的战略途径。

中国机械工程学会

撰稿人:钱林茂　陈　磊　石鹏飞

编辑:余　君

8. 如何全方位精准评价城市综合交通系统及基础设施韧性？

近年来，极端天气和自然灾害频发，公共卫生事件突发，重大安全事故多发，在逆变环境中具备足够防御抵抗、吸收适应、快速恢复的韧性建设成为了城市安全发展的新目标。城市交通系统及基础设施体系作为城市生命线，是韧性建设中最为基础、关键的核心网络，直接关系到城市整体发展效率和安全水平。建立综合交通系统及基础设施韧性评价指标体系，实现全生命周期的韧性精准量化评价与提升，是提升城市交通抵御力、适应力和恢复力的关键环节，也是目前韧性交通系统规划设计、建造和协同管控中亟待解决的关键问题。该难题的解决将不仅可以为城市综合交通规划、建设提供科学的理论支持，也可为城市整体的风险管控和韧性提升指明路径，有助于提升我国综合交通应急保障技术水平，助力社会经济快速、稳定、高质量发展。

李兴华

同济大学中国交通研究院院长

中国公路学会专家委员会秘书长

李 辉

同济大学长聘教授

中国公路学会青年专家委员会委员

城市交通韧性建设的术与道

问题背景

城市是人类活动的重要载体，"包容、安全、有韧性的可持续城市"是 2015 年联合国大会第七十届会议上通过的《2030 年可持续发展议程》的重要议题，"韧性城市"是如今世界各国城市建设的重要目标。在当今经济社会快速发展和复杂变化的国际经济形势大背景下，大国稳健发展的核心之一是保障城市，尤其是核心城市的社会经济平稳、高速运转。交通运输系统及基础设施作为灾难降临时城市的生命线，必须具备强有力的韧性，以保障城市各项功能的正常运转。

近年来所发生的极端气候事件、自然灾害、公共卫生事件和重大安全事故，使城市的安全稳定发展面临严峻的挑战。现有城市综合交通及基础设施网络缺乏韧性，难以保障经济的高速发展与社会的持续稳定运行，各类灾害事故频发进一步凸显城市韧性建设的重要性与紧迫性，建设具有韧性的城市综合交通系统和基础设施体系势在必行。

大规模的城市交通建设应不再只追求数量和容量，而应将韧性发展的理念贯彻到城市综合交通体系规划、建设、运营的全过程中，建立具有韧性的综合交通运输系统和基础设施体系应当是未来国内城市建设的发展目标，从而保障城市平稳快速发展。

难题解读

韧性的概念在经过 50 多年的演变，经历了工程韧性、生态韧性、社会-生态韧性（演化韧性）到文脉韧性的漫长积累修正过程，已逐步从狭义的灾害韧性延伸到广义的系统韧性，关注点也已从单一的稳态恢复韧性演变为集防御抵抗、动态适应、快速恢复于一体的多维度韧性。随着韧性目标日益复杂、理论体系逐步扩充、风险扰动交织耦合，韧性在具体工程领域的衡量标准难以及时地与理论发展同步，极大地限制了韧性建设的落地实施。本难题的提出旨在解决综合交通系统及基础设施体系是否且如何具备充足韧性的问题，即交通韧性的评价及提升。建立一个全面精准的韧性评价体系不仅可以为城市综合交通规划、建设提供科学的理论支持，同时可为城市整体韧性提升指明路径。因此，如何全方位精准地评价并提升城市综合交通系统及基础设施韧性是韧性城市规划建设过程中承上启下的关键问题。

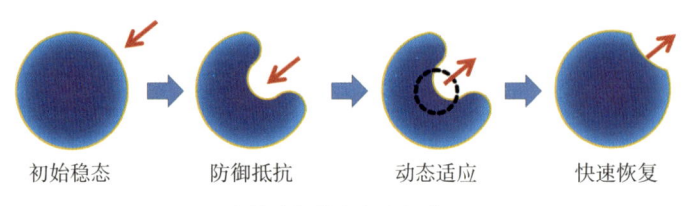

初始稳态 → 防御抵抗 → 动态适应 → 快速恢复

多维度韧性灾害响应过程

本难题的难点在于"全方位"精准评价和提升韧性上。目前关于城市综合交通系统的韧性评价体系还未形成健全的理论框架，构建的指标体系应用范围较为有限，指向性强、综合性弱，缺乏严密的科学分析及检验。在当前和未来一段时期内，我国实现交通韧性的"全方位"精准评价和提升仍面临诸多挑战。

一是交通系统全方位、立体化、智慧化韧性评估与提升理论不完备，对韧性影响要素的知识和经验供给仍不充分。目前，学界广泛认同的交通系统及基础设施韧性的四个维度是技术、组织、社会和经济,四个组成要素是鲁棒性、快速性、谋略性和冗余性,可用"韧性三角"量化理论来表示。

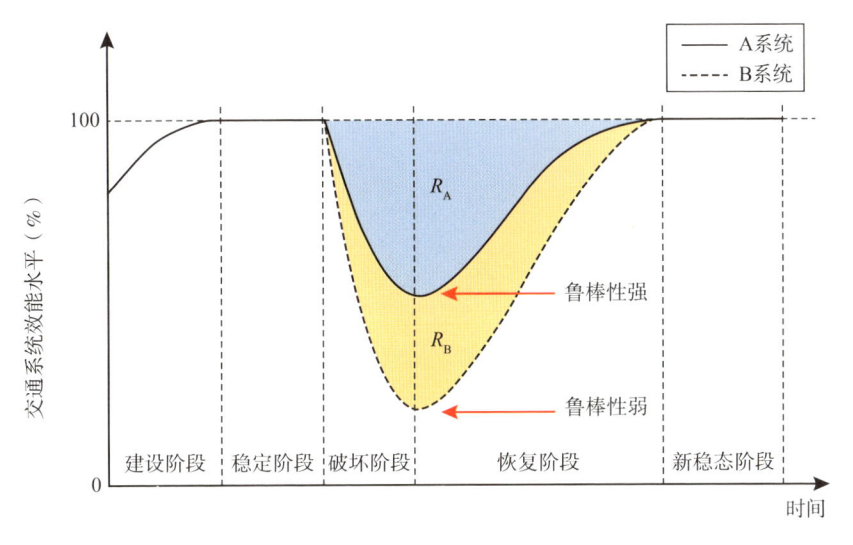

综合交通系统及基础设施鲁棒性

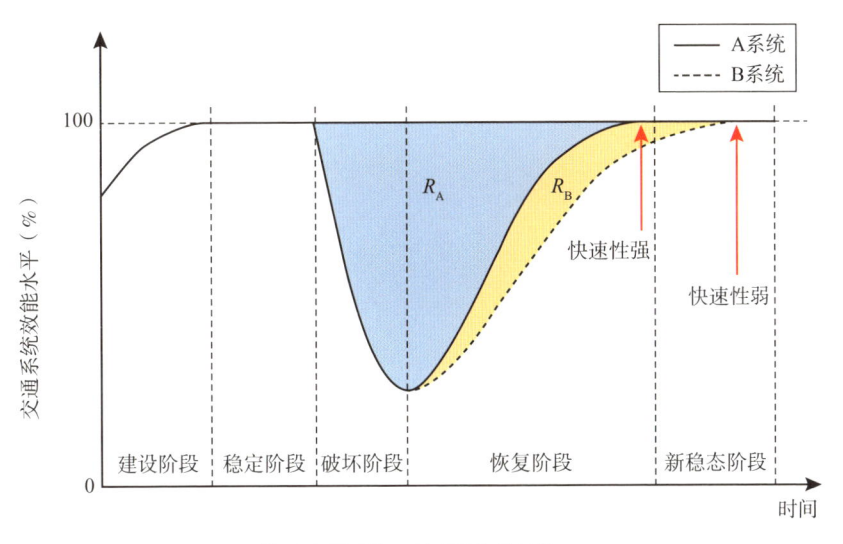

综合交通系统及基础设施快速性

综合交通系统及基础设施谋略性

综合交通系统及基础设施冗余性

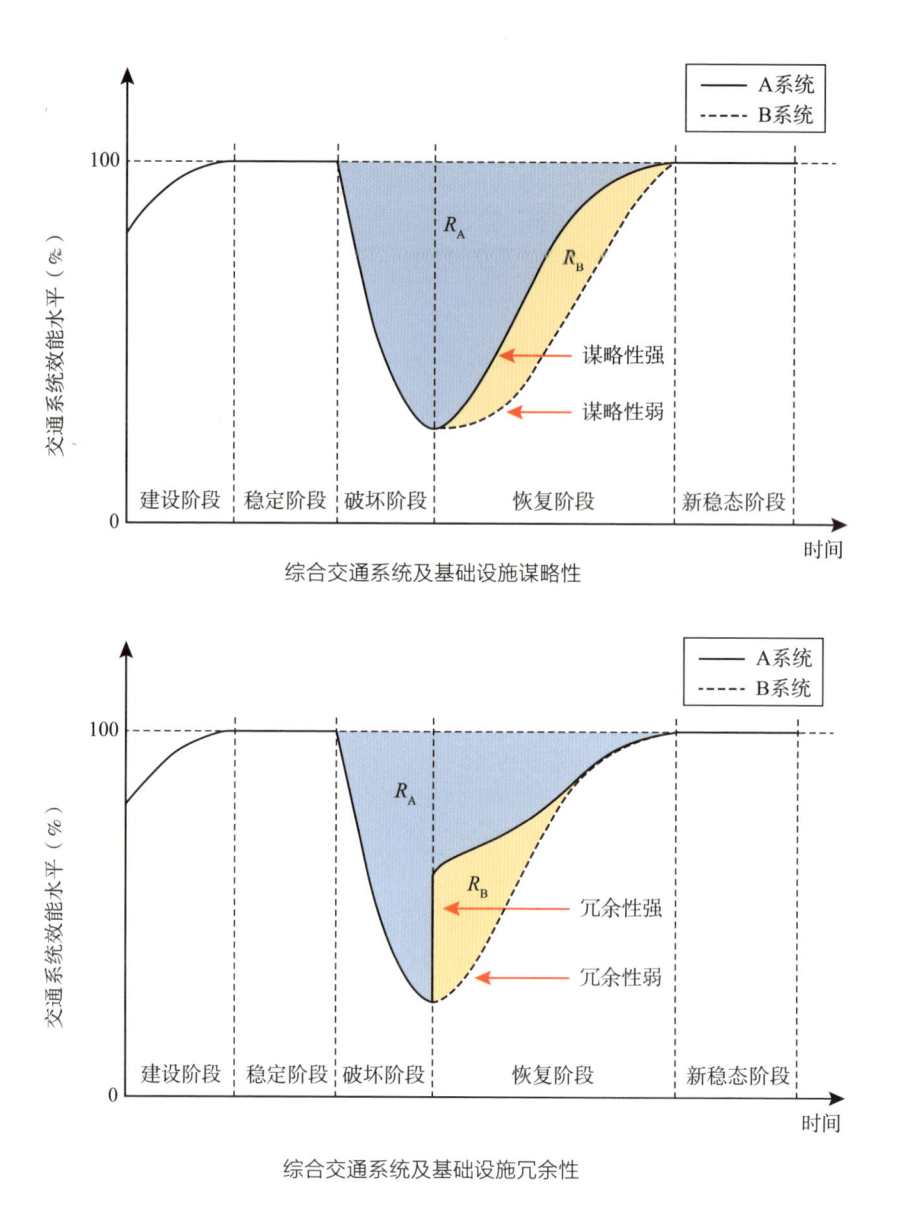

在韧性评估方面，常用的韧性评价理论仅能适用于评价特定维度的韧性特征与因素，缺少出于综合系统层面的考虑。城市真实交通网络错综复杂，交通系统效能和基础设施韧性相辅相成，需要形成一套适用于综合交通系统的全方位韧性评价理论体系。

因此，在韧性提升的研究过程中，以物联网、大数据、移动互联等技术为驱动，强化信息互通和资源共享，探索综合交通系统网络的协同治理方法，全方位、立体化、智慧化提升交通综合韧性是重要的研究发展趋势。曾有研究以北京市为例，从城市系统和韧性管理两个维度出发，为北京市构建了包含12个方面、83个绩效指标的韧性城市指标体系，体现了多样性、冗余性、适应性、鲁棒性、协同性和恢复力六大韧性特征。

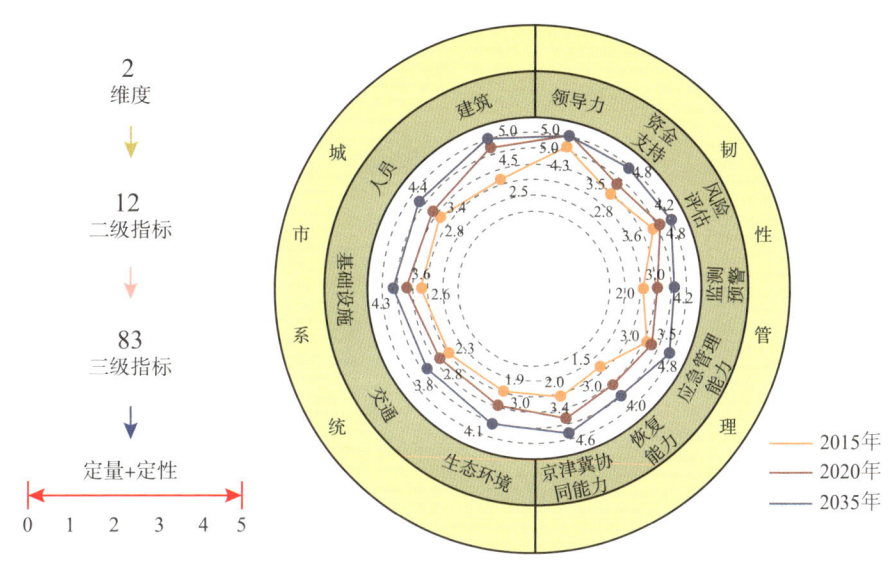

北京市韧性量化评价指标体系

（引自赵丹等，城市韧性评价指标体系探讨——以北京市为例，《城市与减灾》）

二是耦合风险扰动下韧性评估及提升路径不明晰，对极端自然灾害和重大突发事件威胁综合交通系统及基础设施体系的复杂性、广域性和深远性的认识亟待提升。

在韧性评估方面，韧性评价理论体系及标准应因地施策、与时俱进。在如今全球气候持续变化的背景下，不同区域、不同时域的交通系统和基础设施所面临的主要风险组合不尽相同，韧性评价理论体系及标准也应随风险评估的角度而变化，因时、因地做出交通及基础设施的适应性调整，有针对性地指导城市韧性建设。

在韧性提升方面，大部分研究已针对雨洪、地震等单一自然灾害下的交通系统及基础设施体系进行韧性演变与提升研究，而实际不同地区面临的地震、海啸、强降雨、高温、冰雪等典型自然灾害和极端天气极易引发不同的次生灾害，产生耦合作用。因此，如何从时空角度研究交通系统灾前、灾中、灾后的韧性演变机理，厘清多种致灾因子的耦合影响，明确交通系统与基础设施的协同管理办法以及各响应主体的联动机制，是目前韧性提升技术研究的关键难点。

三是综合交通系统韧性评估与提升目标不全面，在相关研究范围的广度上仍有较大提升空间。

在韧性评估方面，现有的关于低碳城市、海绵城市等研究主要关注环保或抗洪等韧性的单一方面，将其理论直接应用于交通韧性综合评估及提升体系仍存在局限，不足以适应城市高质量发展的要求。

在韧性提升方面，在多目标韧性评价理论体系的指导下，探索出一套涵盖社会、经济、环境等多方面的交通系统及基础设施韧性全方位综合提升技术体系，对韧性交通理论的实践应用及城市韧性赋能具有重要意义。目前，国际已有多个核心城市先后做出城市综合韧性建设的规划与尝试。

2013 年 6 月，纽约发布的《一个强大而公正的纽约》明确了韧性城市建设的基本思想，计划通过增强基础设施韧性、经济韧性、社会韧性和制度韧性四个维度的韧性，使每条街区更加安全，建设可持续的超大城市。

2014 年 12 月，东京发布的《创造未来——东京都长期战略报告》分别从基础设施韧性、经济韧性、社会韧性和制度韧性四个方面提出了多项韧性城市建设举措。

2020 年 2 月，伦敦公布的《伦敦城市韧性战略 2020》综合考虑了人、空间、制度三个韧性方面，通过评估严重冲击和长期压力来对伦敦韧性进行长期审视，并解决长期韧性问题。

美国洛克菲勒基金会提出城市韧性应包含七个主要特征，即灵活性、冗余性、鲁棒性、智谋性、反思性、包容性和综合性。在其支持下，奥雅纳公司基于大量研究提出城市综合韧性的评估及提升框架，由领导力与策略、健康与福祉、经济与社会、基础设施与环境四个维度组成，并进一步细化为 12 个目标、52 个一级指标及 156 个二级指标。

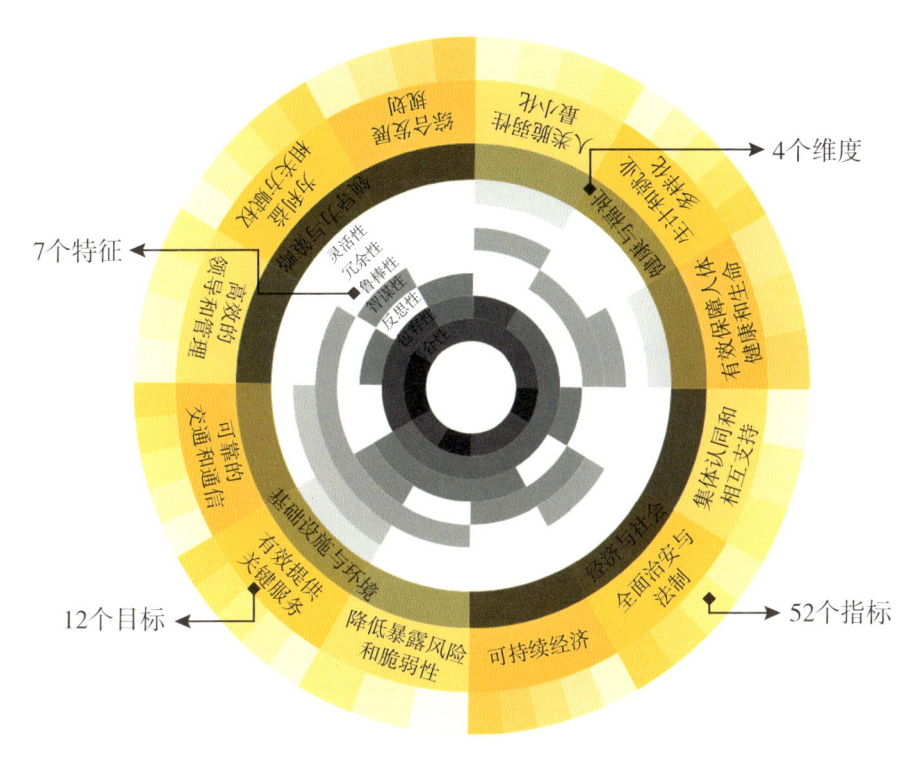

城市韧性评估及提升框架

展望未来

建立健全综合交通系统及基础设施韧性全方位综合评价体系，全面分析城市综合交通系统扰动特征，细化评价尺度，扩大评价维度，提升评价高度，设计科学、可操作的综合交通系统及基础设施韧性评价指标，将打通韧性评价理论研究与韧性交通规划建设之间的障碍，摆脱目前交通系统及基础设施韧性提升研究难于落地、难于实操的尴尬境地，为韧性城市建设提供有力的理论支撑。同时，城市综合韧性提升技术的落地也将为韧性评价体系的科学构建提供充分的实践依据。

完善综合交通系统及基础设施韧性建设的理论体系

基于全方位精准韧性评价指标体系和规划—建设—运行全生命周期韧性提升理念，正确系统地认识交通韧性的概念及边界，厘清针对不同灾害或不利事件韧性的内涵及外延，将韧性考核指标融入韧性综合交通系统及基础设施规划建设标准中，将多方数据资源融入韧性城市的建设管理过程中，从交通系统的各个要素（人、车、基础设施）入手，联合城市地下管网系统，从城市系统的角度挖掘韧性特征，形成多设施、多模式、多区域的联动机制，做到灾前统筹规划，灾中联动响应，灾后协同恢复，以充足的全周期韧性应对一切可能突发的城市灾害。

加强综合交通系统及基础设施韧性薄弱点的风险监测

依托全方位精准韧性评价体系，建立完善的综合交通系统及基础设施韧性体检制度，对其远期、中期、近期韧性进行全方位的动态评估及预测。针对综合交通系统中的薄弱环节、基础设施体系中的脆弱节点，做到及时发现、实时监控、精准施策，形成"定期体检—实时监测—动态评估—主动预防—协同响应"的全链条城市交通系统风险管理体系，全面预防并控制多灾种耦合作用下的交通系统效能损失及基础设施中断影响。

提高综合交通系统与基础设施的韧性评估及提升的站位高度

在已有的子系统韧性评估及提升研究的基础上，针对城市交通系统风险的不确定性及耦合性，实现韧性评价体系从单一确定性目标向动态多目标的转变，交通系统韧性从单一稳态到多级稳态的过渡，韧性评估及提升的站位高度从单一工程角度到多维系统理念的提升。从社会、经济、环境等多主体角度评估并提升城市综合交通系统及基础设施体系韧性，全方位保障灾前韧性的存量、控制灾中韧性的变量、提升灾后韧性的增量，将城市韧性建设同生态文明建设、美丽中国建设和经济高质量发展相关部署有机结合，实现城市交通系统韧性的螺旋式上升。

决策建议

稳步推进城市综合交通系统网络化韧性建设及统筹规划

加快推进城市交通新基建建设，推动交通基础设施数字转型、智能升级，加强综合交通系统数据资源的整合共享、综合应用，实现各交通子系统的互联互通，传统交通基础设施的韧性赋能。推进综合交通系统在灾难危机面前协同一体化响应，为精准评估并提升综合交通系统及基础设施韧性提供数据支撑，将交通基础设施数字化、智慧化建设作为韧性建设的基本要求之一，全方位、立体化、智慧化地提升韧性评估及提升的决策分析水平。在统筹规划城市交通系统、应急管理体系、市政建设工程、地下管网布局等方面的基础上，实现基础设施建设平灾结合、平战结合的横向协同，贯通基础设施规划、建设、运维的全生命周期纵向监管，实现城市韧性在灾害适应学习中稳步提升。

大力研发城市综合交通系统及基础设施风险监测预警技术

建立城市综合交通系统风险预警及防控机制，综合考虑城市道路、邻近水利设施、沿线能源设施、道路下方管廊等城市公共基础设施，依托多源观测数据，完善定量化监测指标体系。量化评估气候变化和自然灾害对不同区域基础设施的影响，科学分析在气候变化下城市交通系统及基础设施所面临的主要风险，识别多灾种耦合作用对基础设施的主要威胁。建立交通基础设施风险量化评估体系，重点强化交通系统的气候风险韧性，有效提升其应对未来气候变化和突发极端事件的能力。

全面建立城市综合交通系统及基础设施韧性评估提升体系

建立健全"一年一体检、五年一评估"的城市综合交通系统及基础设施体系韧性体检评估制度，定期开展以城市交通廊道为对象的城市公共基础设施韧性风险普查，从综合视角促进实现城市交通系统韧性提升。及时发现城市交通系统中的韧性短板，精准定位基础设施韧性缺失的脆弱节点，快速排查韧性风险，因时因地实施科学的韧性提升策略，主动预防城市灾害发生，保障综合交通系统和基础设施体系安全稳定运行。

切实提升政府应对自然灾害及事故灾难的应急管理水平

完善极端自然灾害及重大事故灾难应急预案体系，搭建灾害灾难应急信息平台，切实加大应急资源保障力度，大力推进应急管理制度建设，建立督促落实机制，加强应急协同演练，提高全社会应对极端自然灾害、公共卫生事件、重大安全事故等突发事件的合力。

着重加强在韧性交通系统及基础设施领域国际合作交流

构建国际合作交流长效机制，充分利用交通基础设施韧性国际交流平台开展合作研究项目，深入交换韧性交通基础设施建设意见，广泛开展科研课题、学者访学、高端论坛等交通基础设施韧性国际合作交流，依托交通基础设施韧性联合研究培养具有国际影响力的高层次人才。

中国公路学会

撰稿人：朱合华　李兴华　孙立军　刘文杰
　　　　沙爱民　谭忆秋　李　辉　李　华

编辑：赵　佳

9. 宇宙中的黑洞是如何形成和演化的？

  黑洞是宇宙中最神秘的天体之一，也是物理学、天文学的重要研究对象，更是公众关心的热门话题。"黑洞"这一概念起源于十八世纪。当时英国自然哲学家米歇尔和法国数学家拉普拉斯都从牛顿万有引力定律的数学形式出发，得到宇宙中最大的天体可能是"暗星"的结论。经过两百多年的发展，黑洞研究已经从单纯的思辨演变为既有理论又有实证的"硬核"科学。进入二十一世纪，更是有三次诺贝尔物理学奖被授予了与黑洞直接相关的研究成果。黑洞这种看似与生产生活毫不相干的事物，为什么会成为物理学和天文学的研究焦点，并且受到科学界的普遍认可与关注呢？借着"宇宙中的黑洞是如何形成和演化的？"入选 2022 年度中国科协"重大科学问题"这个契机，让我们跟随提出上述问题的几位专家，来了解一下黑洞研究的过去、现在与未来。

景益鹏

中国科学院院士

一片光明的黑洞研究

2020 年度的诺贝尔物理学奖颁发给了三位从事黑洞研究的科学家，其中一半授予罗杰·彭罗斯（Roger Penrose），因为他发现黑洞形成是广义相对论的有力预言。另一半授予赖因哈德·根策尔（Reinhard Genzel）和安德烈娅·盖兹（Andrea Ghez），表彰他们在银河系中心发现了一个超大质量致密天体。实际上，可以说这个奖项是对于黑洞研究的一个总结和肯定（下图）。

对于"黑洞"这个名词，我们在网络上、新闻里经常碰到，大家对于黑洞充满了好奇。黑洞，简单而言，就是一种连光都逃脱不出去的天体，从各个方向去看黑洞，它都是差不多的，看起来就像一个黑色（椭）球体。"黑洞"这个名字是二十世纪六七十年代美国著名的物理学家约翰·惠勒提出采用的。因为这种天体是黑的，而且像一个洞，所以称它为黑洞。相比较之前其他对于这个天体的称呼，黑洞这个

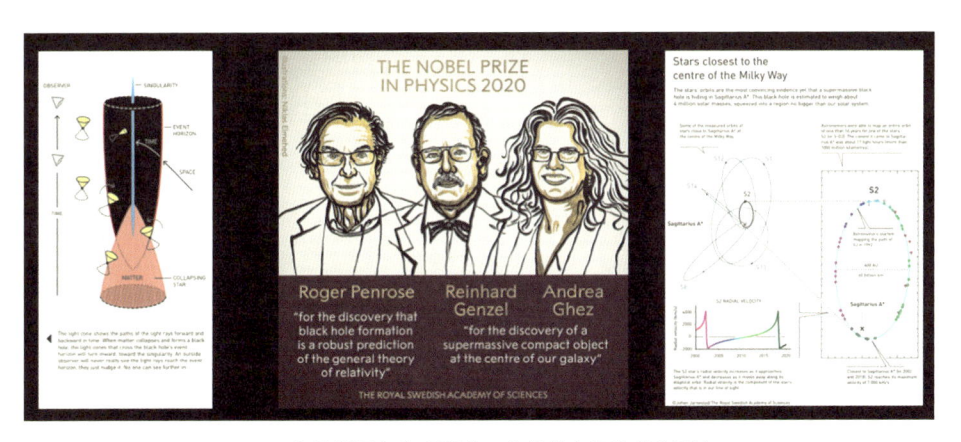

2020 年的诺贝尔物理学奖三位获奖人及他们的研究

名字非常形象，所以一经提出，就被大家认可并且广泛使用了。

有意思的是，中国古代有一种瑞兽叫做貔貅，它只向内吃东西，这一点就和黑洞非常相似。而另外一方面，只要是靠近黑洞的东西，都会被它吃进去。所以我们说黑洞是非常可怕的东西。

黑洞虽然神秘，但其实它可以说是宇宙中最为简单的一类天体了。我们可以从几个方面来说明它的简单。首先黑洞的基本结构非常简单。我们经常听到科学家用"视界面""奇点"和"史瓦西半径"来描述黑洞。视界面在黑洞的最外边。这个界面是根据物体的逃逸速度等于光速而定义的。也就是说，任何物质（包括光）一旦进入就无法逃逸。因此，进入界的宇航员无法向外界发信号，而外界也无从得知视界面内部发生的事情。

下面让我们进到黑洞里面看一看（下图）。如果没有其他东西掉入的话，那我们应该会注意到之前掉入到黑洞的东西被集中在一个非常小的区域，这个区域就是我们所说的黑洞的"奇点"。与黑洞的视界面相比，这一块区域非常的小。假如我们的太阳坍缩形成一个黑洞，那么黑洞的半径（视界面）差不多是 3 千米，而奇点的半径有可能只有几厘米大小。正因为奇点小，所以它的密度也非常大。不过这仅仅是经典广义相对论当中的认识，在量子引力当中，黑洞的奇点应该是尺度比较小的量子泡沫。遗憾的是，我们还无法得知这块区域的真正模样，因为我们目前无法看到黑洞的内部，更加无法看到这个奇点。

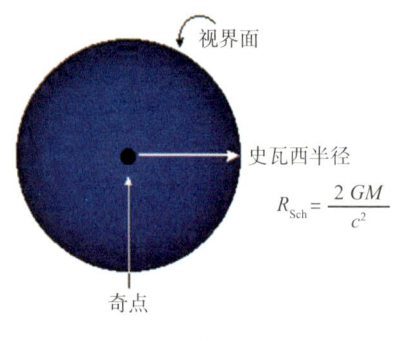

黑洞的基本结构

$$R_{Sch} = \frac{2\,GM}{c^2}$$

有关黑洞结构的第三个方面就是史瓦西半径，其实它是定义了视界面的大小。之所以被称为史瓦西半径，就是因为这个半径的大小最早是德国的物理学家卡尔·史瓦西计算得到的。为了纪念他，黑洞的半径就被称为史瓦西半径。

黑洞之所以简单，还因为它的结构可以通过三个简单的物理量来描述。我们把这三个物理量称为"黑洞的三根毛"。这三个物理量分别是：质量、角动量（或者说转动速度）、电荷。质量代表了黑洞有多重，角动量代表了黑洞的转动快慢，而电荷代表了黑洞所带电荷的多少。在这里需要说明的是，天文学家通常假定黑洞的电荷为零，或者说黑洞是不带电的。这是因为在宇宙中几乎所有的气体都是以等离子体的形式存在的，所以黑洞周围应该存在着不少自由电荷。如果一个黑洞带电的话，那么它很容易吸附其他的异性电荷，最终达到所谓的电平衡。因此，对于一个宇宙中存在的真实黑洞而言，我们只需要利用黑洞的质量和转动速度来描述它就足够了。换句话说，我们只需要利用克尔度规来描述宇宙当中的黑洞，这样黑洞的物理模型就被大大简化了。

虽然黑洞的结构相对简单，但它却具有一些非常奇特的性质。比如说很多人都是在《星际穿越》电影中第一次以非常奇特并且震撼的方式看到了黑洞。我们通常会说在黑洞周围存在一个气体的圆盘，然而在电影当中，我们不仅仅看到了水平方向上的气体圆盘，还看到了一个面向我们的圆盘（下页图）。这个圆盘的存在是因为引力透镜。它们本来是黑洞后面的气体圆盘，当这个盘上面和下面的光沿着黑洞周围弯曲的路径传播到我们眼睛中时，我们就在黑洞的上面和下面分别看到了两个面向我们的半圆环。

不过在 2019 年和 2022 年，天文学家发布了两张黑洞照片。照片中的黑洞和电影中的黑洞看上去很不一样，因此大家很疑惑为何会有这样的差别。其实这个也是比较容易理解的。最主要的原因就是我们看黑洞的角度不同。当我们的视线沿着黑洞转轴的方向时，就会看到所发布的黑洞照片。而我们的视线沿着黑洞赤道方向时，就会看到电影当中的黑洞。所以我们真实拍到的黑洞照片应该也是符合物理原理的。在这里值得说明的是，电影《星际穿越》的科学顾问是物理学家基普·索恩，他也是 2017 年诺尔物理学奖的获得者。

黑洞周围除了引力透镜效应非常强，其他效应也很明显。比如说在黑洞的周围，时间流逝的快慢也很明显。根据广义相对论，时间的流逝快慢依赖于空间弯曲的程

《星际穿越》电影当中的黑洞图

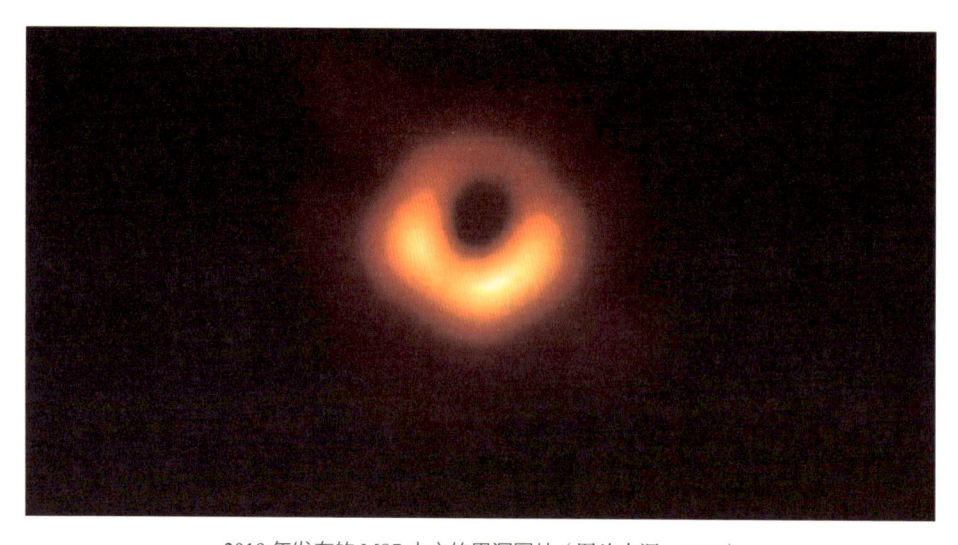

2019 年发布的 M87 中心的黑洞图片（图片来源：EHT）

度。对于离黑洞不同距离处的观测者而言，时间的流逝速度是不同的。越靠近黑洞，空间弯曲越大，时间流速越慢。《星际穿越》中有一段场景描述的是库珀等人跑到了距离黑洞很近的米勒星球上，这个星球距离黑洞非常近，与距离黑洞比较远的地方或者说地球之上相比，米勒星球上的时间流逝是非常缓慢的。库珀等人在星球上仅仅待了3个小时，但母舰上的船员或者说地球上的人感觉20多年就过去了。这就说明不同地方时间流逝速度是不一样的。这一点在牛顿物理学当中是不太一样的，因为牛顿物理学认为整个宇宙各处时间都是一样的。要想让时间有如此大的差别，除了需要米勒星球非常靠近黑洞之外，黑洞本身也要满足一定的条件。比如黑洞要以接近最大允许的速度转动。另外我们知道，中国古代

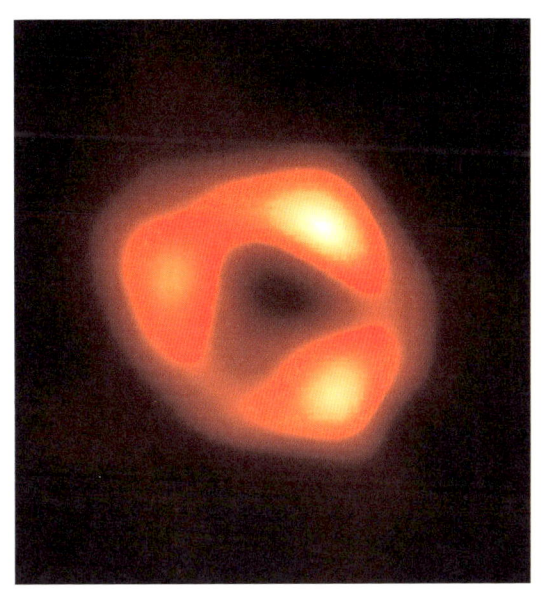

2022年发布的银河系中心的黑洞照片
（图片来源：EHT）

就有"天上一日，地上一年"的说法，这和之前牛顿物理学对于时间的看法是不一样的。所以，中国古代的一些对于自然界的认识还是挺让人惊叹的。

对于时间变慢这种效应，我们现在当然有很好的理解了。我们现在的生活已经离不开导航卫星了。但是也许你还不知道，地球表面的时间流逝速率和距地表一定高度的时间流逝速率是不一样的。按照广义相对论，地球表面的时间流逝应该更慢一些。然而根据狭义相对论的预言，围绕地球运动的卫星上的时间流逝地更慢一些，所以我们最终所看到的时间流逝速率，其实是狭义相对论和广义相对论叠加的结果。如果没有相对论的出现，我们目前的导航也没法实现。

科学家是如何认识黑洞的？要讲述黑洞，必然要说它是一个具有非常强大引力的天体。说到引力，就要讲讲物理学家牛顿。300多年前，牛顿提出了万有引力。在接下来的一段时间里，牛顿的地位非常高，因为他提出的理论可以解释当时观测到的几乎所有一切天体的运动。到了18世纪，法国的数学家和物理学家拉普拉斯就想到，随着天体的引力越来越强，到一定程度后它表面的逃逸速度会超过光速，我

们就不能再看到这个天体了。这就是我们现在所知道的黑洞，可以说是对于黑洞最早的一些思考了。假如将我们的地球压缩到半径差不多只有 0.9 厘米、也就是一分钱大小的时候，我们的地球也会变成一个黑洞。当然，将目前半径大约为 6400 千米的地球压缩到 0.9 厘米，其实是非常难的，我们人类目前是没法做到这样的事情的。

当时间到了 1915 年的时候，爱因斯坦提出了广义相对论。广义相对论是描述宇宙和一些致密天体的更好的工具，当然这些天体也包括黑洞。与之前相比，广义相对论看待问题的视角发生了一些变化。比如在牛顿的年代，人们认为是质量导致了引力。但究竟是什么特性导致了引力，当时的人们并不是很清楚。而到了爱因斯坦的年代，科学家认为有质量的物体导致了时空弯曲，而弯曲的时空表现出引力的特征。我们现在认识的黑洞就是广义相对论的一个推论。

很快，身处德国战场的物理学家史瓦西就利用广义相对论得到了点质量外部时空的精确解。这里需要指出的是他首先得到的是没有转动的黑洞的精确解，这是因为如果没有转动，数学上就比较容易得到黑洞的解。此后一直到 1955 年爱因斯坦去世之前，对于黑洞的研究进展其实非常少。除了 1939 年奥本海默和史耐德发现恒星在死亡坍缩时，如果引力超过中子简并压，恒星在对称坍缩的情况下会形成奇点这一个研究之外，竟然再也没有其他有关黑洞的重大进展了。

爱因斯坦逝世于 1955 年，在去世之前，他一直不相信黑洞是真实存在的。最主要的一个原因就是他认为天体都是非对称坍缩并且都是有转动的。但 1963 年新西兰的数学家罗伊·克尔通过求解广义相对论中的场方程，得到了旋转黑洞的精确解。同年，身处美国加州理工学院的荷兰天文学家施密特利用海尔望远镜观测到了射电源 3C 273 的光谱，并证认出其中的宽发射线实际上是高红移后的氢的巴尔末线和电离氧的谱线，从而确认类星体的辐射产生于一块非常致密并且高速运动的区域。1964 年，就有人推测类星体是由超大质量黑洞吸积气体而形成的。同年，美国科学家利用探空火箭在 X 射线波段发现了人类历史上第一个恒星量级质量的黑洞候选体——天鹅座 X-1。

1965 年，彭罗斯划时代的学术论文《引力坍缩与时空奇点》问世了。对比 1939 年奥本海默所做的工作，彭罗斯的工作进一步考虑了非对称的一般情况。彭罗斯通过引进巧妙的数学方法，从理论上证明了黑洞的存在。这也是他获得诺贝尔物理学奖的一个原因。而在 1969 年的时候，英国天文学家林登贝尔提出，银河系中心可能包含一个超大质量黑洞。但这一观点缺乏证据，因为银河系核心被星际尘埃遮蔽着，当时大家只能从那里接收到微弱的射电信号。1971 年林登贝尔和马丁·里斯提出几种检验黑洞存在的方式，其中一种可能就是利用射电干涉的方式对我们银河系中心的黑洞进行观测。在 1974 的时候，天文学家巴里克和布朗利用绿岸望远镜和另外一个望远镜组成的干涉阵观测到了银河系中心的射电源。也是在 1974 年，霍金将量子力学的不确定原理应用于黑洞的事件视界以后，发现黑洞可以产生非常微弱的辐射，这就是后来知名的"霍金辐射"。虽霍金做过很多开创性的工作，但霍金辐射一直是霍金最为知名的一项工作（下图）。

1982 年，银河系中心的黑洞被命名为人马座 A*。这个名字中的星号原先是原子物理学中用来表示处于高能态原子的一个记号，这里可以用来表示小型射电源向周围提供能量。而从 20 世纪 90 年代开始，德国天文学家根策尔和美国天文学家盖兹各自领导着一个天文学团队，对银河系中心进行了长达 10 余年的观测，用来为银河系中心的超大质量黑洞"称重"，最终知道这个黑洞的质量为 400 万倍的太阳质

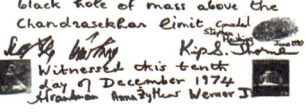

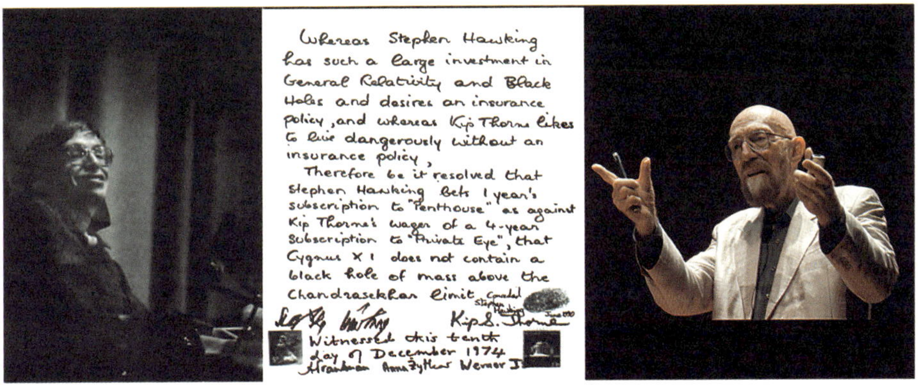

霍金和索恩因为天鹅座 X1 中的致密天体是否黑洞而打赌

美国的激光干涉引力波天文台 LIGO

量。就是因为这样长期而执着的观测使得这两位天文学家在 2020 年与彭罗斯分享了诺贝尔物理学奖。

对于恒星级黑洞而言，通过对银河系内 X 射线源的观测，天文学家找到了几十个恒星级黑洞，并且发现大多数黑洞在高速自转。银河系内大视场光学巡天项目的开展，让我们在光学波段也发现了一批 10 倍太阳质量左右的黑洞候选体。但是最新的星族演化模型估计，银河系内应该有上亿个恒星级黑洞，远远多于目前观测到的数目。2015 年以来，引力波窗口的打开让我们探测到了接近 100 例双黑洞合并事件。这些黑洞大多比太阳重 3～40 倍，有的甚至在合并前就达到了太阳质量的 100 倍，远远高于银河系内探测到的黑洞。

而对于超大质量黑洞，天文学家们几乎在每个星系的中心都发现了此类黑洞。依靠天文望远镜的高空间分辨能力和高灵敏度，人们已经能够用动力学方法测量部分此类黑洞的质量，并且用射电干涉方法直接拍摄了近邻星系 M87 中黑洞的照片。与此同时，天文学家还发现了一批高红移类星体，表明比太阳重 10 亿倍的超大质量黑洞已经存在于 130 亿年前的宇宙。但根据传统理论，第一代恒星形成的黑洞很难在几亿年内通过爱丁顿吸积增长到观测到的大小。

除了刚刚提到的恒星量级的黑洞和超大质量黑洞之外，宇宙中还可能存在中等质量的黑洞和原初黑洞。对于这些黑洞，我们目前了解到的知识相对少一些。比如说，中等质量黑洞在观测上非常罕见。近 10 年中，人们已经通过动力学方法在低质量星系的核心找到了一些中等质量黑洞候选者。此外，在一些星系核区以外新发现的 X 射线源也被认为是"游荡"的中等质量黑洞。但这些解释目前还存在争议。在引力波发现的黑洞中，有几个黑洞在合并后质量接近太阳的 200 倍，因此被认为是中等质量黑洞的前身。这表明探测引力波是证明中等质量黑洞存在的有效方法之一。

对于原初黑洞，我们对它的了解就更少了。理论研究表明，它们可以在宇宙极早期从高密度的区域直接塌缩而成。它们的质量分布在一个较宽的范围内，有的比太阳还小，也有的比太阳大。值得注意的是，原初黑洞既可以作为"种子"来生长出超大质量黑洞，又可以合理解释地面引力波探测器发现的超重恒星级黑洞，因此很受一些黑洞科学家的青睐。而且原初黑洞不发光，因此也被认为是宇宙中冷暗物质的一个重要候选者。

黑洞是我们宇宙中非常神秘的一类天体，还有着很多相关的谜题等着我们去解决。在未来 5 到 20 年，我国的"慧眼"X 射线望远镜和下一代的 eXTP X 射线望远镜、12 米光学红外望远镜、"天眼"射电望远镜阵列、"拉索"宇宙线和伽马射线观测站等，以及筹划中的空间站望远镜、"太极"和"天琴"等空间引力波探测项目，都将黑洞作为它们重要的研究对象之一。可以看到，中国的黑洞研究一片光明，期待我们能做出更多更好的相关研究。

中国天文学会

撰稿人：苟利军　陈　弦　稻吉恒平　黄庆国　江林华　王　然

编辑：夏凤金

10. 制约海水提铀的关键科学问题是什么？

核能是未来最具希望的几种能源之一，天然铀则是核能发展的重要物质基础。天然铀是不可再生的矿产资源，已探明的陆地铀资源远不能满足未来社会核能发展的需求。浩瀚无边的海洋蕴含着大量的天然铀资源，然而海水中离子种类多、离子含量高、铀浓度却极低，实现海洋铀资源经济高效利用，难度较大。科研人员希望针对海洋环境特性，探究铀的赋存状态、功能材料与铀的螯合机理，研制高效海水提铀吸附材料，开展真实海洋现场试验。目前，海水提铀尚未工程化，制约海水提铀的关键科学问题是什么？海水提铀研究究竟"卡"在哪儿？

罗 琦

中国科学院院士

突破海水提铀技术瓶颈，尽快实现经济可行

天然铀——核工业发展的重要基础

铀（uranium）的原子序数为92，是自然界存在的原子序数最高的元素，也是自然界中能够找到的最重元素。天然铀含有 ^{238}U、^{235}U、^{234}U 三种同位素，它们的含量分别为99.28%、0.71%、0.006%；三种同位素均具有放射性，拥有数十万年至上亿年的超长半衰期。铀的化学性质很活泼，它总是以化合物的状态存在着，所以自然界不存在游离态的金属铀。已知的含铀矿物有几百种，具有工业开采价值的铀矿有二三十种，其中最重要的有沥青铀矿、品质铀矿、铀石、铀黑等。

铀元素分布比较广，但铀矿床分布却很有限。世界上少数国家拥有着绝大部分的铀资源。据国际原子能机构红皮书综合统计，世界铀资源主要分布在澳大利亚、哈萨克斯坦、加拿大、俄罗斯、纳米比亚、南非、巴西、中国等国家。我国铀储量相对丰富，约占世界铀资源量的4%，且铀矿资源类型多，以砂岩型、花岗岩型、火山岩型和碳硅泥岩型为主。但我国大多铀矿床含铀品位低，成矿地质条件复杂，矿床规模小，矿体分散，铀的开采技术难度和成本随着资源的不断开发而越来越大。随着我国"碳达峰、碳中和"目标的确立，核能作为一种重要的清洁能源迎来了新的发展机遇期。作为核能发展的基本原料，天然铀需求量正逐年增大。

天然铀是重要的战略性资源，是核能事业发展的基础与保障。而天然铀是不可再生的放射性矿产资源，其生产受到政治、社会、经济等多种因素的影响。从长远

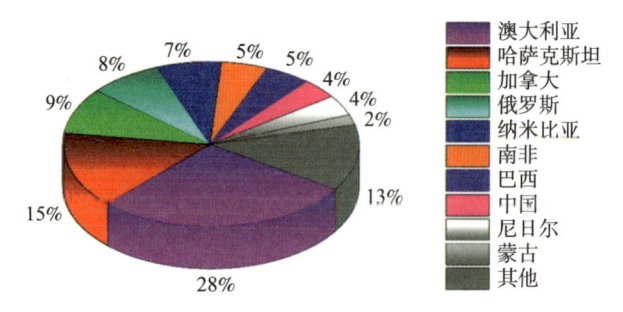

开采成本低于每千克 130 美元的已查明铀资源世界国家分布
（资料来源：《2020 年铀：资源，生产和需求》红皮书）

发展来看，探寻和开拓新的铀资源是必然选择。

海水提铀——核工业无限续航保障

海洋占据着地球表面积的 71%，是地球上最大的资源宝库。海洋铀资源储量巨大，总量达 45 亿吨，是陆地已探明铀矿储量的近千倍。2016 年，海水提铀被《自然》期刊列入"可改变世界的七大化学分离技术"。由此可见海水提铀技术的重要性和前瞻性。然而，海水提铀面临众多挑战，海水中铀浓度极低，每吨海水中仅含有约 3.3 毫克的铀；海水成分复杂，杂离子浓度高，对海水中铀的提取干扰大；海洋生物易附着在海水提铀装置与材料表面，影响材料对铀的吸附、脱附，降低海水提铀效率等。面对体量如此巨大的非常规铀资源，若能实现海水中铀资源的经济性利用，将有助于完善我国铀资源供应体系，实现我国铀资源供应自主化，极大保障核工业持续稳定发展。

海水中铀的提取方法包括吸附法、溶剂萃取法、离子交换法、膜分离法、化学沉淀法等。吸附法因其海水中铀的提取、脱附及循环利用方面的有效性及经济性特点，逐渐发展为海水提铀的主要方法。吸附法的关键在吸附材料研发与海试工程研究两方面。随着材料化学领域的快速发展，各类新材料不断涌现，这些新材料有以水合氧化钛作为吸附剂,利用潮汐作用进行海水提铀,从海水中提取到 30 克铀,得到了周恩来总理的高度肯定。核工业北京化工冶金研究院作为我国唯一的天然铀化学化工科研机构,也在 70 年代开展了无机吸附材料和有机吸附材料的前瞻性探索研究,但之后我国海水提铀研究工作逐渐停滞。

我国海水提铀研究如火如荼

进入 21 世纪,海水提铀研究热情重燃,尤其是我国。近 20 年来我国海水提铀相关研究论文发文量世界第一。2010 年之后,多家科研单位和高校陆续开展了海水提铀相关研究工作,研究人员研制了多种不同类型的提铀材料,并进行了相关材料吸附机理研究。核工业北京化工冶金研究院研发了共聚物微球、有机纤维、无机－有机杂化材料等海水提铀吸附材料,采用锚定方式在辽宁葫芦岛、海南昌江海域进行现场试验,材料对铀的吸附容量最高达到了 4.10 mgU/g(即每克材料可吸附 4.1 毫克铀)。中国科学院上海高等研究院基于静电纺丝技术成功制备了纳米纤维膜,并在南海海域建设了纳米膜公斤级海水提铀海试试验平台以及配套改性和洗脱平台,材料吸附容量在 1.5～7.0 mgU/g 之间波动。中国科学院上海应用物理研究所在海水提铀材料方面的研究主要集中在辐照接枝纤维材料上,先后研制出了可用于海水提铀的偕胺肟基聚丙烯腈纤维材料、偕胺肟基聚乙烯纤维材料和多级孔结构的偕胺肟基高分子纤维材料。中国工程物理研究院开展了偕胺肟类材料的预辐照法放大制备。同时,根据海域的海洋环境,设计并加工了海水提铀装置,进行了海水提铀现场试验。哈尔滨工程大学研发了植物纤维吸附材料、介孔核壳材料,利用漂浮式简易试验装置,在渤海海域进行了海试实验。海南大学研制了仿蜘蛛丝蛋白纳米纤维、多喷嘴吹制纺丝纤维、离子交联超分子水凝胶等新型吸附材料,为海水提铀吸附材料的结构设计提供了新思路。四川大学研发了金属－多酚网络膜材料,采用室内静态过滤吸附的方式处理来自东海的 10 升天然海水,此种膜材料的铀提取率达到 84%。北京大学利用自主研发的种态分析软件对海水中铀的赋存状态进行研究，获得了初步研究结果。中科院高能物理研究所根据相对论密度泛函理论，发现了含偕胺肟基和羧基的吸附剂与铀酰离子最可能的配位方式，分析了配合物的电子结构和成键特征，研究了吸附动力学，阐明了共吸附机理等。

近十年来，得益于材料科学、化学与化工、仿生学、机械工程等多学科交叉融合，海水提铀研究发展方兴未艾，研究成果涌现，整体呈现出"百花齐放，百家争鸣"的研究态势。研究人员针对海水提铀关键问题开展了广泛的研究，但目前仍没有有效提升海水提铀经济可行的方法与理论研究依据，实现海水提铀工程化依旧任务艰巨。制约海水提铀工程化关键问题包括五个方面。

一是海水提铀相关机理尚不透彻。海水提铀涵盖化学、工程、材料、机械、生物等多学科，所涉及科学机理纷繁复杂。复杂体系下海水中铀的赋存状态、功能基团与铀的作用机理不明朗；海洋是一个复杂的多物质混合体，海水水文条件变化及海洋微生物附着对海水提铀效能的影响规律不清楚；功能材料宏观设计与微观尺度结构调控、功能基团利用比例与高效提铀材料构效关系探究不深入。这些关键机理研究对于疏通解决吸附材料设计与制备，海试材料吸附、脱附与复用关键环节等海水提铀卡点、难点、堵点具有重要作用。

二是海水提铀材料性能亟待增强。海水提铀材料的有效吸附容量有待提高。现阶段虽有吸附材料在实验室验证中容量接近 20 mgU/g，但在真实海洋环境中吸附容量往往不高（小于 5 mgU/g）、吸附速率不快（吸附饱和时间大于 30 天）。这一问题将直接导致提铀效率低，单位质量吸附材料的提铀成本高。此外，材料制备过程有的还较复杂，对设备要求高，制备成本有待降低。需利用吸附材料提铀过程中的动力学、热力学等吸附机理研究设计高效微观结构，解决生物附着、提铀效率慢等问题，制备更适用于海水提铀的吸附材料。

三是海水提铀工程化方案有待验证。泵入并加滤膜过滤的方式进行海水提铀，成本较高；锚定吸附方式能够充分利用潮汐能使海水与材料充分接触实现对铀的吸附，但需要面对微生物附着的侵扰。亟须开发低耗能海水提铀实施方式，并综合验证可操作性、经济性、使用寿命等因素。与此同时，应研究低耗的能动与非能动结合的方式，拓展思路，实现创新。

四是海水提铀评价体系还不完善。目前，海水提铀材料性能测试标准与经济评价标准不统一，难以判断海水提铀的技术水平和经济情况。需结合已有的海水提铀技术研究成果、工程化试验经验，综合考虑海水提铀现场试验过程中各项流程指标分配权重，构建海水提铀技术、经济评价体系，使海水提铀的技术状态、研究水平具有可比性。

五是国家级研究试验平台欠缺。海水提铀是系统工程，需要多学科、多体系、多领域的支撑。同时，海水提铀也是工程应用技术，无论是材料性能验证还是现场工程实践，均需在真实海洋环境中实施。当前我国尚未建设国家级研发试验平台，缺乏软硬件支持。美国已由能源部牵头组织了多家研究院校开展海水提铀技术攻关，研究成果大都在西北太平洋国家实验室中进行试验验证。

2019年11月8日，中国核工业集团作为工程化主体和用户牵头发起成立了海水提铀技术创新联盟（以下简称"联盟"），依托中国铀业有限公司组织实施，中核矿业科技集团有限公司作为联盟秘书单位，联合国内从事海水提铀研究的20余家科研院校协同推进海水提铀工程化进程，目前联盟成员已发展壮大至23家。2021年4月，联盟理事会成立大会正式发布了海水提铀中长期发展规划，提出了"三步走"的战略，明确了各阶段的研究目标和研究内容，形成了基础研究和工艺技术方法等技术战略路线图。

第一阶段至2025年，建立海水提铀技术创新基地，突破制约海水提铀关键技术瓶颈，筛选并优化海水提铀吸附材料，开展海水提铀现场台架试验研究并获得公斤级铀产品，初步构建海水提铀评价体系，达到世界先进水平。

第二阶段为2026年至2035年，开展海水提铀材料性能增强研究并实现材料工业化制备，完成吨级铀产品规模海水提铀现场试验研究，建立完善的海水提铀技术

海水提铀技术中长期发展规划

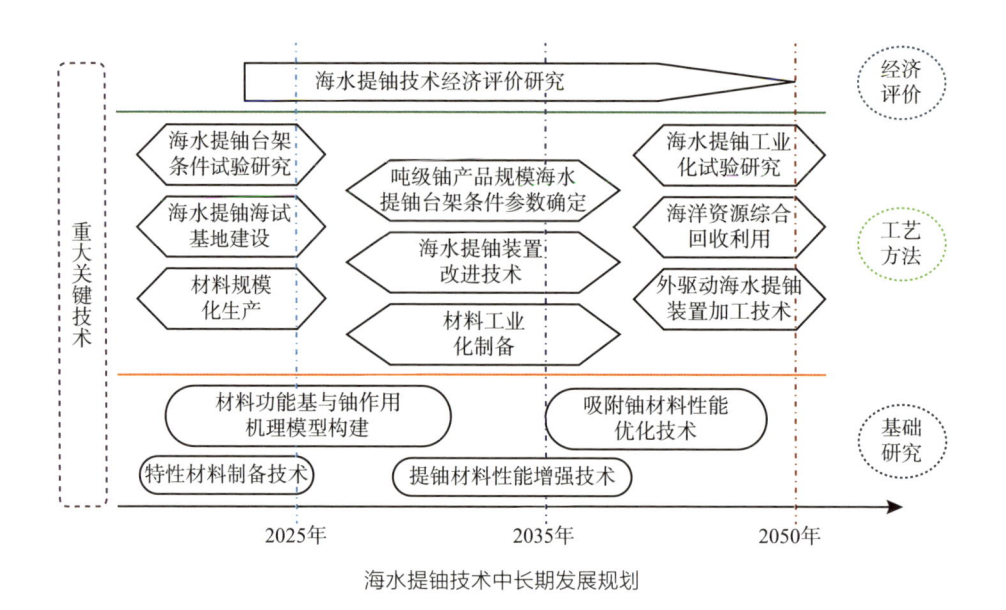

经济评价标准，建成海水提铀吨级示范工程。

第三阶段为 2036 年至 2050 年，突破制约海水提铀工业化关键技术瓶颈，实现海水中提取铀产品连续生产能力。

海水提铀技术未来发展方向

基于海水提铀研究的现状与关键问题，以中长期发展规划为指引，可梳理出未来海水提铀研究发展方向。

一是夯实基础理论，突破工程应用瓶颈。针对海水提铀研究过程中关键科学问题，深挖科学机理，从微观尺度出发，探究并揭示海水中铀的赋存状态、材料功能基团与海水中铀的作用机理，并以此为指导进行功能基团与材料的精准合成。立足于海水提铀工程应用要求，在材料与装置抗生物附着、材料高效脱附与有效再生等方面进行全流程基础技术研究，夯实基础理论，形成海水提铀全流程技术包。

二是建立研究平台，孵化工程应用方案。建立国家级开放研究平台，依托海水提铀技术创新联盟，发挥平台"小核心、大协作"作用，集中多方力量进行海水提铀技术攻关与验证，加快实现海水铀资源开发与利用的工程化。

三是统一评价标准，支撑关键科学问题研究。统一的技术评价标准，可为海水提铀材料、装置、实施方式等海水提铀关键科学问题的研究提供技术评价依据；海水提铀经济评价标准的统一，可筛选出具有经济竞争力、工程应用潜力的海水提铀应用方案。

中国核学会

撰稿人：陈树森　李子明　王凤菊

编辑：余　君

PART 2

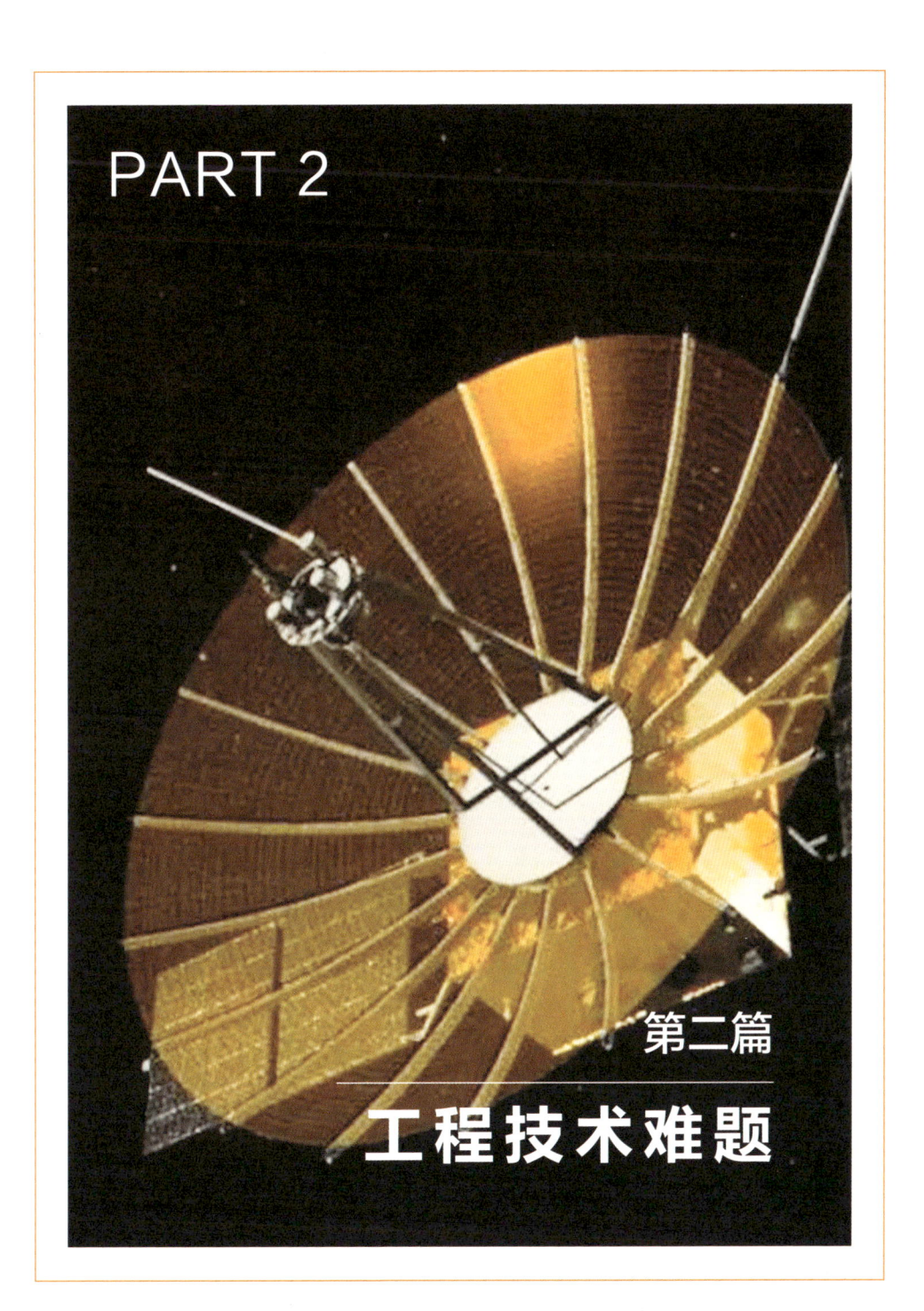

第二篇
工程技术难题

1.
如何突破我国深远海养殖设施的关键技术？

深远海养殖有利于大幅拓展海洋养殖新空间，打造广袤海域优质蛋白生产基地。但由于我国深远海海域距离岸线远、海况恶劣、台风影响大，特殊的海域环境条件必然对发展深远海养殖提出很高的要求。深远海养殖是一项庞大的系统工程，如何实现养殖设施在深远海安全固定并经得住大浪强流的冲击？如何实现恶劣海况养殖鱼类的安全管控并达到预期效益？如何实现大型养殖设施的原址安全维护？以上问题的综合解决涉及养殖系统工程的各要素各环节，深远海养鱼并非易事。在 2022 重大工程技术难题的评选当中，各位专家一致推选"如何突破我国深远海养殖设施的关键技术？"作为 10 个工程技术难题之一，这将有助于我们更好地了解深远海养殖发展背景、系统组成和急需突破的关键技术。深远海养殖具有显著的空间和资源优势，深远海养殖设施关键技术的突破将更好保障我国优质水产有效供给，助推国家蓝色粮仓建设。

黄小华

中国水产科学研究院南海水产研究所渔业工程研究室副主任

在深远海中给鱼儿安个家

2018年6月，我国第一个深远海养殖网箱"深蓝一号"投放在距山东日照100千米的外海海域，开启了我国深远海养殖的征程。继"深蓝一号"之后，我国陆续有"德海一号""经海号"系列等大型深海网箱投入养殖试运行，进行深远海养殖装备及养殖的实船测试，取得了阶段性成果，这是发展深远海养殖的智慧+科技创举。

也许有人会问，为什么跑那么远的海域养殖，难道近岸不能养鱼吗？俗语说"无风三尺浪"，难道它不怕台风吗？这么深的海如何固定网箱，又如何实施管理呢？网破了怎么办？网箱如何维护？跑这么远去养鱼划得来吗？

的确，现阶段要全部回答这些疑问是有困难的，很多科学技术问题仍有待深入探索和研究，只有实践了才能真正发现和理解这其中的奥秘。

为什么要发展深远海养殖？

鱼是人类的重要食物，不仅营养丰富，而且美味，为人们所喜爱。在我国的民间习俗中，春节年饭餐桌上摆上一条鱼，寓意"年年有鱼（余）"，家里财富有盈余，日子越过越好。"鱼米之乡""鱼跃龙门""海阔凭鱼跃"等都与鱼有关，也反映了鱼在国民精神与食粮中的地位。

人获取鱼的途径大致有二：一是天然水域捕捞，二是人工养殖。

天然水域包括江河湖泊和海洋。天然水域捕捞近30年来，世界各国基于地球自然生态系统的保护，对天然水域捕捞实施了限制。特别是海洋生态系统，海洋初级生产力下降和过度捕捞造成了渔业资源衰退。我国1998年实施海洋捕捞产量"零增长"计划，2003年实施海洋捕捞"双控"，2017年实行海洋捕捞渔船"双控"和限额捕捞政策，2018年正式实施伏季休渔制度，其目的就是基于保护海洋生态系统或人工干预下达到生态平衡，使海洋渔业资源达到可持续利用。

人工养殖包括淡水养殖和海水养殖。淡水养殖的主要生产方式是池塘养殖，池塘是陆地的一部分，需要陆地资源构筑，陆地是固有的，不可能增加了。要扩大淡水养殖生产面积，在现有农用耕地保有政策指导下也不大可能。海水养殖的主要生产方式包括海水陆基养殖（如池塘养殖、工厂化养殖和滩涂养殖）和港湾设施养殖（如网箱）。近30年来，我国沿海港湾养殖水域资源利用已趋饱和。随着沿海工业、港口物流业、滨海旅游业的蓬勃发展，沿海港湾养殖水域资源受到压缩，而港湾以外的海域非常辽阔，适合养殖的海域也非常多，目前利用率非常低，甚至基本未被利用。

既然陆地面积不能增加了，港湾可养殖水域资源利用也趋向饱和，对于海水鱼来说，生产的物质基础可能就是港湾以外的深远海了。

从港湾转移到更深更远的海域进行养殖生产，在广阔的海洋里建设"蓝色粮仓"，在保障国家粮食安全供给的同时，为从事养殖经营者及相关行业赚取合理的利润，这就是发展深远海养殖的目的和意义吧！

既然是深远海养殖，到底有多远有多深才算是深远海呢？所谓的深远海养殖，目前还没有明确的科学定义。联合国粮农组织（1995）关于深远海养殖的基本定义是：离岸3海里（1海里=1.852千米）至200海里进行可控条件下的生物养殖，其设施可为浮式、潜式或负载固定结构。我国根据国情，将深远海养殖定义为距离大陆自然岸线大于10千米、水深大于15米的海域。目前，我们大多数设施养殖都在港湾里或海岛周边海域，试想一下，面对广阔的海洋、复杂多变的海洋环境，如果没有能适应极端海况的养殖设施和自动化或智能化的管控手段，如何养鱼？

过去20多年，虽然美国对深远海养殖制定了法规，日本、韩国等也都制定了海洋养殖国家行动计划，但真正付诸行动的国家只有中国和挪威。纵观国内外的深远海养殖现状，目前仍处于技术与装备、养殖品种与养殖模式的摸索阶段。事实上，深远海养殖设施的关键技术是一项庞大复杂的系统工程技术，要求系统各部有高度的协同性，才能达到最终的养殖目的。

开展深远海养殖是国家海洋战略的重要组成，加快研发深远海养殖设施关键技术是构建"蓝色粮仓"的基础。

深远海养殖设施关键技术

在海洋里养殖鱼并非易事。海洋环境完全有别于陆基养殖。

要想在海洋里实施养殖，首先要在海洋里"建筑"一个"池塘"，这个"池塘"就是通常所说的网箱。将网箱固定在海洋里，还要使它经得起极端海况风浪流的侵扰，"箱不烂、鱼不逃，养得成、效益好"。按此思路，深远海养殖设施的关键技术可简单归纳为三大系列工程技术：一是结构安全，也就是以网箱的骨架（框架）为主体结构的网箱养殖系统要吹不烂、压不垮、冲不坏；二是养殖生物安全，依托于主体结构，经得起海域环境中的长时间受胁迫，最终养成出产，获取合理的经济效益；三是养殖过程管控，是高效养殖技术的综合体现，是实现养殖目标、防范或降低风险、提高效益的重要技术手段。三大关键技术缺一不可，必须高度协同，才有可能将深远海养殖技术普及于养殖从业人员和企业，深远海养殖产业才会有美好的未来。

主体结构安全是网箱的核心关键技术

主体结构安全主要包括网箱框架、网衣、锚泊三大系统部件。

网箱的框架好比房屋的"柱和梁"。房屋建筑面积、建筑高度、房屋属性决定"柱和梁"采用何种结构形式。同理，网箱的框架是根据养殖品种、海域环境、养殖模式等决定采用何种结构形式。无论采用何种结构形式，其主要功能是将网衣支撑展开形成一定的包围空间，而这个空间是以网衣为边界，但又与外界紧密连接、密不可分。关于结构安全的一些现场观测和理论研究表明，框架、选址、水阻是影响结构安全的重要因素。

框架：对于悬浮式或半潜式桁架网箱来说，网箱框架的直径应大于养殖海区常年波长的 4～5 倍或以上，网箱在风浪中比较平稳，结构安全得到相应提高。为什么会这样呢？其实道理很简单。假设波长是 9 米，如果框架直径小于 9 米，框架就会沿着波峰与波谷之间抖动，像坐过山车（纵横、横摇和垂荡）一样；如果框架直径是波长的 2 倍，框架在波浪行进时从波峰与波谷之间来回转变，就好像两个人抬担和一个人挑担一样来回转换。在常态及非常态海况的长期作用下，框架材料容易产生疲劳，导致框架损伤或崩塌。直径 4 倍以上波长的框架就不会出现上述过山车、抬担、挑担（纵横、横摇和垂荡）的情形。因此，框架结构的平稳运行对结构安全十分重要，选取合适的框架主尺度以适应养殖海域的海况是结构安全的第一步。

选址：固然框架直径的主尺度是结构安全的第一步，但它与海域工况息息相关，若长期工作在恶劣的海况，会加速结构的损坏。因此，结构安全应从科学选址入手。科学选址包括养殖区域遭遇台风的概率、常年波浪流数据、水深、底质、水质和海洋沉积物质量等，还有是开放海域还是半开放海域，这些都与结构安全设计有关，应尽量避免常年波浪较大、流急和季候风持续时间长的海区。

水阻：网箱的阻力产生于水的阻力。网箱体积越大，阻力越大，风险越高；反之亦然。如何在体积与风险两者间取得平衡，根据海域和养殖品种的特点建立设计标准或规范，有待进一步深入研究。

网箱阻力的大小与网箱形状、吃水深度、网衣密实度以及作业方式有关。同样的网箱形状、吃水深度、网衣密实度以及作业方式，当网箱与水流的迎角（攻角）不同，阻力也会有较大差异。网箱在海洋里一般有悬浮、半潜、全潜、座底等方式，网箱应选择风流合压差阻力最小方向进行安装或锚系，以降低水动力的冲压或获得最大的锚抓力输出。

框架根据制造工艺技术，有正方形、长方形、多边形和圆形。从受力均衡来看，圆形最佳，其次是多边形；同样的周长，圆形最大，多边形次之，而且这两种结构形式基本消除了养殖死角，但制造工艺技术相比正方形、长方形复杂，包括网衣。

掌握及灵活运用这些结构工艺和工程技术，根据生存工况设定的要求应用到网箱设计、制造、施工中，结构安全是有保障的。

网衣工艺技术是网箱养殖成败的关键

网箱的网衣就好比房屋的外墙和窗户，窗户的大小好比网衣网目的大小。网目大小是影响网内外水体交换的主因，网目越大，水体交换越好，但承载力相对小；网目越小，水体交换越差，但相对承载力较大。决定网目大小的是鱼，以鱼不能自由进出网衣为原则。通常以投入到网箱里初始的鱼的大小为网目设计依据，一般以鱼的鳃盖前沿垂直线周长为网目大小尺度。为了增加网衣的强度和减小形变，通常会在网衣表面按一定规律和间隔附加纵横力纲。

网之不牢何以养鱼？网衣是网箱三大构件中最脆弱的，也是阻力最大的，约占网箱总阻力的80%。即使计算机模拟技术发达的今天，也难以准确计算出网衣各网线及结节的阻力，因为网衣的阻力是受外部环境影响动态变化的，你永远不知道在千百万网目中哪条网线首先断裂。一旦网衣破裂，后果就是"海洋增殖"，养殖者只好"望洋兴叹"。

除了在网衣上附加力纲增强网衣韧性，还可以充分利用网衣材料及绳索的弹性，应用网衣过载弹性补偿技术使网衣应力瞬间过载时得到最大限度的保护，有效解决刚性的框架与柔性的网衣两种材质可塑性形变数值差异造成的网衣破裂。通常，网衣不能与框架形成紧张连接，适当让网衣在力纲的协同下有足够的自由张弛度（这个张弛度在设定生存工况时以不接触框架为原则，一般以静态时网衣与框架保持1米距离是适合的），这对于波浪作用时网衣产生的垂荡，以及水流冲压时网衣形变可能与框架的摩擦性接触，或框架发生形变或波浪作用时网衣产生的垂荡造成网衣撕裂，都有极大的保护作用。

网衣又好比一张帆，在水流冲压下会倒向另一面。若海区流速在 0.45～1 米 / 秒时，网衣应考虑采用锥度为 7～14 度圆台形设计，可有效减小水流冲击下网衣的形变，从而减小网衣与框架接触造成摩擦破网的可能性。

网衣是一项复杂的软体结构物，网衣的形状、网线粗细、网目大小及制作工艺都影响养殖效果。目前，网衣的配置仍然以经验为主，应进一步深入研究大型网箱网衣的适配性和制作工艺技术，提高网衣运行的安全性，这样，养殖生物安全的保障也随之得到大幅度提高。

锚泊系统是网箱安全运行的根基

锚泊就好比是房屋的桩基，桩基根据房屋大小和地质、房屋风阻、抗震能力决定。同理，网箱的锚泊根据网箱大小、作业方式（悬浮、半潜、全潜、座底）、生存工况决定采用何种锚泊形式。

为了获得足够的锚抓力，评估网箱生存工况的总阻力是关键。阻力是有方向性的，网箱的锚泊系统在任意方向或角度的锚抓力都应是对称均等的，否则就无法适应风浪流的变化。原则上，网箱在任意方向的锚抓力合力应等于网箱总阻力加上一定的冗余量。

锚重、锚形、水深、底质、地貌是锚泊系统设计的重要依据。锚抓力的计算有一套比较成熟的完整法则，可参考应用。问题是如何准确地将锚系投入预定位置。俗语说"差之毫厘，失之千里"。现阶段比较可靠的施工技术是采用差分定位仪（DGPS）预定位法，但很多海区没有差分定位信号，GPS 定位误差可能达 100 米，对于一个直径 100 米的网箱来说，即使锚绳（链）长度是水深的 5 倍，这个误差也难以接受。往往是锚点施工过程的误差造成了网箱结构安全不可挽回的损失，甚至还不知道是锚点安装不准确造成的。当然，采用座底方式或单点系泊方式比多点锚泊系统安装简单，定位准确性也比多点锚泊系统高。因此，多点锚泊系统安装锚泊施工定位技术有待突破和创新。

养殖过程管控配套关键技术

养殖过程管控配套关键技术包括网箱运行管控技术、网箱载荷评估技术、网衣系统悬挂技术、设备防腐防污监测及清除技术、智能化养殖技术等。

网箱运行管控技术：网箱无论"浮"也好，"坐"也好，都必须经得起台风的冲击、水流的冲击、波浪的冲击。常态下，网箱处于相对平稳状态，网箱框架、网衣、锚泊三大构件相互协同运行，问题不大。非常态下，原先的平衡状态遭到破坏，这时需要一个相互协同的动平衡状态。但这个动平衡状态受到框架、锚泊的束缚和限制，自适应调整的能力有限。一旦失去动平衡的协同能力，网箱系统就会出现崩塌，这是很多网箱在极端海况中出现的情况。目前能做的是在锚泊系统中增设一个动能吸收装置，将瞬间过载的冲击力消耗，从而保护网箱不被损坏。但这也仅是被动式的装置，是否可以研究开发一套主动式的运行管控装置呢？例如，通过对网箱系统主动压载或机动调整或远程控制运行姿态达到防灾减灾的目的。

网箱载荷评估技术：网箱载荷主要有两个层面，一是网箱受力载荷，二是养殖容量。受力载荷是固有的，网衣悬挂在框架上，框架的浮力等于网箱的载荷。网箱制造完成后，其最大浮力是固定的，对桁架类网箱可通过压载方式改变浮态，即吃水深度。

养殖容量就复杂得多了，涉及溶氧、温度、盐度、水流速度等海洋环境要素，重要的是养殖品种的生长习性。同一养殖圈养环境与每一个品种的养殖容量是有差异的。对于网箱来说，一般选择中上层鱼类，可以很好利用养殖空间。据多年观测与实验，一般每立方米水体单位载荷 10~30 千克是合适的。要获取这一信息，通常是用初始数据（即投入鱼种的规格和数量）评估正常养殖出产尾重，再扣除死亡数量算出。

目前，正在研究采用三维数字空间技术进行养殖容量评估，通过实时监测鱼的数量并反馈到计算机系统中，从而确定投饵量。这部分研究取得了一些进展，但面临的技术难题也是显而易见的。主要是鱼是游动的，如何辨别每一条鱼只计数一次不重复呢？建立的多维度光学传感器可能受到水透明度的影响，声呐传感器也会受到图像识别的限制，数学模型的构建也是一大难题，需要做大量的研究验证工作。

网衣系统悬挂技术：网衣悬挂在网箱框架上一般有固定、可置换两种方式。桁架类网箱可置换悬挂方式，具有比较优势。网衣是最脆弱的，是易耗品。网衣也较容易大量附着生物生长，或因鲨鱼等凶猛鱼类袭击造成破网，需要及时清理或更换。

可置换悬挂方式有三种：一是框架全浮实施换网；二是潜水员协助换网；三是通过回转特殊装置换网。

网衣悬挂于框架的联系方式可通过设置定位绳（网衣与框架的距离）、承重绳（网衣载荷）、网底牵引绳（与定位绳功能类似）使网衣保持在框架内，且有适当的自由度以协同垂荡，不至于应力过载造成网衣损坏。现阶段可基本做到每一纵向力纲独立悬挂，但没有解决纵向力纲瞬间过载受力的硬连接，易因力纲的弹性不足以减缓因过载受力产生的振荡，从而损坏网衣。

在独立悬挂的同时，简单实用的独立悬挂减振装置网衣系统悬挂技术有待研究开发。

设备防腐防污监测及清除技术：现有的防腐防污是通过化学材料表面喷涂实现的，但这个防腐防污是有期限的。网衣附着生物时，一是通过换网清除，二是通过水下洗网机清除。设备防腐防污监测并不难，难的是网箱投入使用后基本不可能定期返厂修护，网箱也不可能整体浮于水面进行维护。这就需要研发一种水下自动巡航（寻迹）清洗装备，如适应平面或管状、异形等物件的清洗机器人，通过设备防腐防污监测预警技术，定期或不定期地对网箱水下部分的构筑物进行维护。

智能化养殖技术：我国自动投饵和机械投饵使用已比较普遍，但严格意义上讲，我国尚未发现智能化养殖，主要原因是我国的养殖鱼类生长模型尚在研究构建中。生长模型主要是将圈养环境要素、生长营养需求与生长速度建立关联关系，最终以计算机编程方式表达鱼的生长进程、决定投饵策略，发送指令到技术装备执行终端。

发展深远海养殖，智能化养殖是必须的。应对至少一至两个鱼类品种开展圈养环境下的鱼类行为学研究、生长过程营养学研究，以构建生长模型基础，并逐步扩展到区域性主养品种的生长模型建构，以早日实现智能化养殖，但不限于深远海养殖产业。

应高度重视深远海养殖的经济效益

深远海养殖在我国刚起步，相当一部分主体关键技术仍在研究摸索中。借助海工技术虽然可以大大缩短关键技术的研究周期，但大多仅限于刚性海上构筑部分，而对于养殖技术及管理则是全新的软性技术，包括养殖经济效益的评估。

深远海养殖效益是检验产业是否符合发展的唯一标准。选择一个合适海域、一个合适的养殖品种、一个合适的网箱，是获取合理经济效益的关键。同时还要考虑网箱推广的价值，如果网箱造价高昂、管理不易、操作不便，养殖业者就会失去投资的热情。一些以"高大尚"去设计制造所谓的"渔场""平台"，若得不到高效益回报或合理的经济效益，即使像海上皇宫一样，也没有多大意义。

网箱体积越大，投资越大，风险越高，但经济效益不一定成正比；网箱体积越小，投资越小，风险相对较小，但会造成海域资源浪费、管理成本较高。如何选择合适的投资，关键还是从风险控制的角度去思考深远海养殖装备，与其去投资1亿多元造一个15万立方米的网箱，不如改为5个3万立方米的网箱更经济，因为同样的投资，风险可大幅度降低，效益可得到最大化。

只有符合经济效益、生态效益，才有可能实现广泛的社会效益。

中国水产学会

撰稿人：郭根喜　邱亢铖

编辑：韩　颖

2. 如何实现我国煤矿超大量"三废"（固、液、气）低成本地质封存及生态环境协同发展？

我国既是煤炭开采大国，又是煤炭消耗大国，由此产生煤基固废、废水、废气（二氧化碳）大量排放。但目前处理方式存在规模小、成本高、地面存放难，亟须寻找新途径（如井下采空区、地表采坑、沟壑和塌陷区、深部咸水层等），实现矿山"三废"的特大量、低成本地质封存与生态环境协同发展。如何实现我国煤矿超大量"三废"（固、液、气）低成本地质封存及生态环境协同发展？该工程技术难题的解决，可有效助力"无废城市"建设，是尽早实现我国"碳达峰、碳中和"目标的重要保障，也是生态文明建设的有力抓手。

武 强
中国工程院院士
国际欧亚科学院院士
中国矿业大学（北京）教授

吴丰昌
中国工程院院士
中国环境科学研究院研究员

胡华龙
生态环境部固体废物与化学品
管理技术中心副主任、研究员

地质封存及生态环境协同发展引领未来煤矿废物处置方向

煤炭是保障国家能源安全的重要"压舱石",煤炭在开采和利用过程中,会导致固废、废水、废气(二氧化碳)大量排放,但目前处置方式存在规模小、成本高、地面存放难,因此,亟须寻找新途径(如深部咸水层、采空区等),实现矿山"三废"的特大量、低成本地质封存与生态环境协同发展。

煤矿"三废"的排放问题

西北地区是我国最重要的煤电化基地,矿山固废、废水、废气(二氧化碳)大量排放,但目前处理方式存在规模小、成本高、地面存放难、对地表生态环境污染和破坏大,亟须因地制宜、寻找新的途径(如利用深度大于 2000 米的咸水层、深度大于 900 米的关闭矿井采空区等),实现矿山"三废"的特大量、低成本地质封存,将固废处理成本降低 30%,废水处理成本降低 60%,二氧化碳处理成本下降 50%。同时,建立系统封存理论与耦合体系,对解决我国煤矿超大量"三废"低成本地质封存问题具有重要价值,对促进生态文明建设意义重大。

煤矿"三废"排放的问题背景

煤炭开采和加工、生产过程中产生的"三废"主要是：煤矸石，煤泥；矿化度高、含悬浮物、含酸（碱）性或含特殊污染物的矿井水，煤泥水，工业废水等；矿井瓦斯和锅（窑）炉产生的烟尘（气）等。而其中又以"三废"（废矸、废水、废风）带来的环境污染问题更为突出。治理"三废"污染一直是困扰煤矿的重点技术难题，是阻碍经济建设和生态环境保护协同发展的瓶颈。

我国是煤炭生产与消费大国，每年产生的煤矸石占煤炭生产量的 10%～25%，年排放量超过 8 亿吨以上。煤矸石作为煤炭生产的附属固体废弃物，被大量堆放在地面形成矸石山，不仅占用土地，而且对周边居民健康和环境造成危害。2020 年，我国产生 7.95 亿吨煤矸石，针对煤矸石的综合处理，国内外已经研发了包括煤矸石发电、铺路、生产化工原料等方面的地面处理方法，以及煤矸石充填的井下处理方法，但是煤矸石综合利用率不足 30%；并且随着我国煤矿大型现代化矿井建设的推进，以及开采深度增加，煤矿排矸呈集中化、高产化和规模化的发展趋势，现有的煤矸石处理技术已经不能满足煤矸石处理的要求。目前我国煤矸石的处理与利用技术不完善，对环境污染仍旧较严重。所以，应当对煤矸石的处理和利用加以重视。

根据有关研究资料，矿井每开采 1 吨煤炭需要排放约 2 吨矿井废水。若将煤炭生产过程中产生的废水直接排放，不仅会造成水资源的极大浪费，而且也会给矿区生态环境带来不利影响，其中以高矿化度矿井水危害最为显著。主要表现为使河流水含盐量上升、土壤次生盐碱化、农作物减产等。同时还影响地区的工业生产，由于较多工业生产不能利用高含盐量的水，若用则必须先降低水中含盐量，这样就会增加成本。高矿化度矿井水是指溶解性总固体（含盐量）大于 1000 毫克/升的矿井水，我国西部煤炭产区的矿井水大多属于高矿化度矿井水，含盐主要来源于钠离子、钙离子、镁离子、氯离子等，而且硬度往往较高，有些矿井水硬度（以 CaO 计算）

可达 1000 毫克 / 升。硫酸盐和硬度的去除是除盐的难点。

温室气体指的是大气中能吸收地面反射的太阳辐射，并重新发射辐射的一些气体，如水蒸气、二氧化碳等。政府间气候变化专门委员会（IPCC）的第三次评估报告指出，近 50 年的气候变暖主要是人类使用化石燃料排放的大量二氧化碳等温室气体的增温效应造成的。自工业化时期以来，大气二氧化碳增加所产生的辐射强迫为 +1.66 ± 0.17 瓦 / 平方米，其贡献显著大于该报告考虑的所有其他辐射强迫因子。来自化石燃料使用以及土地利用变化对植物和土壤碳影响所产生二氧化碳排放是大气二氧化碳增加的主要来源。排放到大气中的二氧化碳，大约一半在 30 年里被清除，30% 在几百年里被清除，其余的 20% 通常将在大气中留存数千年。在最近几十年里，二氧化碳排放持续增加，因此减少大气中二氧化碳排放量是控制全球气候变暖的根本途径。

煤矿"三废"排放的最新进展

实现科学开采、促进生态环境协同发展，要立足于煤炭开采的源头，通过研究科学的开采方法及途径，改变传统采煤工艺对生态环境破坏的现状，最终实现煤炭资源的高效、环保和安全开采，实现煤炭工业的绿色可持续发展。

煤矿地下空间的研究及利用

地下空间是人为开采活动产生的，包括浅部空间与深部空间。目前煤矿地下空间研究主要侧重三个方面：一是用于处理建筑垃圾、固废等；二是对浅部空间进行充填压实，进行土地开发；三是充填开采。目前在山东、广东等地存在利用老采空区处理建筑垃圾的工程；在山东等地通过充填改造城区周边采空区，改良成可开发的建筑用地；在山西、内蒙古、安徽、山东等地采用充填开采方式，释放建筑物下压煤，同时处理固废（粉煤灰、矸石等）。

煤基固废处理研究进展

煤基固废主要包括煤矸石、粉煤灰和化工渣，前两者尤为普遍。目前我国每年产出煤矸石七八亿吨，截至目前累计堆存煤矸石 50 亿吨左右，且以年增两三亿吨的速度增加。煤矸石处理方式包括：①采空区回填或充填。目前大力推广的处理方式，矸石无须堆放；②筑基修路。要求煤矸石级配良好，有机质含量不超过 10%；③发电；④制造建材；⑤复垦绿化；⑥分级分质利用，制造陶瓷、氯化铝、土壤改良剂。

粉煤灰是燃煤电厂排出的主要固废来源，每 2 吨煤就会产生 1 吨粉煤灰。2017 年我国粉煤灰产量 6.86 亿吨，同比增长 4.7%，产量高居世界第一；利用量达到 5.17 亿吨，综合利用率 75.37%。粉煤灰主要用作水泥掺合剂（约占综合利用量 38%）、建材深加工（占 26%）、混凝土添加剂（占 14%）。

由于井下充填处理量大、成本低，成为西北地区处理煤基固废的主要趋势，通过这种方式，可利用 30%~50% 的采煤空间，成本比其他处理方式低 30%，效率提高 3 倍以上。通过改变充填目的和工艺、优化充填关键装备、提高充填工作面自动化程度等，发展以处理矸石为目标的煤矸石高效自动化充填处理技术，为煤矸石的集中规模化处理提供了思路。目前中国煤炭地质总局团队，利用覆岩离层注浆技术，在国家能源集团、中煤能源集团等开展近十个项目里，处理大量煤基固废同时，释放建构筑物下压覆煤炭资源，有效防止地面塌陷变形，实现了资源节约利用与生态环境保护双重目的。

鉴于一般开采将矸石堆积在地面而导致采掘深陷以及产生的严重环境问题等情况，专家提出了一种矸石不出井直接在井下充填的洁净式采掘新技术方式，这样不但能够使矸石山消除，而且降低采掘沉陷率并有理想的经济效益。

《中华人民共和国固体废物污染环境防治法》（2020 年修订）明确提出固废物将纳入排污许可管理，而煤矸石是我国累计堆存量和年产生量最大的一种工业固废，纳入排污许可管理势在必行。

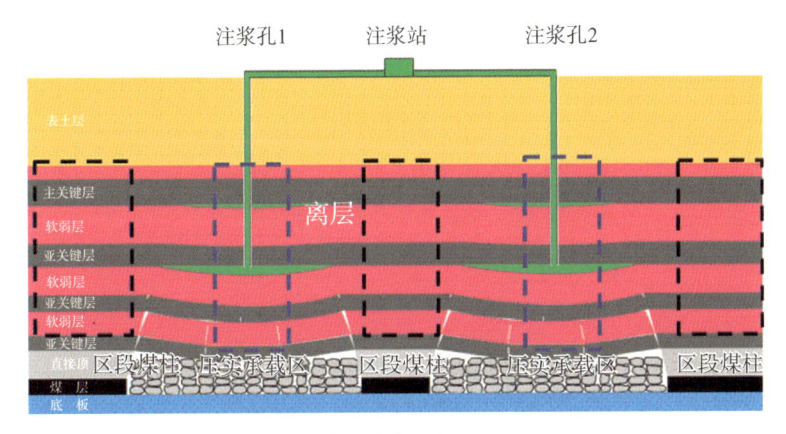

离层注浆示意图

离层注浆泵站

矿井水处理现状

近些年我国在煤矿高矿化度矿井水深度处理和零排放方面取得一定进展：灵新煤矿采用直滤系统加反渗透系统，深度处理工艺和浓盐水井下封存技术，相较于地面处理系统，矿井水井下处理系统不仅实现了井下污水零升井的目标，而且大幅降低了投资和运行成本。同时，利用采空区进行浓盐废水井下封存，也为矿井水处理零排放提供了一条新的路径；徐庄煤矿采用多介质过滤和活性炭过滤前处理工艺及反渗透的脱盐处理工艺。运行实践表明：工艺合理、稳定可靠、出水水质好、操作管理简单，具有一定的推广应用前景。

工业二氧化碳处理进展

通过二氧化碳捕获和封存（CCS）技术进行电厂脱碳是减少二氧化碳进入大气的一个重要切入点。二氧化碳捕获技术则主要有吸收法、吸附法和膜分离法等，其中膜分离法是最有发展潜力的技术。油气田、煤层田以及盐水层具有长期安全封存二氧化碳的能力，且有巨大的封存容量；吸附法与液化提纯相结合改进型二氧化碳

"五位一体"煤田水害治理及水资源利用保护新途径

矿井水注水泵站系统

二氧化碳高压注入双组泵系统

回收技术，此原理是根据二氧化碳分子空间结构、分子极性等性质，选取对混合气体中二氧化碳组分有强于其他组分吸附力的吸附剂，由于混合气体中各组分分子与吸附剂表面活性点的引力具有差异，当混合气体在一定压力下通过吸附床所载的吸附剂时，吸附剂对二氧化碳进行选择性吸收，进而实现对二氧化碳气体的分离、回收。

煤矿"三废"地质封存及生态环境协同发展的重要意义

煤基固废地下封存

在项目实施阶段可将大量煤矸石固废充填至地下空间，秉承"从哪来，到哪去"，使煤矸石回归自然，达到对固废（煤矸石）的无害化处理，同时可实现矿井水不外排，减小高矿化度矿井水对地表生态环境系统的危害，对矿区生态环境进行有效保护，实现矿井绿色开采与环境协同发展。

新型覆岩离层注浆与膏体充填：将煤矸石破碎、球磨后的矸石粉制成浆液，通过注浆充填技术注入地下空间，达到固废物（煤矸石、粉煤灰等）无害化处理，形成"离层区充填（灌注）体+关键层+煤柱"构成共同承载体，同时有助于减缓开采过程中发生的地表沉陷、含水层破坏等灾害，可将地表下沉及地面构筑物变形控制在合理范围，实现对地面蓄水池及运煤环形铁路的有效保护。本技术将延长矿井服务年限，增加就业人数，产生显著的经济效益、社会效益和环境效益，并为矿区解决煤矸石、粉煤灰等固体废弃物处理问题及矿井采空塌陷治理提供有效示范作用。

煤矸石地质封存可利用30%~50%的采煤空间，成本比其他处理方式低30%，效率提高3倍以上。

高矿化水深部封存

矿井水井下处理就地复用可节约土地、节省投资，且运行费用低，具有良好的经济效益和环境效益。该技术充分利用了煤矿井下采空区及原有巷道的自然空间储水，节约土地资源，有效解决了地面建设水处理厂征地难的问题。对确保矿井附近居民的用水安全，实现矿区水资源的可持续开发，具有重要的理论和实际价值；在达到"零排放"（浓盐水分盐、分质结晶）的标准下，系统在井下建设时，不必将井下采煤废水全部提升至地面，这样将大大降低能耗。陕甘宁蒙疆等重大产煤区普遍为生态脆弱区，无水网分布，大量高盐水无法综合利用，采用地质封存处理可使处理成本下降60%以上。

CO_2 捕获和封存

因地制宜地采用二氧化碳捕获和封存技术，捕获成本较西方国家下降20%～30%，封存成本比国际下降50%。陕甘宁蒙疆煤矿生产基地是西电东送电厂、煤化工等二氧化碳产集区，深层咸水层是良好的二氧化碳封存空间，已有回注水相关工程案例。深度大于900米的关闭矿井采空区、生产及废弃石油煤层气孔、华南沿海深层海底等也满足二氧化碳封存条件，可开展固、液、气地质封存协同研究。

建立立体系统封存理论与耦合体系，形成科技指标、环保指标、注入条件、安全指标、经济分析、监控、计量六大评价指标，对解决我国煤矿超大量固液气"三废"低成本地质封存与生态环境协同发展问题具有重大意义。

中国环境科学学会

撰稿人：赵　康　朱开成

编辑：王　菡

3. 如何创建心源性休克的综合救治体系？

　　心源性休克（CS）是由于心脏泵血功能衰竭，心输出量不足导致组织缺血缺氧，从而引起全身微循环功能障碍的一组临床综合征，也是急性心肌梗死（AMI）等绝大多数心血管疾病的终末期表现，其带来的是每年将近50%的死亡率，严重威胁着国民健康，给国家经济带来巨大负担。如何挽救心源性休克患者的生命，也一直是临床工作的重点和难点。近年来，多个国家和地区已经在探索以"先救命"为主要思路，重症医师为主导的多学科救治团队，强调包括心脏在内的多脏器支持治疗。借鉴创伤、卒中等救治网络的经验，国外相关研究逐渐搭建以分级区域转诊为手段的心源性休克网络化协作体系，这一体系明显增加了患者抢救的成功概率，改善了患者预后。以国外心源性休克综合救治体系雏形为基础，创建符合我国国情的心源性休克综合救治体系，推动国家医学事业的发展。

韩雅玲

北部战区总医院全军心血管病研究所所长兼心内科主任

中国工程院院士

心源性休克救治——既不遥远，也不陌生

心脏吃的"苦"

什么是心源性休克？

在病友圈里，绝大部分人都是谈"心"色变，好像疾病这个东西，一沾到心脏，就到了大厦将倾的境地。心脏作为人体的重要脏器之一，一方面，它起到泵血的功能；另一方面，它又是生命抗战联盟的重要防线，一旦发生严重缺血缺氧，随着心脏功能失代偿而来的是全身垮塌式连锁反应。而心源性休克便是由于心脏泵血功能衰竭，导致心脏射血量急剧降低，不能满足机体需要，引起身体重要器官和组织低灌注、低氧的一组临床综合征。

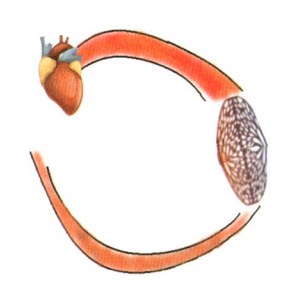

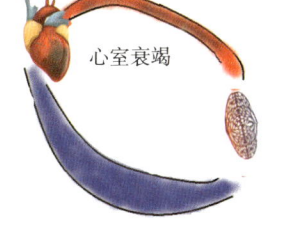

健康心脏循环模型　　　心源性休克循环模型

注：心室衰竭，泵出的动脉血减少，毛细血管对脏器的血氧供应减少，静脉血淤滞，可以认为是心血管病的终末期表现。

心源性休克与我们的距离

通过对《中国心血管健康与疾病报告 2021》的分析可以发现，2019 年农村、城市心血管病分别占死因的 46.74% 和 44.26%，也就是每 5 例死亡患者中就有 2 例死

于心血管病。而急性心肌梗死作为心源性休克的最常见原因，占全部患者的 80%，反过来说，6.6% 的急性心肌梗死患者会并发心源性休克，且 1 年死亡率近 50%，住院死亡率在 30%~70%。此外，急性暴发性心肌炎（病毒性、白喉性以及少数风湿性心肌炎等）、原发性及继发性心肌病（前者包括扩张型、限制型及肥厚型心肌病晚期；后者包括各种感染、甲状腺毒症、甲状腺功能减退引起的心肌病）、家族性贮积疾病及浸润（如血色病、糖原贮积病、黏多糖体病、淀粉样变、结缔组织病）、家族遗传性疾病（如肌营养不良、遗传性共济失调）、药物性和毒性过敏性反应（如放射治疗及阿霉素、酒精、奎尼丁、锑剂、依米丁等所致心肌损害）、心脏直视手术等均为心源性休克的潜在病因。如果能对心源性休克患者进行早期识别，并及时支持干预，将极大改善其临床结局，挽救更多生命，是对人类健康卫生事业的一大重要贡献。

与心源性休克的抗争

目前对心源性休克的诊断和针对原发病的治疗日益明确，相应的技术及理论也相对成熟。例如，一个急性心肌梗死的患者，以急性胸痛、憋气为主要不适症状就诊，通过完善心肌酶、心电图等相关检查，再结合病史与体格检查，就能很快得出主要诊断。在临床接诊医生综合评估病情后，即可对患者进行冠状动脉造影、冠状动脉支架、球囊扩张或者冠状动脉搭桥手术等适合的治疗方式，尽快恢复冠脉通畅，抢救缺血心肌。当前对急性心肌梗死的救治已形成一个相对完善的绿色通道救治生存链，如果经再灌注治疗后继续完善病情监测，就有可能保住性命；如果就诊医院缺乏紧急再灌注治疗经验，或者在完善检查、治疗、转诊的过程中，冠状动脉堵塞情况加重或出现并发症，心脏供血急剧减少，血压明显降低，不能满足全身灌注，就会出现心源性休克，甚至突发心脏骤停，此时如能及时在心肺复苏的情况下获得体外生命支持（如 ECMO），帮助心脏和肺脏工作，稳定循环，进入导管室或手术室，解除冠状动脉狭窄或并发症，在重症治疗部（ICU）监护下脏器功能维持良好，就有极大的希望在三天后清醒，七天后心脏功能康复并出院。由此可见，改善原发病、多种药物治疗、相对成熟的转运机制、以重症医生为主导的综合监护管理、经验丰富的机械循环辅助，都是一个完整的心源性休克综合救治体系的重要组成。

撑起小心脏的最后武器——ECMO

心源性休克目前已成为一个研究热点，通过对研究论文进行检索发现，美国、德国、法国位列前三，我国紧随其后；而在检索的关键词里，ECMO 一词在近年来也越来越受关注。同样，ECMO 对急危重症患者的临床救治也发挥着越来越重要的作用。ECMO 是什么？它又能做什么？

ECMO（extracorporeal membrane oxygenation），中文全称体外膜肺氧合，通俗来说就是膜肺和血泵（人工心肺），是将静脉血引流至体外，经过氧合器氧合后泵回静脉（VV ECMO）或者动脉（VA ECMO），为心肺功能衰竭患者提供有效的呼吸循环支持，为心肺功能恢复赢得时间的体外生命支持模式。比如，当患者的肺功能严重受损且常规治疗无效时，ECMO 可以承担气体交换任务，让肺脏暂时休息，

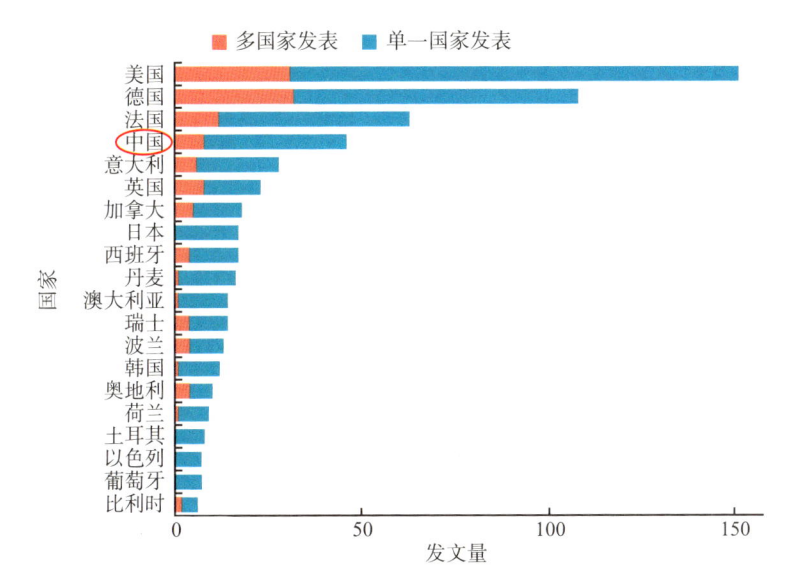

心源性休克相关研究论文发文量和国家统计

面向未来的科技

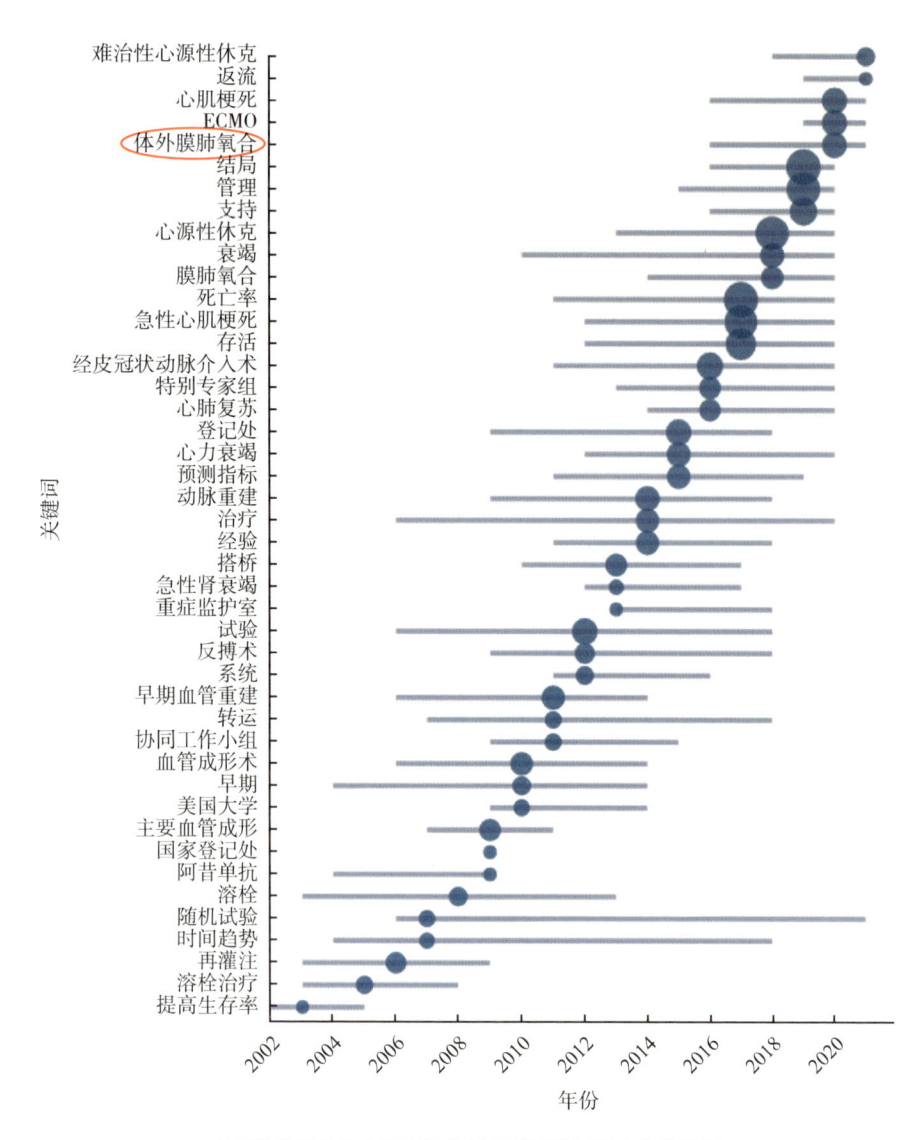

心源性休克救治体系相关文献关键词随时间变化趋势图

（该图表示不同关键词随时间演变，圆的大小表示不同关键词的密集程度，横线的长短表示时间跨度，圆在横线的位置表示对应横坐标时间关键词出现较为密集）

为患者的康复获得宝贵时间。同样，当患者的心脏功能严重受损时，ECMO可以将氧合血泵入主动脉内，维持机体血液循环。ECMO因其强大的支持功能，成为应用最为成熟的机械循环辅助装置和参与急危重症患者生命保卫战的绝对强劲武器。在

2020年席卷世界的新冠肺炎疫情对抗中，我国率先将ECMO运用于新冠肺炎危重患者的救治中，取得了良好成效，ECMO也广泛进入大众视野中。从下图可以看出，近年来国内开展ECMO这一技术的医院明显增多，年救治例数也突破万例，这是我国体外生命支持事业的巨大飞跃。

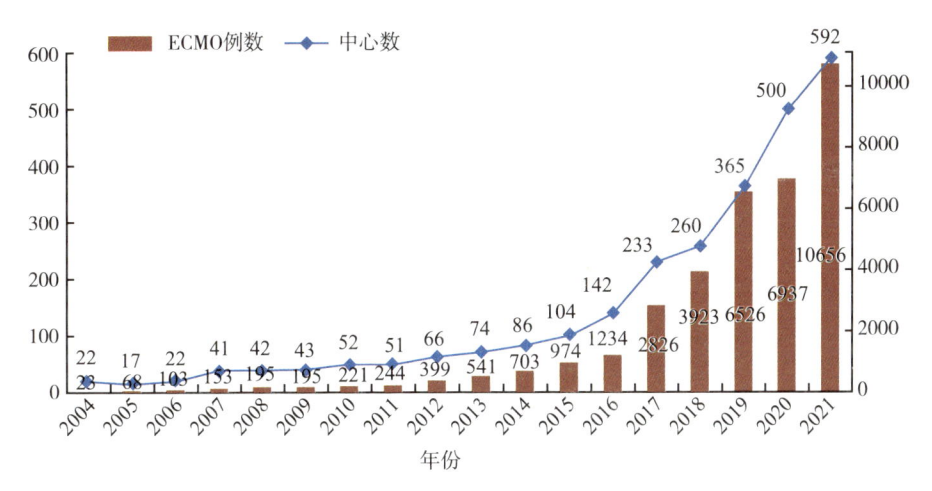

国内开展ECMO例数及中心数统计

（图片来源：《2022年中国ECMO调查报告》，统计数据均未包含中国台湾）

心源性休克的网络化协作探索与创建

网络化协作救治的探索

1976年，骨科医生詹姆斯·斯泰纳的孩子因外伤就近送医，由于该医院处置创伤的经验不足，斯泰纳只能亲自指导并联系转运。这次经历让他意识到医疗系统需要改进的地方——医疗团队间的协作。于是，在斯泰纳等人的努力下，美国逐步形成了高级创伤生命支持（ATLS）培训和创伤救治协作网，这是最早的创伤救治协作网，为后续疾病网络化协作提供了良好的模板与经验。

急性心肌梗死也是同样按照创伤的思路。2015年，美国的心脏外科医师托德·马西等人发文呼吁组织建立急性心肌梗死心源性休克全国救治协作网络，提出急性心肌梗死患者从首诊到支持治疗的有效时间，并发现这个时间如果超过 90 分钟，患者的生存率显著下降，每延迟 10 分钟，新增 3.3% 的死亡，这也提示，非区域转诊中心也需要争分夺秒地识别患者风险、对症治疗和呼叫转诊。这些区域协同救治网络的实践探索，都是弥足珍贵的经验。

心源性休克救治体系的探索

在发达国家，心源性休克综合救治体系已经初步成型。依据救治能力和水平，救治医院由低到高分为三级，一级和二级医院要求能做好诊断、基础给药和生命监测；二级医院能够在此基础上即刻实施经皮冠状动脉介入治疗，但是缺少高级生命支持能力，和一级医院一样，必要时需要向具有成熟专业诊治能力的三级医院转诊；三级医院即区域转诊中心，具备有创监测、高级治疗技术和综合医疗服务。一、二级医院为作卫星医院，当患者发生心源性休克就诊，启动药物治疗的同时，可以通过体系内救援电话向上级医院启动转诊。积极救治后，如果患者不能回家或回归社会，相应康复和姑息治疗中心会予以过渡阶段的医疗支持，其与区域医疗中心之间也有顺畅的转诊，确保患者得到专业的指导和治疗，同时让医疗支出花在最紧急的地方。

而对于区域转诊中心有以下要求：①区域转诊中心必须有丰富的急性心肌梗死心源性休克的救治经验（年诊治心源性休克≥107 例）；②具备精通心血管诊治，且能多学科合作的心源性休克团队；③硬件齐全，包括导管室、急诊手术室、ICU 及长期机械循环辅助（MCS）设备；④移动 ECMO 及 MCS 团队 24（小时）/7（天）值班；⑤护理力量强大，每张 ICU 床每班都有单独的护士监护管理；⑥与卫星医院联系密切，有顺畅的 ICU 后治疗，比如康复。区域转诊中心内部需要在医院的组织下建立多种流程，以利于抢救的实施和质量的提高。而多个临床研究也证明了这种综合救治团队管理的患者在血管活性药物用量、有创通气时间、肾替代治疗比例、

ICU 住院时间和死亡率方面都明显减少或降低。

创建有中国特色的心源性休克综合救治体系

网络化建设需要多方面配合，国外关于建设心源性休克综合救治体系的探索经验可以借鉴，但仍存在一些问题。面对同样的疾病威胁，在我国创建心源性休克综合救治体系还应立足于国情，具体问题具体分析，目前仍需攻破以下几大难题。

遴选符合条件的区域转诊中心

创建我国心源性休克综合救治体系，参照国外标准，区域转诊中心应符合以下条件：① 大型三级医院；② 心血管病诊治能力突出，单独的心脏重症监护室或重症监护室能够主导抢救；③ 拥有一支由心脏重症、心内、心外、重症、麻醉、影像等专业医师组成的标准化心源性休克多学科救治团队；④ 拥有丰富的各类心源性休克救治经验，可以熟练放置 ECMO、主动脉内球囊反搏（IABP）、体外和体内心室辅助装置并精于管理（各种心室辅助装置见下图）；⑤ 拥有一支 24/7 随时待命的

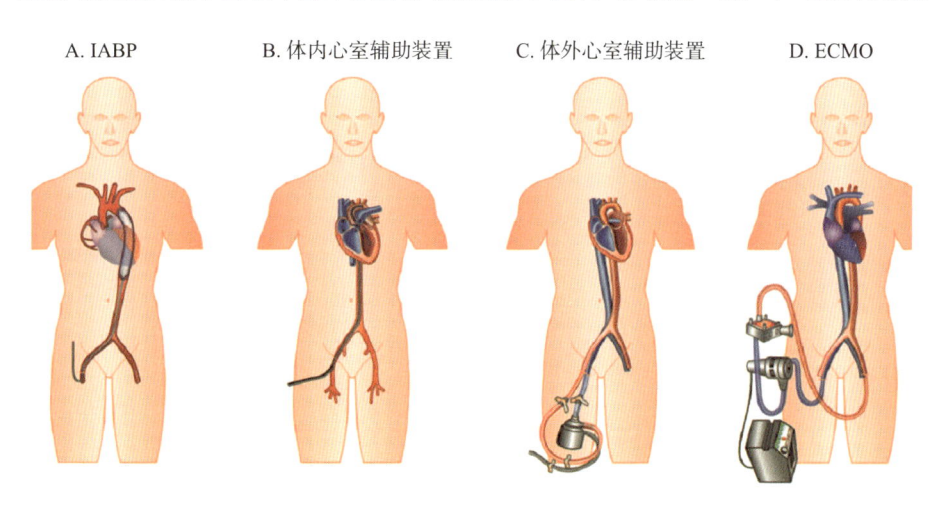

A. IABP　　B. 体内心室辅助装置　　C. 体外心室辅助装置　　D. ECMO

经皮心室辅助装置示意图
（图片来源：Karl Werdan et al., Eur Heart J, 2014）

ECMO 团队，能够实现及时的区域内转诊。

搭建全国各区域内心源性休克综合救治网络平台

在心源性休克患者的救治过程中，时间就是生命，效率就是金钱。我国心源性休克综合救治网络平台既需借鉴国外，又应参照我国已有的区域卒中联盟、胸痛中心联盟的运作方式。网络平台兼具科普和抢救作用，甚至可以植入自诊系统。当患者在卫星医院就诊时，可对疾病进行识别和诊断后采取基本的处置；当识别是严重的心源性休克时，及时呼叫上级医院（即区域中心医院），便有移动的 ECMO 团队来抢救及转运（如下图）。这个抢救过程越及时，患者的生存率就越高。借助全国各区域内心源性休克网络平台，卫星医院可与区域转诊中心实现信息的高度共享和同步化，将患者的病史、治疗用药、所做检查结果、实时监测数据，甚至患者家庭情况、医疗保险情况等上传至心源性休克综合救治网络平台，便于转诊各部门有机调度、进行有效转运和区域转诊中心针对患者设计个体化的治疗方案，减少后续治疗等待时间，利于抢救的实施和质量的提高，使患者获得最佳预后。此外，也可以避

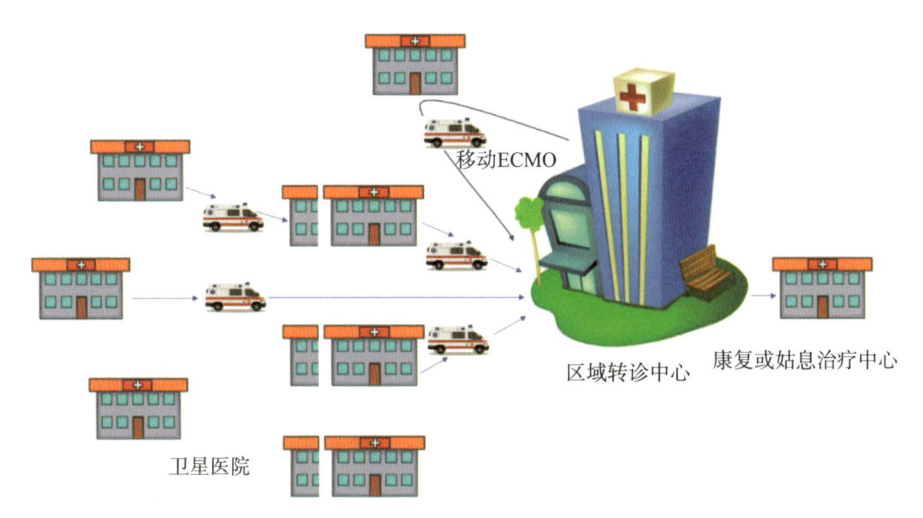

心源性休克综合救治体系转诊示意图
（图片来源：符鸿福等，《中华医学杂志》，2022 年。有改动）

免过度检查，降低救治过程中医疗资源的浪费，让医疗支出花在最紧急的地方。

网络平台建设方面，未来可将第五代通信技术、区块链技术融合其中，保障数据传输的时效性和准确性。另外，在体系建立初期，需考虑各个医院自主参加的积极性，以各省市内能力突出、积极性强的医院为试点，逐步推广心源性休克综合救治网络，实现区域联动，覆盖全国。

形成符合我国国情的心源性休克综合救治专家共识或临床指南

心源性休克综合救治体系要求在处理原发病的基础上，选择和利用多种治疗、综合的监护管理以及先进的机械循环辅助。目前，关于特定原发病的临床治疗指南已趋于成熟（下图是中华医学会心血管病学分会的急性心肌梗死合并心源性休克的临床诊疗路径图），但在综合救治上，各区域转诊中心可能有不同的救治习惯和标

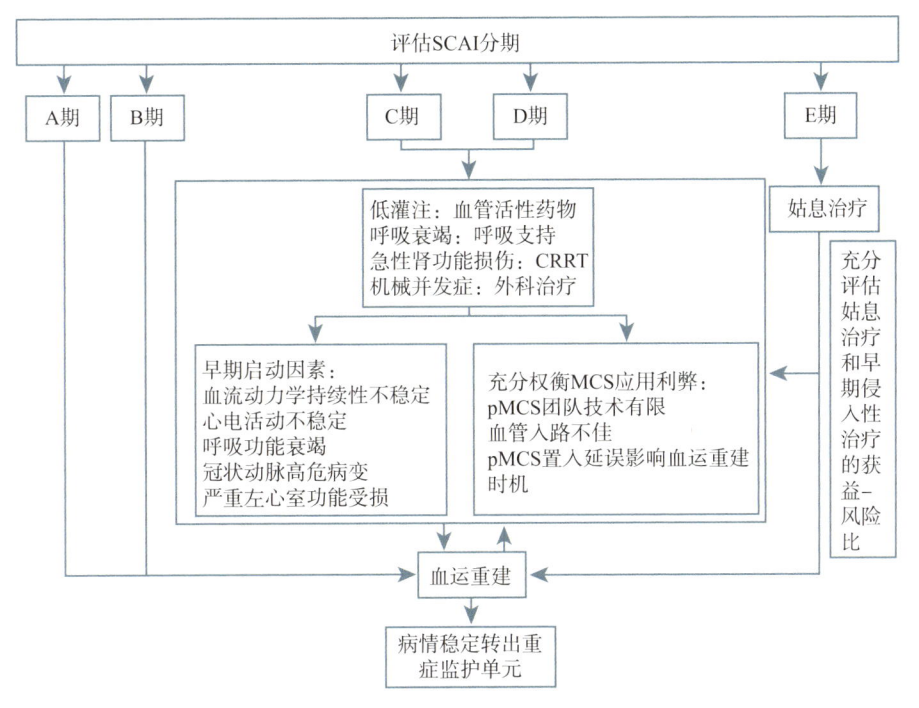

急性心肌梗死合并心源性休克的临床诊疗路径

（图片来源：中华医学会心血管病学分会等，《中华心血管病杂志》，2022年。有改动）

准，卫星医院可能有不同的转运标准或适应证。因此，由相关管理单位进行立项和组织编撰，强调明确区域转诊中心、卫星医院各自的心源性休克治疗流程、ECMO及移动ECMO支持下转运的基础作用，出台符合我国国情的心源性休克综合救治专家共识或临床指南，将是实现心源性休克的标准化治疗的基础。

加大相关技术攻关力度，完善医保赔付、医疗保险制度，降低综合治疗的费用

心源性休克抢救的高消费、高风险一直是待解决的难题。其一是ECMO等器械、耗材依靠进口，我国尚缺乏国产等效产品，使用成本高昂；其二是不同地区医保赔付能力不一，部分地区赔付比例较低。因此，应加大对机械循环辅助装置、高值耗材等方面的产学研合作，促进由仿制性研究向创新性研究转变，打破技术垄断，实现量产化，可大大降低使用成本。完善相关医保赔付、医疗保险等进阶问题也势在必行。报销比例低的地方适当提高医保报销比例。对于医保使用限制条件，应特病特办，打通医保路径，减轻患者负担、简化就医程序。此外，临床医生应严格控制机械循环辅助装置应用适应证，谨防多用滥用，以减轻医保负担。医院也可通过设立心源性休克救治项目基金，充分动员社会力量，让公益基金有序参与；有原发疾病患者酌情购买商业保险，以提高自身保障力度。

重视科学研究，以研究为抓手，走在世界前列

从对心源性休克相关研究的年发文量看，我国的研究水平并不理想，缺乏对休克团队和救治体系的开拓。从相关研究主题的发展程度看，机械循环辅助作为心源性休克救治体系的核心，其相关研究主题并未得到充分发展。从研究循证医学证据强度看，目前其他国家的救治体系的研究普遍面临样本量小及缺乏高质量的循证医学证据的问题。因此，建立符合我国实际情况的心源性休克救治体系，以科学研究为抓手，以此来推动相关研究的开展。

创建中国特色心源性休克综合救治体系势在必行

习近平总书记曾这样描述："健康是 1，其他的都是后面的 0，1 没有了什么都没有了。"这是党中央把人民健康放在优先发展战略地位的重要阐述和坚定决心。

心源性休克综合救治体系的建立有多方面的意义。从医学方面，快速、高效的专业治疗可以改善患者临床结局，而地区协作利于统一标准、规模化研究并创新未来策略。对于社会方面，网络化协作不但能促进基层救治水平的提升，而且能优化分级诊疗制度，促进患者恢复健康和回归社会，同时，完善的救治网络还可使患者在区域内得到恰当的救治，减少不必要诊治带来的经济损失。当前，我们之所以能将"建设有中国特色的心源性休克综合救治体系"设为一个重大的科学难题，究其答案，就像提出问题的首都医科大学附属北京安贞医院侯晓彤副院长所说："我们经过多年的发展，中国已经慢慢有实力来解决这样一个难题了。我们国家的医疗事业，或者说我们这项抢救重病患者的这些技术，是从一个被动到主动、从自发到自觉的发展过程，这正是体现了我们国家在党的十八大以后综合国力的全面发展和对人民生命健康重视的一个集中表现。"这一体系的创建，将为心源性休克患者争取更良好的临床结局，减少不必要转诊带来的经济损失，促进我国基层救治水平，推动国家医学事业的发展。因此，这一重大问题的攻克已势在必行！

中国生物医学工程学会

撰稿人：侯晓彤　王　红

编辑：何红哲

4. 如何实现全固态锂金属电池的工程化应用？

中国是一个少油的国家，每年需要进口 5 亿吨石油，进口油总占比达到 73%，对国家安全构成巨大的威胁。我国有充沛的风能和太阳能资源，可以作为重要的能量来源。满足电网调峰需求是正常使用这些"弃风弃光"的基础，因此能量存储系统变得尤为重要。传统液态锂电池具有高能量密度、便携式分布、环境友好以及可重复利用等优势，在动力领域和储能领域上得到广泛应用。同时，动力电池的开发已培育出全套的新能源汽车产业链，摒弃了传统的燃油发动机系统，助力我国在汽车领域实现弯道超车。

"中国制造 2025"提出 2030 年电池比能量要达到 500 Wh/kg，液体锂电池已达到极限，新一代的全固态锂金属电池具有更高的能量密度、高安全性以及低成本等优势，是锂电池发展的必然之路。国内外已纷纷布局全固态锂金属电池的开发并实现一定实际应用，随着全球全固态锂金属电池研发持续投入，必将在能源领域引发新的革命。

潘瑞军

合肥国轩高科动力能源有限公司未来技术院技术专家

全固态锂金属电池的过去、现在和未来

从茹毛饮血到钻木取火，从煤炭发电到核能发电，获取能量方式的变革引导着人类社会的每一步跨越。谁能更高效地获得优质能源，谁就掌握了人类进步的密钥。

当前全球升温导致的极端天气增多，生态环境形势不容乐观，种种不确定的影响因素笼罩在人类原本有序的生产生活上。例如，2022年夏天全国多个地区气温异常升高，许多户外建设工作不得不暂停，我国多省出现因热射病而死亡的案例，这些情况对国家经济发展的影响是巨大的。此外，全球变暖对生物多样性的影响也非常明显，北极冰川的融化给北极熊的生存环境带来了巨大挑战。甚至有人预测，一百年内北极冰川将完全融化，彼时将会对当地的生态圈产生毁灭性打击。基于此，能源革命需重新定义。

近两年，新冠肺炎疫情扩散加剧了全球经济的下行，地缘政治的不确定性增加，俄乌冲突引发的新一轮能源危机导致石油价格暴涨，我国部分地区每升95号汽油价格一度突破10元，能源价格的暴涨对我国产业发展影响巨大。我国大约70%的石油依赖进口，如此高的进口依赖度使我们不能忽视战略安全的影响。马六甲海峡狭窄的通道却决定了中国的经济命脉——石油，这是我国能源安全的重大隐患。因此，通过大力发展新能源产业，逐渐摆脱对石油的依赖，将大大提高我们的战略主动性。新能源产业的发展势在必行。新能源产业的重要一环当属锂电池行业，一方面动力电池可以应用于电动汽车，减少尾气排放，提高能源利用效率，直接减少对化石能源的依赖；另一方面可以通过大力发展储能系统将太阳能、风能、水能、核能等各种方式获得的电能储存起来，推动和加速绿色能源产业的发展。

"惟创新者胜,惟创新者强",世界能源革命的浪潮浩浩荡荡,如何在激烈的全球竞争中获得一席之地,创新是极其重要的一环。唯有通过不断创新去赶超科技先进的发达国家,才能将能源安全牢牢掌握在我国手中。作为新能源行业的核心,锂电池的发展与创新无疑是重中之重,从锂金属液态电池到锂离子液态电池,从锂离子液态电池到全固态锂金属电池,每一次技术进步的背后,都是对电池性能的更高追求。了解锂金属电池的过去,立足于全固态锂金属电池的现在,将帮助我们以更加从容的姿态迎接全固态锂金属电池的未来。

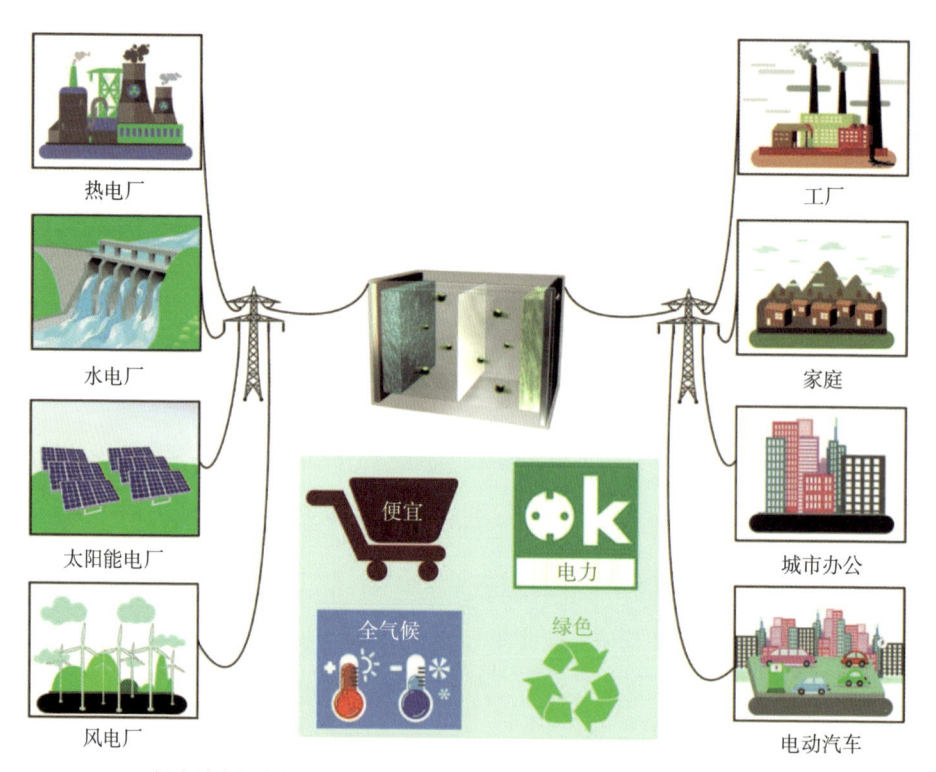

锂电池在绿色能源产业链中的定位(引自 DOI: 10.1039/c8ee03727b)

柳暗花明又一村：全固态锂金属电池回忆录

列宁曾说："发展似乎是在重复以往的阶段，但它是以另一种方式重复，是在更高的基础上重复。"这句话用来形容全固态锂金属电池的发展同样十分贴切。

全固态锂金属电池属于电池装置的一种。早在1800年，随着伏特成功点亮连接在外电路中的电灯，电池装置腾空出世，从此快速发展。1836年，英国科学家丹尼尔发明了同样是一次电池的丹尼尔电池，其由浸在硫酸铜溶液中的铜棒（正极）及硫酸锌中的锌棒（负极）通过带有小孔的陶瓷隔开组成。自此，电池装置基本形成了包括正极、负极、隔膜、电解质的组成形式。一次电池的出现为人类的日常生活带来了极大便利，即使在近200年后的今天，仍惠及人类的日常生活。

为弥补一次电池不可充电的不足，可充放电循环使用的二次电池随之出现。随后上百年的发展，让二次电池俨然成为一个大家族。为人熟知的铅酸电池最早于1856年被发明，随后便因其价格低廉而被大量推广，包括现在市面上多数的两轮电动车均使用的是铅酸电池。但铅酸电池体积大、重量大、续航里程低，这限制了其进一步发展。镍镉电池同样属于二次电池家族，其最早出现于19世纪末并曾在20世纪被广泛应用。相比于铅酸电池，具有更高的能量密度，但毒性较高，在注重环境保护的21世纪很快被淘汰。

固态锂金属电池的前身锂电池，则无疑是二次电池家族的一颗明星。早在1817年，锂金属便被发现，同时其低密度（0.534 g/cm^3）、高理论容量（3860 mAh/g）及低电势（-3.04 V 相比于标准氢电极）的特点很快被学者意识到这就是理想的电池负极材料。但锂金属过于活泼且遇水剧烈反应的化学性质却给研究人员泼了一盆冷水，在很长一段时间内科学界对此近乎无计可施。直到1958年碳酸酯类电解液的出现，解决了锂金属与液体电解质的兼容问题，锂金属电池又一次迎来了宝贵的发展机遇。20时机70年代惠廷厄姆以TiS$_2$为正极、锂金属为负极成功制备了锂金属电池，基于此体系，埃克森美孚公司于 1970 年尝试进行了锂金属电池的商业化。但好事多磨，锂金属电池随后被发现由于锂离子在锂金属表面不均匀沉降导致负极表面出现锂枝晶，这极大影响了锂金属电池的寿命，同时枝晶的存在也给电池的安全带来了很大威胁，锂金属电池的研究再一次陷入僵局。

20 世纪 80 年代，被誉为"锂离子电池之父"的 2019 年诺贝尔化学奖得主约翰·古迪纳夫发现了锂钴氧和锂锰氧等含锂正极材料，石墨、硅基材料等不含锂的负极替代材料也迎来了快速发展。到了 90 年代，索尼公司更是首次将钴酸锂正极与石墨负极组成的锂离子电池完成了商业化，下页图为其工作原理。自此，锂离子电池迎来了飞速发展。21 世纪后，锂离子电池出现在了包括手机、电脑、家用电器等几乎所有场景。而随着碳达峰、碳中和战略的提出，绿色可持续发展的理念深入人心，近年来以锂离子电池作为动力来源的电动汽车也高速发展，对于锂离子电池的研究出现了空前热潮。

但随着对锂离子电池研究的深入以及当前科技对于储能器件要求的提高，锂离子电池的弊端也逐渐暴露。电动汽车行驶里程焦虑仍是限制行业发展的重大阻碍，而锂离子电池的能量密度却难再有提升。同时近年来报道频率不断增加的电动汽车电池起火爆炸等安全事故似乎也对锂离子电池的安全性提出了新的挑战。如何解决锂离子电池的短板，学者们的目光又一次聚焦到了锂金属电池上。

幸运的是，随着固态电解质的出现，锂金属电池的衰减问题得到了显著改善，锂金属电池迎来了第三次大发展并跨入全固态锂金属电池时代。

犹抱琵琶半遮面：拨开全固态锂金属电池神秘的面纱

兜兜转转，一波三折，锂金属电池发展的脚步从未停歇。全固态锂金属电池的原理与液态锂金属电池相同，只是电解液变为固态电解质。固态电解质能够将正负极分开且能够选择性地通过锂离子并对电子绝缘，因此全固态锂金属电池不需要隔

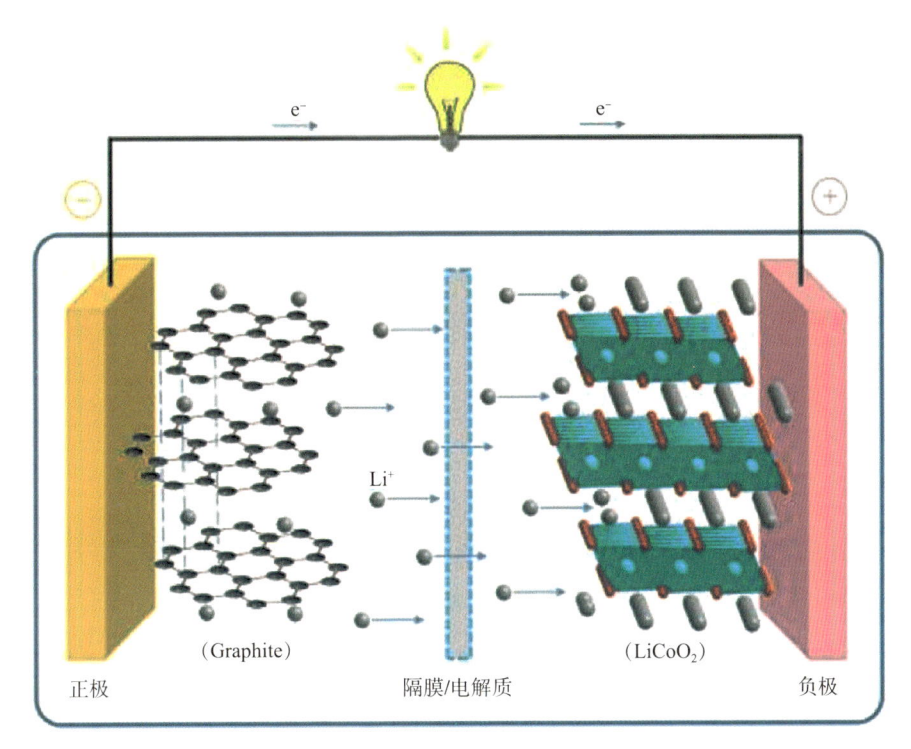

索尼公司商业化的锂离子电池原理图（引自 DOI: 10.1002/advs.201700592）

膜。锂金属电池选择固态电解质的主要原因，在于固态电解质相比于液态电解质能够更好地抑制锂枝晶穿刺隔膜、避免高温下负极与液态电解质发生持续副反应、控制锂的生长和析出导致界面结构不稳定等问题。如果使用现有的正负极材料，全固态电池的能量密度必然低于液态电解质电池；而负极如果使用了金属锂，能够提供更多的锂离子从而大幅提升整个电池的能量密度。决定全固态锂金属电池性能的主要是固态电解质和正极。

全固态锂金属电池正极材料一般采用复合电极，除了电极活性物质外通常还包括固态电解质和导电剂。正极材料主要包括三元锂、磷酸铁锂、钴酸锂和锰酸锂这四种。基于磷酸铁锂以及三元材料能量密度的不同，有人预测具有能量密度优势的三元材料将进一步取代磷酸铁锂市场。

举网以纲，千目皆张：深耕固态电解质的研究

固态电解质是全固态锂金属电池的核心材料，其性能直接决定锂金属电池的性能。性能优异的固态电解质膜通常需要具有高离子电导率、低电子电导率、化学／电化学稳定性好、热稳定性好、有一定机械强度及韧性、成本低廉、易于加工、环保等优点。下页图为目前常见固态电解质的性能对比，从图中可见目前还没有一种固态电解质能够符合以上所有要求。可见固态电解质的实用化任重而道远。为促进固态电解质的实用化，需首先集中力量对其中的离子电导率、离子迁移数、化学／电化学稳定性以及机械性能等方向进行攻关。常见固态电解质材料主要包括氧化物型、硫化物型以及聚合物型固态电解质。对三种固态电解质材料的进一步了解将有利于我们对固态电解质整体研究情况的把握。

氧化物顾名思义为含氧的化合物，主要包括钙钛矿（Perovskite）型、LISICON（Lithium superionic conductors）型以及石榴石（Garnet）型等。钙钛矿型的结构通式为 ABO_3（A=Ca、Sr 或 Ba，B=Ti），一般指碱土金属－钛酸盐类材料。这类材料的电导率较高，但合成难度大，Ti^{4+} 易被还原也在一定程度上限制了其应用。LISICON 型结构较为复杂，但基本可以将其看作 $\gamma-Li_3PO_4$ 的异构体，此类电解质热稳定性好，适合高温体系，但对锂、水、二氧化碳不稳定。石榴石（Garnet）型固态电解质的理想结构通式为 $A_3B_2(XO_4)_3$，$Li_7La_3Zr_2O_{12}$（LLZO）是其中的一员，其离子电导率高，对金属锂稳定，是最具潜力的固态电解质之一，但其本身对空气、水不稳定，且韧性不足，仍需不断改进和探索。

Thio-LISICON 是指 LISICON 型 $\gamma-Li_3PO_4$ 电解质的 O 被 S 取代而合成的新型固体电解质材料。Thio-LISICON 具有较高的离子电导率，质软容易加工，但成本高，难合成，对水分敏感也限制了其进一步应用。非晶态硫化物体系研究最多的是混合硫化物体系，其通式为 $Li_2S-M_xS_y$（M=P、Si、Al）。此类电解质材料离子电导率较

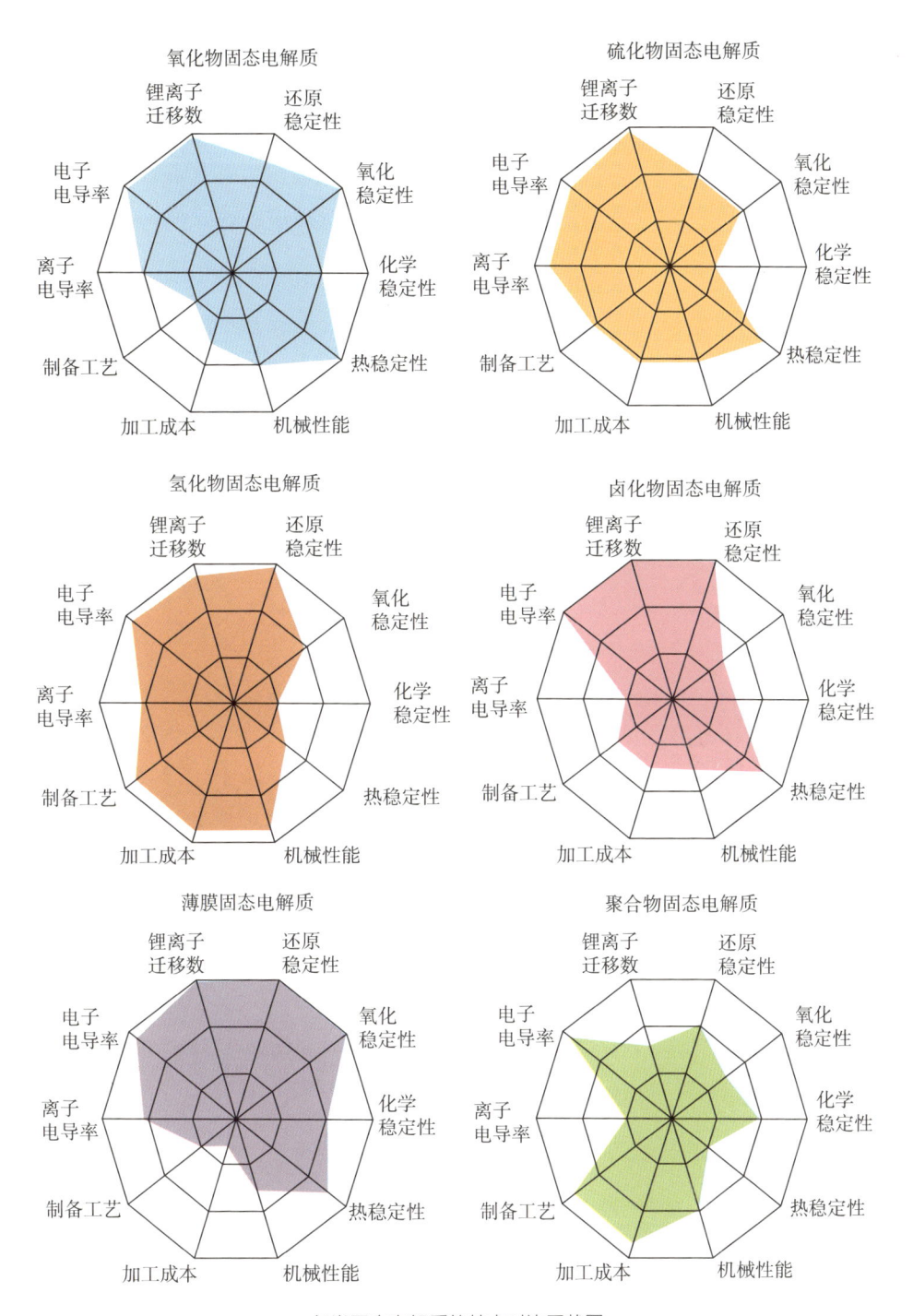

各类固态电解质的特点对比网状图

（阮亚东. 石榴石型固态锂金属电池的界面优化与设计. 上海：中国科学院上海硅酸盐研究所，2021：10-50.）

高，热稳定性和安全性较好，但对水敏感，制备条件苛刻还需要进一步改善。

聚合物型电解质通常由聚合物和锂盐组成，聚合物通常包括 PEO、PMMA、PVDF 等，锂盐则主要包括 LiTFSI、LiPF$_6$ 等。PEO 型电解质易于加工，韧性高，界面电阻低，但电化学窗口窄，机械性能差且室温下离子电导率低，对其实际应用提出了挑战。锂离子传导的路线如下图所示，聚合物的分子链蠕动，就像蚯蚓松土一样将锂离子从一端运输到另一端。对于 PEO 基固态电解质室温下离子电导率低的原因，已有分析表明这主要由于室温条件下 PEO 的高结晶度限制了分子链的运动，从而影响 Li$^+$ 的传导。

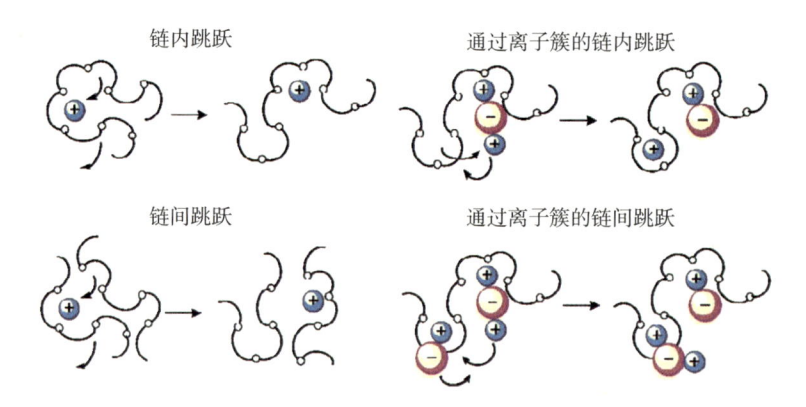

聚合物基电解质的导电机理（引自 DOI：10.1039/c5ta03471j）

综合来看，无论是硫化物电解质的高离子电导率，还是氧化物电解质的高机械性能以及聚合物电解质与界面之间的良好相容性，多种材料各有千秋，但同时又各有缺点，如氧化物电解质界面接触不够好，硫化物电解质化学稳定性不够好，聚合物电解质电化学窗口窄等。单一材料基本无法满足使用需求，复合电解质的诞生在某种程度上也成为一种必然。通过大力发展复合固态电解质，取长补短，固态电解质的实用化之路将会更加通畅。

路漫漫其修远兮：固态锂金属电池研究之界面问题

固态电解质无法像液态电解质那样具有良好的浸润性，因此需重点关注其界面问题，不同电解质需重点关注的点不同。

氧化物电解质，由于本身刚性大，其电极电解质界面的问题尤需注意，负极方面，可以通过在电极电解质之间形成过渡层改善界面接触，可用材料包括 Li_3PO_4 等；正极方面除了可以通过添加中间层的方式，也可以采用高温处理的方式，促进电解质与正极的贴合。

硫化物电解质方面，通常可采用在硫化物电解质中掺杂氧元素，正极材料掺杂和表面涂层的方式改善界面接触。负极方面，由于硫化物电解质和锂金属的不相容性，可通过电解质掺杂和锂金属的合金化改善接触。

聚合物因本身比较柔软，不存在严重界面接触问题，主要攻关方向在于提高电解质机械强度和化学/电化学稳定性，可通过掺杂、共混、交联等方式实现。

固态电解质研究的最终目标是归于实用，现阶段使用的固态电解质质量占比过高影响固态电解质的实际应用。未来，实现固态电解质的高离子电导率、薄膜化和轻量化是主要奋斗目标。除此之外，实现固态电解质膜低成本、易规模化生产也至关重要。

金麟岂是池中物：新时代全固态锂金属电池已开始崭露锋芒

当前全球 50 多家机构从事固态电池相关研究，其中欧美企业主要偏向聚合物体系，日韩企业研究方向则主要集中在硫化物体系。近期，国外（主要是日、韩、美）几家公司（如丰田、三星、Quantumscape、SolidPower 等）发布了全固态锂金属电池的产业化进展和未来计划，这也让国内研发团队看到了希望。国内固态电池研究目前以宁德时代、蜂巢能源、赣锋锂业等企业为代表，宁德时代和蜂巢能源主要研究方向在硫化物电解质体系，而赣锋锂业则将研发方向主要集中在氧化物电解质体系。近日，蜂巢能源发布了能量密度350~400 Wh/kg的硫化物全固态电芯样品，为国内的研发团队注入了极大的信心。

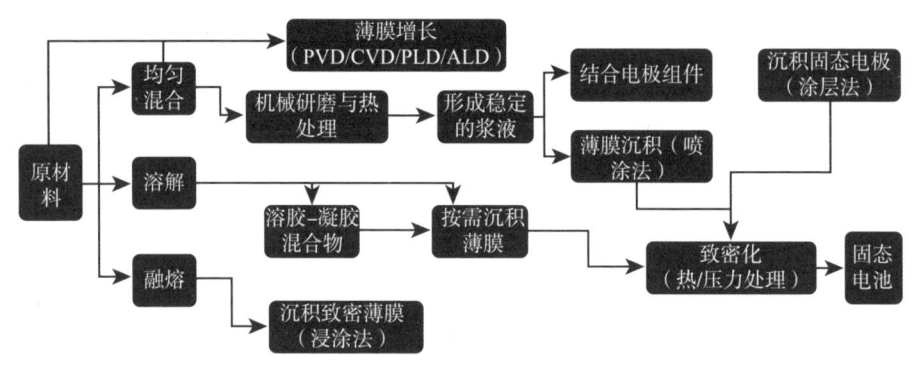

固态电池生产工艺流程图
（中国固态电池行业研究报告. 前瞻产业研究院、2020：25.）

目前业界和学术界对于全固态锂金属电池工程化的经验有限，大部分研究团队还停留在小尺寸模型电池阶段，工程化研究仍需加大投入。例如，在智能制造上，需重点解决低固含浆料涂布设备、电解质膜量产设备、组装及测试设备等方面的制约。固态锂金属电池工程化的道路还很漫长，还有已知和未知的挑战需要去努力解决。唯有各方共同努力，方能披荆斩棘，开拓向前。

我国在2020年10月发布了《新能源汽车产业发展规划（2021—2035）》，提出了加强固态电池研发和产业化进程的要求，首次将固态电池上升到了国家层面。随着固态电池技术的不断进步，固态电池成本价格也将不断下降。作为固态电池的重要组成部分，全固态锂金属电池的发展正当其时，应顺势而为。未来，随着我国全固态锂金属电池技术的不断进步，实现全固态锂金属电池规模化生产和商业化发展将离我们不再遥远。

中国固态电池行业发展趋势

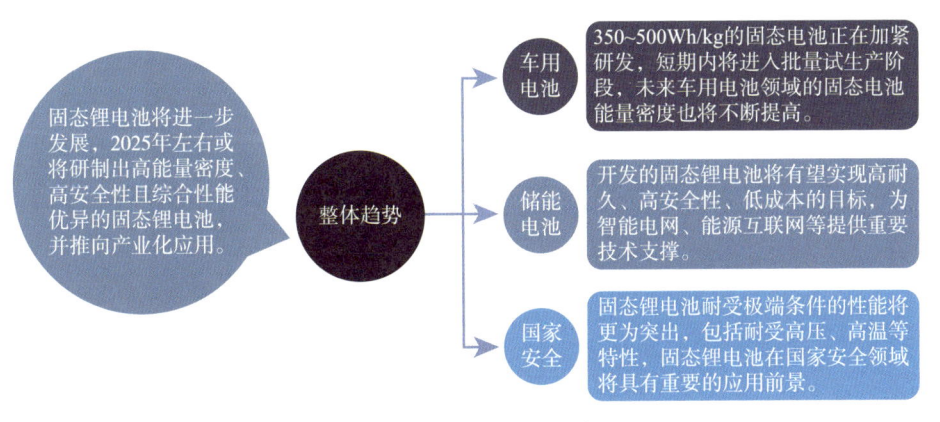

整体趋势：固态锂电池将进一步发展，2025年左右或将研制出高能量密度、高安全性且综合性能优异的固态锂电池，并推向产业化应用。

- **车用电池**：350~500Wh/kg的固态电池正在加紧研发，短期内将进入批量试生产阶段，未来车用电池领域的固态电池能量密度也将不断提高。
- **储能电池**：开发的固态锂电池将有望实现高耐久、高安全性、低成本的目标，为智能电网、能源互联网等提供重要技术支撑。
- **国家安全**：固态锂电池耐受极端条件的性能将更为突出，包括耐受高压、高温等特性，固态锂电池在国家安全领域将具有重要的应用前景。

中国固态电池行业发展趋势
（中国固态电池行业研究报告. 前瞻产业研究院，2020：27-57.）

中国汽车工程学会

撰稿人：连雷雷　周陈成　庄华杰　王　雷　申永宽　赵立金　孙旭东

编辑：冯建刚

5. 如何实现高精密复杂硬曲面随形电路？

高精密复杂硬曲面随形电路技术具有随形于复杂曲面表面的典型优势，不仅可以大幅降低传统电子电路所占空间，而且可直接实现有效减重，高精密复杂硬曲面随形电路实现技术已成为当前全球科技的重大工程技术难题之一。传统的电子线路基本上采用平面印刷电路板来实现，最近几年柔性电子线路技术的发展只能满足简单形状曲面电路的需求，对于军事电子装备、工业电子设备、民用电子系统和消费电子领域不断提出复杂曲面随形电路的需求仍远远达不到要求。在 2022 年中国科协举办的"十大工程技术难题"评选中，评审专家一致推选"高精密复杂硬曲面随形电路实现技术"作为年度"十大"工程技术难题，该问题的突破将为电子产业带来一个全新的解决方案。高精密复杂硬曲面随形电路技术涉及的核心部件、装备、材料、工艺和解决方案，目前已在全国多家单位的联合努力下取得一系列突破，为我国在该领域实现"引领"打下了良好的基础。

沈昌祥

中国工程院院士

高精密复杂硬曲面随形电路制造技术
助力中国电子产业升级发展

印刷电路产业发展概述

近年来，随着国外先进技术与设备的不断引进，我国印刷电路板行业快速发展，产值增长迅速。目前，我国已成为全球印刷电路板产值增长最快的国家。数据显示，我国印刷电路板产值由 2017 年的 297.16 亿美元增至 2020 年的 352.49 亿美元，年均复合增长率达到 5.9%，高于全球平均增长水平。大陆印刷电路板产值占全球印刷电路板行业总产值比重也从 2008 年的 31.1% 上升至 2020 年的 53.8%，居全球首位。

随着我国印刷电路板国产品牌崛起，国内企业积极扩产。深南电路募集资金 25.5 亿元，主要用于高阶倒装芯片 IC 载板产品制造项目，以增强公司核心竞争力、提高营收水平和盈利能力；兴森科技将投资约 60 亿元分两期建设月产能为 2000 万颗的 FCBGA 封装基板智能化工厂。

国内企业积极扩产的同时将继续带动中国未来印刷电路板行业向国内转移的趋势，预计 2022 年印刷电路板产业产值可达到 389.36 亿美元，预计 2025 年中国印刷电路板产业产值将达到 460.4 亿美元，占全球产值的一半以上。

目前，我国印刷电路板细分产品主要包括多层板、软板、HDI（高密度连接板）、双面板、单面板、封装基板六大类型。数据显示，多层板在我国印刷电路板细分产品中占比最大，达 45.97%；其次是软板，占比达 16.68%；HDI 占比为 16.59%。此外，双面板、单面板、封装基板的占比分别为 11.34%、6.13%、3.29%。从印刷电路板下游应用市场占比情况来看，目前我国印刷电路板在通信、计算机领域的应用占比最大，分别达到 30%、26%。其次汽车电子、消费电子的占比分别为 15%、13%。电子终端产品的不断创新和发展促进着市场上新型电子产品不断出现，有益于印刷电路板行业的平稳发展。

印制电路板作为现代电子设备中必不可少的基础组件，在电子信息产业链中起着承上启下的关键作用。因此我国政府和行业主管部门推出了一系列产业政策对印制电路板行业进行扶持和鼓励，不仅将"高密度互连积层板、单层、双层及多层挠性板、刚挠印刷电路板及封装载板、高密度高细线路（线宽/线距 ≤ 0.05 mm）柔性电路板"列入鼓励外商投资产业目录，还提出要深入实施智能制造和绿色制造工程，发展服务型制造新模式，推动制造业高端化智能化绿色化，培育先进制造业集群，推动集成电路、航空航天、船舶与海洋工程装备、机器人、先进轨道交通装备、先进电力装备、工程机械、高端数控机床、医药及医疗设备等产业创新发展。

新技术快速发展促进印刷电路板产能提升。随着 5G、云计算、AI 等新技术成熟，数据中心建设加快，服务器出货量持续上升，根据 IDC 数据，2020 年全球服务器出货量达 1220 万台，出货金额为 910.1 亿美元，未来也将保持增长趋势。服务器需求拉动印刷电路板增量市场，根据预测，全球服务器印刷电路板产值将由 2020 年的 56.92 亿美元增长至 2024 年的 67.65 亿美元。

新技术快速发展促进印刷电路板技术进步。5G 高频技术对电路提出更高要求，通信频段进一步提升。为了适应高频高速的需求、应对毫米波穿透力差、衰减速度快的问题，印刷电路板的性能也将不断发展，寻找满足高频应用环境的基板材料，实现我国印刷电路板行业质的飞跃。

未来，在我国 5G 通信、云计算、大数据、人工智能、工业 4.0、物联网等新兴技术加速渗透的大环境下，预计我国印刷电路板行业将进入技术、产品新周期。

为了适应下游各电子设备行业的发展，企业在技术研发以及设备上的投入不断增加，印刷电路板也不断向高精度、高密度和高可靠性方向靠拢，不断缩小体积、提高性能。印刷电路板的应用领域愈发广泛，尤其是在汽车电子领域，印刷电路板在其动力控制系统、安全控制系统、车身电子系统、通信这四大系统中均有应用。同时，随着自动驾驶技术和新能源汽车的发展，车用印刷电路板将迎来发展的黄金期。相比传统燃油车，新能源汽车的电池、电机和电控三大核心系统增加了对印刷电路板的需求，根据预测，2024 年全球车用印刷电路板产值有望达到 88 亿美元。可见，电子设备行业的发展的迅速将进一步带动印刷电路板行业发展。

高精密复杂硬曲面随形电路制造技术带来的全新解决方案

随着半导体技术的发展，电子产品不断向微型化、轻量化、智能化以及个性化的方向更新换代，然而传统平面电子电路无法满足 5G、智能制造和人工智能时代灵活性需求。为了突破传统电子电路技术的瓶颈，曲面电路技术成为了热点方向，将电路能够直接成型于产品结构表面，不仅可实现结构功能一体化，还可以使电子产品更加微型化、轻量化和曲面化。曲面电路不仅具有与复杂曲面随形共存的独特能力，还保留着平面集成电路技术的电子功能。但目前的研究重点依然停留在柔性电子技术以及转印技术方面，无法实现硬材质、具有复杂形状的产品表面直接打印曲面电路。

现有曲面电路产品主要是在 2.5 维度下完成柔性制造，首先通过传统蚀刻或光刻技术在平面基板上制造电子电路，然后利用柔性基片将其转印至曲面上，不能解决与复杂的弯曲表面相关的基本问题。因为柔性基片大多数的柔性基板是使用平面的几何形状设计的，因此柔性电子必须通过弯曲变形才能使电路附着在产品表面。由于一些产品表面弯曲且形状不规则，因此平面的柔性电子无法和复杂的自由曲面完全贴合。从几何角度出发,当二维空间的曲线扩大到三维空间的曲面时,曲率被分为外在曲率和内蕴曲率,曲面的弯曲仅仅改变了它的外在曲率而不能改变其内蕴曲率,因此,柔性电子即使可以进行弯曲,也不能转化为具有内蕴曲率的复杂曲面。其次,柔性电子在和曲率变化较大的复杂自由曲面贴合时,其电子元件在强烈的弯曲或拉伸条件下容易发生断裂。

目前国内外一些大学和科研院所(如美国麻省理工学院、中科院苏州纳米技术与纳米仿生研究所等)都在用三维立体打印方式进行硬曲面电路研究,但仅停留在实验室阶段;德国 NEOTECH 公司目前可以实现在凸面形状上的电路打印,以色列 Nano Dimension 公司目前可以实现平面多层电路的直接打印。但在具有复杂形状表面(尤其是大曲率凹面)上实现电路直接打印仍是世界级难题。

真正能够在复杂自由硬曲面上高速、高效和高精度直接完成随形电路制造的实现技术充分融合了高档复合控制系统技术(五轴联动精密运动控制 + 精密喷涂控制技术)、精密微滴喷头的微机械加工技术、精密喷头驱动技术、五轴联动精密运动机构("工业母机"高端核心技术)、印刷电子、计算机辅助工程、新材料等专业领域,针对具有复杂形状的硬质物体表面,采用纳米银溶液等导电材料和绝缘材料,直接随形打印与喷涂出所需的单层或多层精密电子线路。采用该技术直接非接触式打印出的电子线路,不仅可以根据复杂自由硬曲面实现完全随形,而且电路厚度从几微米到几百微米都可以有效控制,电路宽度从几十微米到毫米级也同样可以有效控制,同时非接触工艺对复杂硬曲面的表面不产生任何损伤,直接体现了该技术实现电路随形化、微型化和轻量化的优势。该技术与传统平面或柔性电路实现工艺手段完全不一样,采用了全新的先进技术体系和工艺路径,对于传统平面印刷电路和柔性电路的生产制造从业人员而言,技术和工艺差别非常巨大,绝大部分相关从业人员从未接触过该项技术,更不了解该技术的优势会为电子产品带来的巨大升级作用,因此对该技术的认知度严重不足。

高精密复杂硬曲面随形电路制造技术对电子产业提升带来的前景展望

高精密复杂硬曲面随形电路技术的出现，彻底解决了传统平面印刷电路和柔性电路不能实现在复杂自由曲面表面直接制造随形电路的关键技术难题，打破了空间自由曲面上无法直接随形附着电子电路的"技术瓶颈"，给电子工业发展带来了巨大的升级应用机遇，广泛普及应用将产生巨大无比的经济效益和社会效益。

下面简单针对几个行业介绍高精密复杂硬曲面随形电路的应用前景。

汽车电子领域

近年来随着新能源汽车在我国的高速发展，汽车电子产业也开始同步提升，数量上得到大幅提升的同时，功能和性能的提升成了当前关注重点。根据国内几大汽车厂商提供的数据，个人汽车车内的电线电缆和电路板的重量达到了 45 kg 左右，这个重量对于汽车行业目前以轻量化的节能目标而言确实非常大，汽车减重现在重点在机械、钣金、材料等方面下功夫，采用轻质合金及复合材料来力争取得较好效果，但如果能把电线电缆和汽车电路板等方面的电子部件重量降低，会取得前面无法想象的效果。高精度复杂硬曲面随形电路不仅厚度只有几十微米，远比传统电线电缆的尺寸小几十倍甚至上百倍，而且随形能力极强，不需要平面底板和柔性基板即可随形生成，大大降低重量的基础上还会有效降低所占空间，具有的技术和实用性优势非常突出。目前已有国内大型汽车企业正在此领域率先与我们开展合作，力争尽快取得实质突破，有效改变现状，未来应用前景极为广阔。

飞行器电子领域

小到民用四旋翼无人机、军用固定翼无人机、导弹系列，大到军用飞机、大型商用飞机、航天飞机、火箭等，对于重量和体积的要求都非常严苛，以满足飞行器续航能力和机动性日益提升的刚性需求。以国产大飞机为例，整机重量的 20%～25% 均为电线电缆和电路所用，一旦能有技术可以实现有效减重，所具有的重要意义毋庸置疑。空客公司几年前就给出了概念型动画视频，希望将随形电路直接在飞机机舱内部通过随形打印方式直接生成；美国空军军方去年将曲面随形电路作为重点发展方向……这些都代表着飞行器电子领域的发展急需曲面随形电路的强有力支撑，高精度复杂硬曲面随形电路实现技术正好应运而生，未来所具有的发展前景已经不能简简单单以经济效益来衡量了，更重要的是该技术的落地应用即将带来足具国际领先竞争优势的轻量化和微型化特性。

通信及消费电子领域

近年来通信及消费电子领域的发展日新月异，芯片技术的提升使得芯片的体积越来越小、集成度越来越高，与之配套的电路板也必须同步提升，轻量化和微型化的需求日益高涨，但传统印刷电路和柔性电路技术已经接近极限，如何跨越极限并上升到一个新的高度，实际上最重要的是突破"二维"的限制，实现"三维"的升级，这就急需高精度复杂硬曲面随形电路实现技术的有效助力。

能不能想象一下，一块完整的计算机主板最后的直观展示只是一个几厘米直径的圆筒，一部手机只是一支钢笔的形状，一个无线路由器最后只是一个高尔夫球的样子，一副智能 VR 眼镜真的只是一副普通眼镜的模样，一部空调最后变成了一个精美的雕塑形象，一个立体声环绕音响成了一副浮雕壁画，一个鼠标只是一个薄壁且按手型定制的壳体……高精密复杂硬曲面随形电路确实可以把这些以前从不敢想的内容变为现实。

同时高精密复杂硬曲面随形电路技术已经成功实现了曲面随形天线电路，目前取得了高仰角增益提升 25% 且效率提升 28% 的关键突破。试想一下，目前 5G 基站的有效覆盖范围大概 300 米，采用随形天线技术提高覆盖范围 50%～100%，我国 5G 通信全面应用所需的建设费用将大幅减低多少？如果飞行器的外表面实现全面随形天线覆盖，360°无死角的直接扫描能力将给飞行器带来什么样的功能和性能提升？高精密复杂硬曲面随形电路确实可以实实在在将这些内容成功实现。

高精密复杂硬曲面随形电路实现技术是电子工业制造技术最为基础领域的一项具有颠覆式意义的全新技术，具有极为广阔的应用前景和升级促进作用，对于电子制造领域的"换道超车"提供了全新的解决方案，值得相关从业人员认真了解并积极参与，真正展开想象力，进一步实现在各个电子领域的深入应用，打造具有全球领先竞争优势的各类产品。

高精密复杂硬曲面随形电路制造关键技术

高精密复杂硬曲面随形电路实现技术融合高档复合控制系统技术（五轴联动精密运动控制＋精密喷涂控制技术）、精密微滴喷头的微机械加工技术、精密喷头驱动技术、五轴联动精密运动机构（"工业母机"高端核心技术）、印刷电子、计算机辅助工程、新材料等专业领域，针对具有复杂形状的硬质物体表面，采用纳米银溶液等导电材料和绝缘材料，直接随形打印与喷涂出所需的单层或多层精密电子线路。

高精密复杂硬曲面电路实现技术的核心关键技术如下所述：

高档复合控制系统技术

工业领域最成熟、最高端、最广泛应用在复杂曲面加工领域的设备就是号称加工设备领域"皇冠上的明珠"的五轴联动数控机床，而高档数控系统更是被称为数控机床的"大脑"，是五轴联动数控机床最为核心的关键部件，也是我国突破"工业母机"技术的关键之一。高精密复杂硬曲面电路实现技术首先必须突破复杂曲面随形空间轨迹运动控制技术，我们采用自主研制且具有完全自主知识产权的第六代开放式、PC架构、全软件化的多轴联动数控系统作为运动控制基础，同时进一步根据微滴喷射需求将导电材料的精密打印喷涂控制与复杂曲面随形运动轨迹控制实现同步及并行控制，最终实现了针对高精密复杂硬曲面随形电路打印的复合控制系统，奠定了整体设备的"大脑"基础。

五轴联动精密运动机构

在自主原创突破了针对高精密复杂硬曲面随形电路打印的复合控制系统的基础上，结合我们多年在五轴联动数控机床研制、生产和应用领域的丰富经验，进一步成功研制了针对复杂曲面电路打印喷涂专用的五轴联动精密运动机构，以三个直线自由度和两个复合旋转自由度结构为根本，满足复杂曲面随形打印喷涂所需的高精密运动机构。

精密微滴喷头的微机械加工技术

为了通过采用纳米银溶液等导电材料实现精密电路的随形打印，还必须具备精密的微滴喷头，达到每次 pl 级的微滴喷射容量，最小喷射液滴直径小于 0.05 毫米，以及高频率的喷射效率，同时需要适合导电材料溶液的黏度，通用的喷墨打印喷头并不能完全满足需求。我们最终采用自主研制多台精密加工设备，并进一步采用微机械加工技术生产精密微滴喷头的方式解决这一重大难题，目前实现的精密微滴喷头喷嘴内径小于 0.03 毫米，完全满足精密电路打印的需求。

精密喷头驱动技术

精密喷头需要配套的驱动方式来实现高频打印需求，通用的喷墨打印主要采用压电和热泡两种驱动方式。我们通过多年自主攻关，成功实现了压电驱动方式，通过管状压电陶瓷的自主生产，配合微机械工艺生产的精密喷头结构，以及高精度的压力平衡系统和电气控制电路，最终实现了压电精密喷头全套系统，最高喷射频率可达到 5 千赫兹，不仅可以实现纳米银导电溶液的直接打印驱动，而且可以实现黏度更高上百倍的油漆、涂料、石墨烯等新材料的喷涂驱动。

计算机辅助工程

具备了复合控制系统、五轴联动精密运动机构和精密喷头系统之后，还需要有配套的计算机辅助工程软件包来配合完成高精密复杂硬曲面电路打印所需的电路设计、电路仿真、平面 PCB 设计、曲面 PCB 设计、空间轨迹规划、加工程序生成等关键功能。我们结合一些通用软件，进一步开发了数字印刷和印刷电子领域的专业软件工具包，实现了全流程软件的整体贯通，为曲面电路直接打印建立了基本的配套辅助工程软件体系，最终实现了曲面电路直接打印完整技术。

以前述五大关键技术的自主突破为基础研制系列化微滴喷射设备，可以应用于高精密复杂硬曲面随形电路的打印喷涂，关键部件和相关设备如下图所示。

复合控制系统、精密喷头、曲面随形微滴喷射设备

下面以声光触摸延时三控功能曲面电路实现案例来介绍高精密硬曲面随形电路打印的实现技术流程，详见下图。

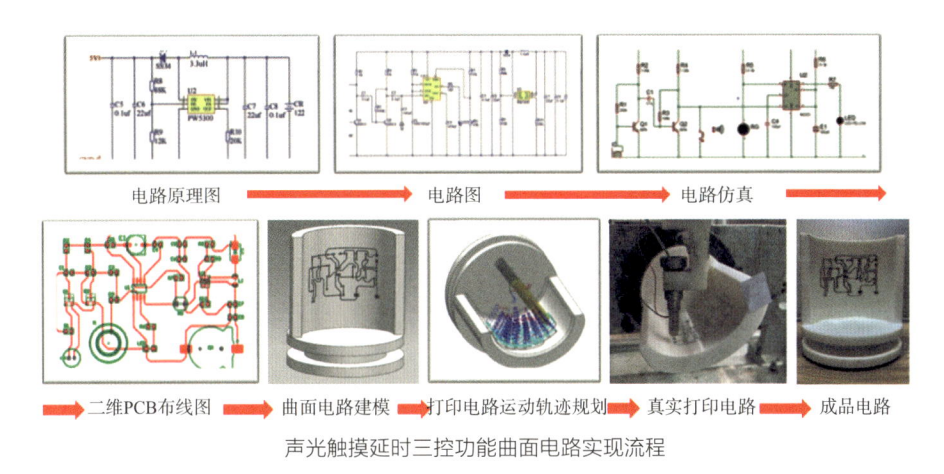

电路原理图 ➡ 电路图 ➡ 电路仿真 ➡

二维PCB布线图 ➡ 曲面电路建模 ➡ 打印电路运动轨迹规划 ➡ 真实打印电路 ➡ 成品电路

声光触摸延时三控功能曲面电路实现流程

上述从关键技术、关键部件、设备、工艺流程等方面较为详细地介绍了高精密复杂硬曲面随形电路整体实现技术，整套核心技术全部具有完全自主知识产权，属于自主可控的原创技术。

中国电子学会

撰稿人：石　毅　周　涛　余文科　杨馥涛　赵　琦　景春丽

编辑：冯建刚

6.
如何突破高原极复杂地质超长深埋隧道安全建造与性能保持技术难题？

川藏铁路是连接西藏与内地、支撑西藏社会经济发展、保障国防安全的国家重大建设工程，政治、经济和战略意义重大。然而，川藏铁路横穿内外动力共同作用最活跃、最复杂的青藏高原东部地形急变带，以超长、深埋特征为主的密集隧道群面临着大位移活动断层位错、极高地应力下的软岩超大变形和硬岩极强岩爆、高地温热害、高水压突水涌泥等重大地质灾害，建造安全风险极大。因此，解决高原极复杂地质超长深埋隧道安全建造与结构性能保持相关问题，对于加快西藏和进藏地区的交通基础设施建设，构建西藏地区完善的铁路、公路网，提升藏区开放水平，推进藏区长足发展具有重大意义。

杜彦良

中国工程院院士

复杂艰险山区长大深埋隧道修建技术难题

问题提出的背景

目前,我国的铁路、公路网进一步向西部艰险山区延伸。新建线路呈现"里程长、规模大、隧线比高"等鲜明特点,如汶川至马尔康高速公路全长 172 千米,隧线比为 52%,其隧道总里程的 90% 位于以薄层状千枚岩为主的软岩地层,隧道最大埋深为 1300 米;成都至兰州铁路(成都至川主寺段)全长 275.8 千米,隧线比为 63.6%,其隧道总里程的 60% 位于千枚岩、板岩、碳质页岩等层状变质软岩地层,隧道最大埋深为 1720 米;川藏铁路(雅安至林芝段)全长 1018 千米,隧线比为 84.4%,多座隧道长度超过 30 千米。全线 60% 以上的区域为砂岩、板岩夹千枚岩等层状软岩地层,隧道最大埋深为 2000 米。

川藏铁路工程高原极复杂地质超长深埋隧道密集,是世界上地质条件最复杂、建设难度最大的铁路工程。工程区域处于青藏高原印度板块与欧亚板块相互碰撞的接触带北东侧,在地球内动力(如板块挤压)与外动力(如季风降雨侵蚀)的共同作用下,全线深大断裂发育、新构造运动活跃、地震频繁强烈、高地应力和高地温热害显著。青藏高原东部地质条件极其复杂、地壳变动极其活跃、地貌过程极其迅速、地质灾害极其频繁的地质环境,给川藏铁路超长深埋隧道工程建造带来了巨大的挑战和工程风险,主要包括隧道震害、高地应力大变形与岩爆、突水突泥、高地温热害及隧道结构性能退化等。

对问题的阐释

隧道震害

对于隧道结构而言，在地震作用下其振动变形受周围介质的约束作用明显，结构的动力反应一般不显著。因而，通常情况下隧道震害较房屋、桥梁等地面建筑轻微，隧道工程相对具有较强的抗震性能。但汶川大地震的震害调查表明，强震作用下隧道结构处于浅埋、复杂地层、活动断裂带等条件有可能产生严重震害，造成局部边仰坡地面开裂变形，衬砌开裂、错台、局部掉块、垮塌、上部拱圈整体掉落、仰拱隆起、围岩垮塌，危及隧道正常施工与运营安全。如位于映秀大断裂与龙溪断裂之间的龙溪隧道，地震造成隧道上下相对位移达 1 米左右的错动变形、衬砌拱部坍塌，导致隧道完全丧失功能。

川藏铁路沿线总体位于高烈度地震区，发育有多条活动断裂带。同时，川藏铁路沿线的众多断裂兼具走滑与逆冲的活动性质，具有明显的年平均位移速率（如鲜水河断裂水平位移速率最大可达 13 毫米 / 年），并在未来有发生大位移错断的可能。活动断层从黏结到滑移的过程称为黏滑，在此脆性断裂过程会释放巨大能量并引发地震；与黏滑相对、以较稳定的速率缓慢蠕动的活动断层称为蠕滑断层。川藏线活动断裂兼具黏滑、蠕滑以及耦合的特点，使得隧道结构在地震荷载作用下的破坏机理与破坏模式更为复杂。

高地应力大变形与岩爆

在高地应力作用下，隧道工程发生岩爆、大变形灾害的风险较大。岩爆是一种完整硬岩或节理硬岩发生脆性破裂的动力地质灾害现象。岩爆烈度可分为轻微岩爆、中等岩爆、强烈岩爆和剧烈岩爆。其中，轻微岩爆仅有剥落岩片，无弹射现象，而剧烈岩爆会发生剧烈的爆裂弹射甚至抛掷性破坏，有似炮弹巨响声，工程破坏性极大。典型的强烈岩爆灾害如川藏铁路拉萨至林芝段巴玉隧道，岩爆导致了大量岩石崩落，并产生巨大声响和气浪冲击，造成了开挖面破坏与设备损坏。

隧道大变形灾害通常是指软弱围岩在地应力以及地下水活动等环境条件下，其自承能力丧失或部分丧失，变形得不到有效的约束，围岩发生塑性变形破坏的现象。它区别于岩爆灾害，其显著特征是围岩持续不断的变形和明显的时间效应，形成机理极其复杂，并大多表现为非对称破坏特征。据不完全统计，我国西部地区已发生大变形灾害的隧道有 50 多座，这些大变形灾害在高地应力作用下表现出长持续性和强流变性，造成隧道施工过程中初期支护结构破坏、人员伤亡、设备损毁、工期延误，甚至道路改道的严重后果。典型的强烈大变形灾害如成兰铁路茂县隧道，洞内边墙持续变形和鼓出，最大变形达 1.1 米。

强烈的板块挤压和活跃的构造活动造成了川藏铁路交通廊道区域非常复杂的地应力特征，川藏铁路沿线受强烈水平构造挤压，产生极高的地应力赋存环境，区域侧压系数（平均水平主应力与垂直应力比值）远大于全国该系数平均值。复杂地应力加上独特的区域环境（缝合带、断裂剪切带、深切峡谷浅表生改造带），使得川藏铁路大变形及岩爆灾害形成机理极为复杂，灾害控制难度也极大。

突水突泥灾害

突水突泥灾害是由于隧道施工导致围岩裂隙扩展与贯通或直接揭露致灾构造，引起隧道中地下水与充填介质突然涌入的现象。富水地层所造成的突涌水灾害是我国西部山区隧道工程建设的主要威胁之一，经常造成严重的工期延误、人员伤亡、经济损失和环境破坏，更甚者造成隧道废弃或改线易址。如江西永莲隧道共发生大规模突涌水灾害 15 次，总突泥量约为 4.5 万平方米，山顶发生大规模地表塌陷，面积达 2000 平方米。同时，复杂地质环境下隧道运营过程中也频发水灾害问题，如京广线南岭隧道运营近十年后，地下水的溶蚀作用造成溶洞贯通，导致局部地段的二次衬砌在高水压作用下发生射水，使得行车中断与限速慢行三次及多次断轨，严重影响京广大动脉的畅通。

川藏铁路全线岩溶及高压涌水突泥的高风险段主要集中在林芝至波密段、昌都至贡觉段、巴塘至理塘段和康定至泸定段，沿线独特的高原型岩溶及富水高压断裂和构造破碎带等多种不良地质构造，导致地下水系统十分复杂，致灾构造的破裂通道形成过程极为复杂。因此，对于突水突泥灾害的预警与防治也极为困难。

高地温热害

在隧道工程领域，地温超过 30℃ 时便称为高地温。当隧道原始岩温大于 35℃，湿度大于 80%，高温热害已非常严重。世界各国在修建深埋长大隧道时，都不同程度地出现过高温热害问题。隧道工程中若发生高地温问题，一方面会恶化作业环境，降低劳动生产率，并严重威胁施工人员的生命安全；另一方面会影响到施工材料的选取和混凝土的耐久性。

川藏铁路沿线穿越七大水热活动带，途经 50 多处高温热泉，约 15 个隧道可能产生热害，地热活动性强，高岩温和高温热水并存，最高水温 95℃，存在 210℃ 沸泉蒸汽。拉林线桑珠岭隧道开挖最高岩温可达 86℃，在铁路隧道工程领域举世罕见。地热能量侵入围岩接触带使隧道出现热灾变，造成隧道内环境重构、支护材料性能退化、隧道结构稳定性衰减等。特别是在高热、高湿环境下，作业人员生理、心理状态已受严重影响，加之川藏铁路处于高原，作业人员需同时面对低氧、低压、高温和高湿等多种恶劣环境。这些因素使得人体心率加快、易累及体能下降，同时出汗量剧增导致脱水甚至晕倒，极大降低施工效率，并导致作业人员生理损伤。

隧道结构性能退化

山岭隧道工程支护结构多采用复合式衬砌，即由喷射混凝土、系统锚杆及钢支撑组成初期支护，当初期支护稳定后，再施作模筑混凝土（二次衬砌）。隧道的设计服役年限一般长达几十年甚至上百年，对于处于复杂地质赋存环境的隧道而言，由于岩体中存在大量的由节理、裂隙组成的渗水通道，初期支护在其服役期内常年处于较为恶劣的腐蚀环境（主要侵蚀因子为软水或 Cl^-、SO_4^{2-} 等离子），容易产生锚杆锈断、钢拱架锈蚀、喷射混凝土腐蚀等病害，导致其承担的围岩荷载向二次衬砌转移。同时，围岩由于岩石特征矿物、构造体系归属等的特殊性，使得岩体在处于较低的应力强度比时也会产生显著的流变效应，且流变效应的时效性贯穿隧道的整个服役周期，导致二次衬砌承担的形变压力随着结构服役年限的增加而不断增长。因此，初期支护锈蚀劣化的时间效应与围岩形变压力的时间效应相叠加，导致混凝土开裂成为目前二次衬砌最为常见的病害。对于川藏铁路隧道而言，其高地应力、高地热、高渗透压等恶劣的环境，会加速隧道支护体系的劣化以及围岩流变损伤。因此，支护结构体系支护性能的保持面临着极大的挑战。

展望

高原极复杂地质超长深埋隧道安全建造与性能保持是一项综合性强、基础理论复杂、实用技术密集且涉及隧道工程、构造地质学、工程地质学、水文地质学、岩体力学、弹塑性力学、地下水动力学、水文水资源学、工程热力学、传热学、化学、通风与空调、地震工程学、结构动力学、防灾减灾工程学等众多学科的科学问题。开展相关研究，可促进地球科学、工程与材料科学、信息科学、数理学科等的深度交叉融合，突破若干前沿交叉问题。围绕川藏铁路深埋超长隧道工程在"四高"（高海拔、高水压、高地应力、高地温）和"两强"（强动力扰动与强卸荷）作用下的灾变机理，提出以下六个发展方向。

第一，大型活动断裂带黏滑及蠕滑作用下隧道灾变机制与减震结构。现有研究在一定程度上揭示了穿越活动断裂带隧道响应机制，但对黏滑动力过程、蠕滑位错时间效应、断层面接触等现象的模拟缺乏充足的理论依据；断层和隧道的互制机制尚不明确，多因素耦合作用下结构的破坏和损伤演化机理认识不清，没有发明一种能有效抵抗活动断层大位移错断的隧道结构型式，缺乏切实有效的穿越活动断裂带隧道安全评价体系和灾害防控方法，传统抗错、抗震和减震措施及其设计标准是否能满足川藏铁路复杂艰险地质环境条件下的安全建设和运营要求亟待进一步研究。

第二，深部复杂软岩损伤时效演化过程与大变形防治。目前，软岩大变形时效破坏机理及安全防控的研究主要以宏观层面为主，对其耦合条件下细观机理的定量研究相对较少。受极高地应力、高地温、高渗透压耦合作用和层面、剪切带切割共同作用的影响，复杂构造带隧道工程的大变形灾变机理及其防治技术极为复杂，需要进一步开展相关研究。现有的大变形隧道控制技术以单一控制技术的特定工程应用为主，尚未形成针对复杂地质构造带隧道工程大变形特征的控制体系和设计理论。

第三，极高地应力岩体能量赋存规律与岩爆控制。基于静、动力学理论的岩爆机制研究已有诸多进展，但考虑实际工程复杂地质环境下岩爆机制的研究较少，如缝合带、强烈卸荷区、深埋区，水－力－热等多场耦合环境使岩爆机制更加复杂，仍需对其灾害发生机制及其安全防治技术进行系统研究。

第四，高原岩溶和构造带高压水灾变机理与防控。关于高压水赋存规律、灾变机制与防控的研究多集于突涌水灾害致灾构造模式与隧道开挖后的渗流场演变规律，还未对高原冰湖、岩溶和构造带地下水系统结构特征及其赋存规律上进行研究；现有的致灾构造判别理论未能很好地预测和解译高原冰湖、岩溶和构造带等特殊突水致灾构造的赋存属性及孕灾条件，且由于内在结构模式与空间特征的复杂性，致灾构造内部胶结充填状况和导水性的探测也十分困难。

第五，高地温隧道固液气多相耦合传热机理与热害防治。目前，高温环境下隧道结构的研究多集中于宏观且单一的材料力学性能上，在高地温条件下界面力学变化特性及微观颗粒的搭接效应变化规律的研究上仍有待深入。关于高地温支护结构特性的研究以宏观的现场实测和数值模拟为主，高地温对结构性能劣化方面的影响有待深入。对于高地温隧道环境的防治技术多处于被动状态，在热环境控制与人体生理机能衰减的关联性研究有待深入。川藏铁路高地温结合高原缺氧的隧道热害防控技术尚待展开。

第六，极端严酷环境、复杂地质条件和大交通量荷载等叠加耦合作用下超长深埋隧道结构体系失效机制与性能保持技术。

当前，隧道结构耐久性研究主要集中在平原及海域环境单一因素作用下支护材料与结构性能的衰退演化规律及破坏机制研究。受高原强紫外线、大风、大温差冻融循环等极端严酷环境、超长深埋隧道极复杂地质条件和大交通量荷载多因素长期叠加耦合作用，隧道结构从病害孕育、传递、演化直至结构失效的力学机制认识还不清，难以揭示材料—构件—结构多层次损伤失效的非线性动态演化规律，不能全面提高结构安全和耐久性需求。由于超长深埋隧道长期服役中受极端严酷环境、复杂地质条件和大交通量荷载的耦合叠加影响，针对隧道混凝土结构体系耐久性，开展多场耦合多因素叠加作用下超长深埋隧道材料劣化及结构失效机制，服役期隧道结构体系安全可靠性与运营效能分析、结构材料耐久性再设计等性能保持技术研究非常必要。

决策建议

一是加强关键技术攻关和成果转化，进一步促进产学研用的结合。建议针对高原极复杂地质超长深埋隧道安全建造与性能保持技术进行有规划、持续性的研究，并注重研究成果的系统化和成果转化。

二是鼓励国产隧道施工机械化与智能化技术的应用。在高原极复杂地质超长深埋隧道安全建造与性能保持技术相关成果应用过程中，要注重机械化、信息化、自动化、智能化技术的融合，实现高原极复杂地质超长深埋隧道安全建造的少人化及无人化施工。

三是交叉学科人才培养。极复杂地质超长深埋隧道安全建造与性能保持技术是一项跨学科的研究，长期稳定支持，需要不断促进相关学科交叉与融合，培养交叉学科研究人才，形成国家战略科技力量，促进重大基础理论和技术的原始创新。

詹天佑科学技术发展基金会

撰稿人：赵　勇　晏启祥　张志强　汪　波

编辑：赵　佳

7. 如何解决高温跨介质的热/力/化学耦合建模与表征难题？

高温跨介质的热/力/化学耦合建模与表征，无论是在新型高超声速飞行器还是在先进发动机设计中都是关键的工程技术难题之一。航空航天高温高速的极端应用环境产生了热/力/化学耦合现象，包括极高温条件下的气体离解与电离、超高温气体多粒子态与复杂流动耦合、气体流场中固/液态粒子流动与物理化学反应，主动热防护中的相态转变与流动，超高温环境下的氧化催化与抑制及热气动弹性变形等。超长时间超长距离的飞行要求、越来越高的预示精度需求和低冗余度的设计要求对该领域建模和表征方法提出了新的技术挑战。在2022年重大科学问题的评选当中，专家一致推选"如何解决高温跨介质的热/力/化学耦合建模与表征难题"为重大工程技术难题。该问题有着很强的工程应用背景，在新的设计需求下要求我们以全新的视角来审视，发展新的模拟手段和实验方法来揭示其中蕴含的基本原理和影响规律。大规模计算技术、先进的试验与测试技术、微细观的推演与跨尺度分析方法、人工智能技术的应用及专业飞行试验手段的开发使该类技术问题取得重大突破成为可能，并成为引领先进飞行器设计的有效途径之一。

唐志共

中国科学院院士

中国空气动力研究与发展中心研究员

高速飞行与流动中的热力化学现象

人类一直未停止对速度追求的脚步，从马车、蒸汽机车、飞机到火箭和弹道导弹，人造工具不断突破着速度极限。X-43A、HTV2 等飞行器的飞行试验更是将大气层内的人造飞行器引入高超声速时代。而载人登月返回、火星采样返回的飞行器甚至达到或超过第二宇宙速度。速度的提高引领着人类对飞行原理和飞行器设计方法的提升，同时由于极高速度带来飞行器绕流气体由动能向热能的转换。面对着甚至超过开尔文温度 10000 K 的高温气体，人类的科学研究进入了更多的未知领域，高温引起热 / 力 / 化学现象受到了科研工作者越来越多的重视。

人类的飞行之梦与现代飞行原理

人类的飞行梦想始于古老而又遥远的年代，女娲补天、嫦娥奔月或是普洛米修斯飞天盗火……这些神话和传说都是人类期盼着升空飞翔的美好愿望和朦胧幻想。人类真正的飞行实践起源于仿鸟飞行，即给自己装上一对翅膀，学习鸟的扑翼动作而飞行，但是长期的大量实践证明了仿鸟飞行的失败。1809 年，英国科学家凯利发表了题为《论空中航行》*On Aerial Navigation* 的著名论文，提出了人造飞行器应该将推进动力和升力面分开考虑的设想，人类放弃了单纯模仿鸟的扑翼，进入了固定翼的飞行时代。早期人类仿鸟飞行的失败应归因于缺乏对空气动力学的基本认知，而在固定翼飞行蓬勃发展的时代，人类逐步建立了空气动力学理论体系，在理论指导下研究飞行的原理，取得了一个又一个重大突破。直至今日，人类创造的飞行器的飞行高度、飞行速度已经远远超过了鸟类，而且不仅限于地球大气层内飞行，还抵达遥远的金星和火星。未来在探索其他地外行星的科学研究中，只要有大气层存在，都可以利用空气动力学理论指导并开展飞行探测活动。

飞行器在大气中飞行时，只受到重力和空气的作用力。在不考虑侧向运动时，空气对飞行器的作用力一部分体现为升力，"托住"飞行器在空气里的作用力。升力源于空气流过飞行器时，在下表面产生的向上的压力大于在上表面产生的向下的压力。另一部分，体现为阻力，对飞行器的飞行起阻碍作用。阻力源于空气流过飞行器表面时，在前部产生的向后的压力大于在后部产生的向前的压力。平飞时，空气产生的向上的升力和飞行器向下的重力需要相等才能保持飞行高度不变。并且，重力和升力通常不作用于同一点，如此一来便会产生俯仰力矩，使飞行器低头或者抬头。因此，需要加装尾翼或者尾舵，通过调整平尾或者尾舵上产生的升力，使得总的升力与飞行器的重力大小相等，同时，使得重力和升力的作用点重合，这样俯仰力矩为零，飞行器不会抬头或者低头，能够保持固定的姿态稳定飞行。显然，对于需要远距离的飞行器仅稳定飞行是不够的，其还需要具有较小的阻力。对于高速飞行器而言，还需要考虑空气与表面摩擦时产生的气动加热问题等。

高速飞行环境下空气性质转变与传热

在研究高超声速流动时，受飞行器阻挡和表面黏滞作用，气流减速并在飞行器周围形成一层包覆的高温气体绕流，最高温度可达数万摄氏度，高温气体作用于飞行器表面，将产生气动加热，这对飞行器的安全飞行来说是不利的。为了研究飞行器所受气动加热，其必要途径就是认识和了解飞行器周围的高温高速流动。

高速气体在飞行器周围形成压缩激波，气体过激波后速度降低，动能转化为内能（也称为气体势能），温度升高，分子热运动速度增加，最直接的表现就是气体分子之间的碰撞程度快速增加。伴随着温度上升，振动能和电子能先后被激发，气体的热容、焓、比热比等热物理特性发生了改变。当温度更高时，物理变化的同时又发生化学变化，产生了新的气体组分，如下图所示（其中马赫数是飞行速度与当地声速的比值）。以氧气分子为例，温度高于 800 K 时，振动能开始激发，连接两个原子的化学键开始松动，温度达到 2500 K 以后，振动能完全激发，化学键断裂，发生离解反应，离解出的高能原子与其他分子碰撞还可能发生置换反应。随着温度继续升高，围绕在原子核外的电子能级发生跃迁，当电子跃迁至最高轨道或者进入共享轨道时，电子变成自由电子，此时发生电离反应，粒子由中性粒子变为正离子。常见的电离反应包括离解电离反应、碰撞电离反应和缔结电离反应。

对运动的气体来说，能量会自发高温区向低温区传递。高速流动的气动加热形成机制主要有三类，分别是由气体碰撞导致的对流加热、由质量输运产生的扩散传热和由气体辐射产生的辐射加热。对流加热主要由壁面温度梯度以及气体传热能力决定，高温气体的碰撞程度决定着对流加热的强度；扩散加热主要由壁面组分浓度梯度和壁面气体内能决定，从微观来看受气体扩散影响，壁面外的气体通过质量输运到达壁面，在壁面处产生能量聚集形成扩散加热；辐射加热不再决定于近壁流动参数，它受全流场流动特性影响，气体具有自发射光子的特性，一般称之为辐射特

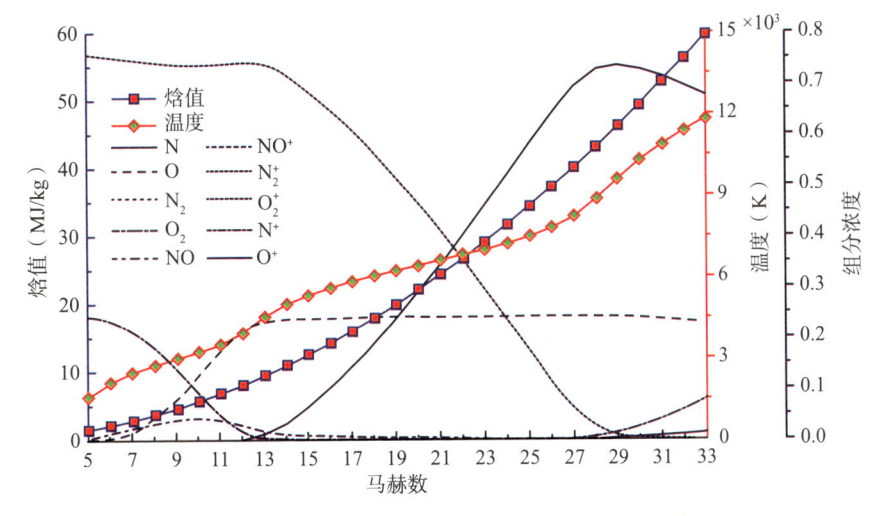

平衡空气参数随飞行马赫数的变化

性，温度越高，气体辐射能力越强，光子穿过流场到达壁面，形成辐射加热。由于壁面材料也会向外辐射能量，因此实际辐射加热量由流场各处辐射特性在壁面累加之后扣除壁面辐射量得到。不论是对流加热、扩散加热还是辐射加热，其作用于飞行器表面都将导致飞行器结构温度升高，给飞行器热防护系统带来严峻考验。

高温跨介质的物理化学现象与质能交换

在高速飞行过程中，飞行器壁面将与周围的高温高焓等离子体发生强烈的质量和能量交换。质能交换的"通道"一般位于靠近飞行器壁面的一薄层空间内，称为"边界层"。边界层的概念最早是 20 世纪初普朗特提出的，他认为小黏性系数的流体流经物面时，黏性对物面的影响主要在靠近物体表面的区域内，并将流体速度由零变到外流速度的 99% 处的距离定义为速度边界层厚度。相比飞行器壁面的特征尺寸，边界层的厚度是极微小的。尽管如此，由于黏性摩擦力的作用，边界层内的气体在厚度方向不仅存在巨大的速度梯度，同样存在明显的温度梯度，相应的也有温度边界层的概念。基于边界层理论，可以认为飞行器壁面与周围气体间的热对流和热传导基本是在边界层内进行的。气体对壁面的加热与来流速度、飞行高度、壁面温度及表面几何特征等因素密切相关；而对特定形状的表面温度则主要受飞行速度和飞行高度影响，如对半径 2.5 毫米的球头驻点来说，其表面的辐射平衡温度（不考虑结构传热的材料响应温度，一般比实际温度高）如下图所示。

除了对流热的交换，在边界层内同样伴随有飞行器壁面与高温高焓等离子体的质量交换以及由此产生的化学热。在高温作用下，飞行器壁面的碳基、硅基等防热材料将与边界层内的氧、氮组元（原子/分子/离子态）发生强烈的化学反应，造成材料的质量损失。不同材料的反应机制不同，碳基材料以氧化和升华为主、硅基材料以相变流失和蒸发为主、而树脂基材料则体现为内部热解和表面的化学反应。同种材料不同状态的反应机制也不同，例如碳基材料的烧蚀通常产生气态产物，一般

典型飞行状态的辐射平衡温度

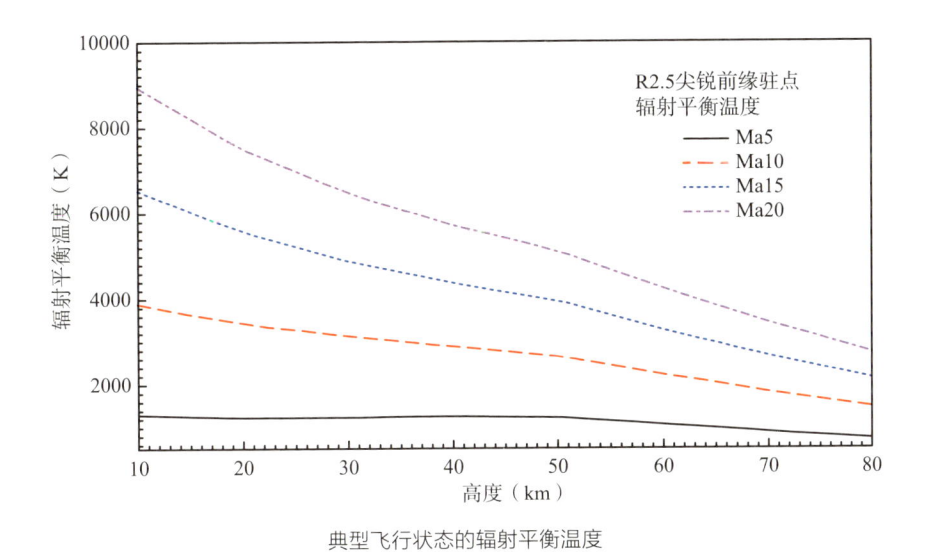

认为碳基防热材料在 1400 K 以下的化学反应以碳氧反应为主，且氧化受反应速率控制；当温度高于 1400 K 时，材料的氧化反应主要受边界层内的扩散过程控制；当温度更高时会出现碳氮反应，生成 CN；超过 3000 K 时，C 元素将出现升华反应，这是较强的吸热反应。除了氧化、氮化反应，边界层内离解的 O、N 原子在壁面催化作用下，也将持续复合成 O_2 和 N_2，过程中虽没有系统质量的变化，但却有能量的释放。在多数情况下，飞行器壁面的氧化、氮化以及催化反应释放的化学热将会对飞行器产生额外加热效应。烧蚀的过程与表面温度、气体组分、表面的扩散及环境压力等因素密切相关，同时也受材料组分和成型工艺过程影响。对不同 C 元素材料，氧化引起的质量损失率与温度的关系可能存在巨大的差异，如下图所示。

高速流动中热力载荷与结构响应

高速流动不仅产生热载荷，同时伴随力的载荷，力热耦合作用下会对结构的响应产生重要影响。材料的力学属性和结构刚度与温度密切相关，随着飞行姿态和环

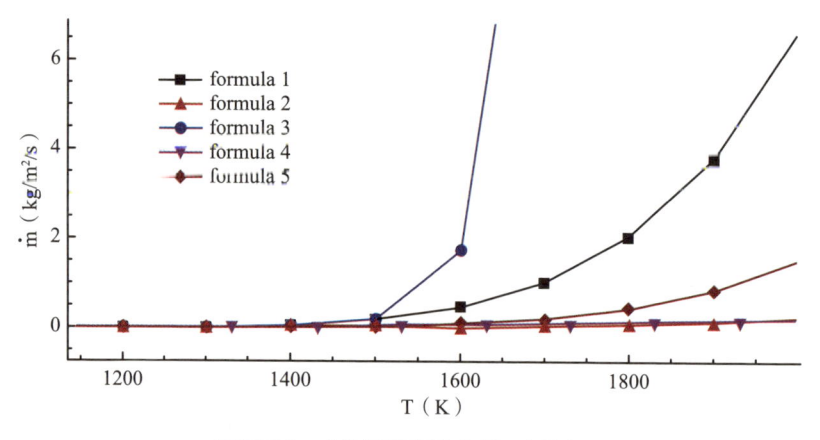

不同工艺 C 材料质量损失率随温度的变化

境变化，结构刚度呈现时变性，同时飞行器结构受到气动力、热和自身惯性力作用后，会发生热弹性变形，在局部复杂流动区域强脉动压力作用下会发生结构振动，而这种变形和振动反过来又会引发流场的变化，进而改变气动力和热环境，这是典型的多物理场迭代耦合过程。尤其是在某些极端情况下，气动载荷会引起结构失稳（如下图所示），结构变形加剧可能引起结构破坏。这种失稳现象常出现在薄壁结构、细长体结构及升力面结构等飞行器飞行状态中。而当考虑热载荷之后，对这种失稳现象的评估和优化结构设计会变得更为困难。实际设计过程当中，当结构响应过大

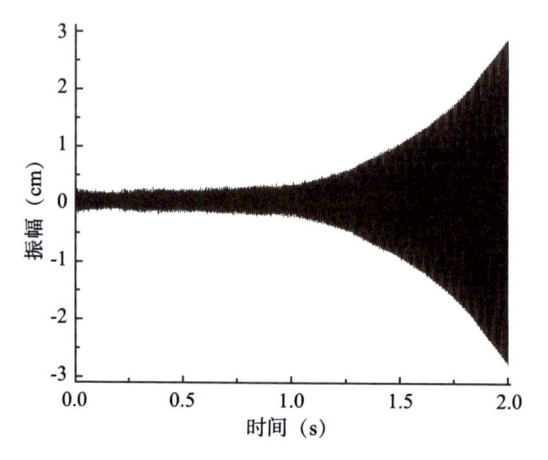

气动载荷作用下结构失稳响应振幅与时间的关系

或者热气动弹性稳定裕度不足时，一方面会威胁到飞行器结构安全性，另一方面也会对飞行性能和稳定控制产生影响。

国内外在高速飞行器研制过程中曾出现气动热/力/结构耦合引发飞行失利或者局部破坏的实例。美国空军和国防部预先研究计划局（DARPA）联合开展的 Falcon 计划中的 HTV-2 飞行器，在第二次飞行试验中成功实现了以马赫数 20 的速度飞行，但试验飞行 9 分钟时，飞行器激活安全系统坠入大海。据 DARPA 披露，引起 HTV-2 第二次试飞过早结束的最可能原因是极高的速度导致热防护材料遭受严酷的气动热、力作用后，应力达到极限值，飞行器外壳破损，裂口导致飞行器周围产生强烈的激波，使飞行器滚转，最终激活飞行安全系统。美国航空航天局的技术验证机 X-15，在首飞中尾翼部分长条形壁板和机身侧边整流罩壁板发生了气动力/热/结构强耦合诱发的剧烈颤振。2003 年，哥伦比亚号航天飞机在返回时，空气从机体表面缝隙入侵隔热瓦下部，机体结构无法承受再入大气层的高温高压，飞机解体。基于上述飞行失败的教训，美国空军在航空航天器结构完整性技术研究计划中，明确提出高速飞行器要采用气动力、热、噪声、结构综合设计方法。

高速流动边界下的微观作用世界

材料与结构的宏观行为来源于微观作用。远在古代，人们便在生活实践中发现材料会与空气发生一系列作用，如可燃物质接触空气的燃烧现象、一些金属材料长时间置于空气环境下的氧化和锈蚀现象等，而人们认识到材料与空气发生这些宏观现象过程可能与材料原子排列有关时，时间已经来到 19 世纪。近现代科学家一直梦想着实时观测原子的运动，实现微观世界的直接观察，然而由于实验表征手段的缺失，早期的空气与材料相互作用的研究还限于纯理论的探讨。

在缺乏理论模拟和直接实验观察手段时，人们会基于反应前后材料的结构或性能变化来推断其中间的演化过程和作用机理。然而，由于高超声速环境下界面化学反应的高速率与复杂性，人们对高焓气体与材料表面原子相互作用时发生的吸附、解离、催化和氧化过程尚不清楚，对于空气与材料界面的原子排列和缺陷类型等微观形貌对界面反应性质的影响也知之甚少。自 20 世纪中叶，随着固体物理、理论化学以及计算科学的快速发展，基于密度泛函理论的第一性原理计算（Density Functional Theory，DFT）、计算化学分子轨道理论的从头算方法及基于分子间相互作用势的分子动力学（Molecular Dynamics，MD）快速发展，使得对原子尺度下预测化学反应的过程和状态变化成为可能。由于经典的分子动力学方法基于原子距离相互作用势（单体势）或邻近原子基团作用势（多体势），因此无法描述电子轨道转移现象，对于化学反应模拟也无能为力。近年来，基于第一性原理计算力场的反应力场分子动力学模拟（ReaxFF-MD）方法快速发展，在模拟化学反应过程发挥了重要作用。该方法在第一性原理和分子动力学之间构筑了一个桥梁，在保障计算精度的同时提升了计算效率，使其可以应用于时间尺度更长、尺寸更大的化学反应体系。

在高超声速流动条件下，高速振动或转动状态的分子碰撞是发生离解反应的主要原因。原子态气体比分子态气体更活跃，导致空气与材料界面处发生复杂的化学反应。材料氧化反应会导致表面发生烧蚀质量损失或者氧化增重宏观现象；当材料表面作为反应载体时，会发生催化反应形成扩散热增量。最近，描述分子或分子系统能量的势能面方法取得显著进展，并已将该方法的应用由传统计算化学家的研究领域拓展到流体力学领域。研究者可以运用势能面模型来计算分子的振动和旋转，也可以运用反应过渡态模型计算获得壁面催化反应的速率，下页图给出了氧原子在石英表面的吸附势能面和壁面催化反应的微观作用过程。

结语

高超声速飞行自诞生之日起就是一个跨学科的研究领域，新的飞行环境和设计需求产生的新科学问题与新技术挑战，跨介质的热/力/化学耦合问题解决依赖于空

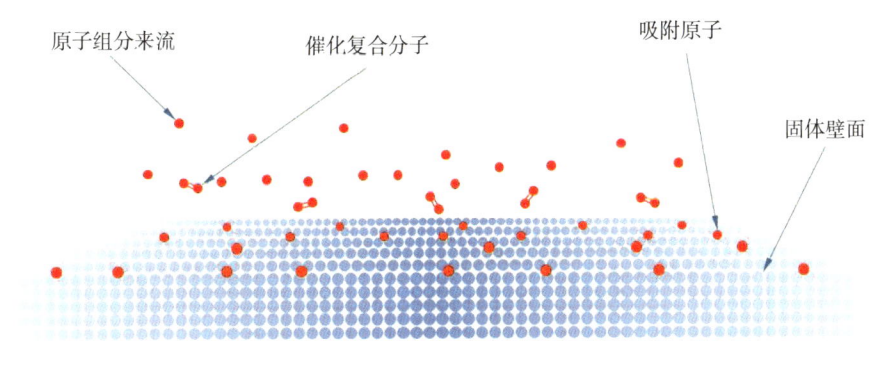

氧原子在石英表面的壁面催化反应的微观作用过程

气动力学、固体力学、材料学、理论物理/化学与应用数学之间的通力合作，依赖交叉学科诞生的新理论、新方法、新技术与新装置。但是随着高超声速飞行领域科学认知与技术的迅猛发展，我们相信高超声速飞行时代未来已来、将至以至。

中国空气动力学会

撰稿人：俞继军　罗晓光　杨依峰　苗文博

杨玲伟　张　磊　苑凯华　季　辰

编辑：冯建刚

8. 如何从低品位含氦天然气中提取氦气？

　　氦气是重要战略稀有气体资源，在电子制造、高端医疗、航空航天、大科学工程等众多领域都发挥着不可替代的作用，关乎国家安全和民生命脉。我国氦气藏的典型特点是品位低，因此发展面向我国国情的低品位含氦天然气提取技术，对于降低对外依存度，保障我国氦资源安全具有重要意义。其中，利用膜分离技术耦合低温精馏或低温吸附技术是目前最为可行、能够较快实现低成本大规模应用的技术路线。低品位含氦天然气提取大规模工业应用的瓶颈是高稳定性、低成本和高性能膜分离系统的研发，其中大面积无缺陷且分离性能优异的膜材料制备技术是核心。膜分离微观尺度下的"限域效应"、微孔结构调控和气体与膜材料的特殊分子识别对于分离性能具有重要影响。一系列新型膜材料的开发和微观材料表征技术的发展，为高效低耗天然气提氦技术的开发提供了坚实的支撑。高稳定性、低成本和大规模化天然气提氦技术的开发将大大提高我国氦资源的利用率，推动氦资源的保护并保障我国氦资源安全。

张锁江
中国科学院院士
中国科学院过程工程研究所研究员

突破核心技术，实现氦气国产化

我国是贫氦国家，氦气对外依存度超过 95%。目前我国氦资源局限于从含高浓度氦的液化天然气闪蒸气（LNG-BOG）中提取，而低品位含氦天然气因提取困难而未得到充分利用，造成了严重的资源浪费。研发低品位含氦天然气提取技术能够减少氦资源浪费并降低对外依存度，为我国电子制造、高端医疗、航空航天、大科学装置等的发展提供有力保障。

氦气是重要战略性稀有气体

氦气是一种无色、无嗅、无味的单原子气体，分子尺寸小（动力学直径仅为 0.26 纳米），是质量最轻的稀有气体；沸点最低（−268.9 摄氏度），是所有气体中最难液化的，也是唯一不能在标准大气压下固化的物质。氦是惰性气体，一般状态下不与其他元素和化合物反应。氦气不可燃、无毒、微溶于水，可以气态或液态装运。氦气因为这些独特的理化特性，已经成为一种不可替代的全球战略性资源，关乎国家安全和经济命脉。目前我国氦资源最大用户是高端装备制造中的半导体、液晶显示器（利用氦气化学惰性作为载气）和光纤（利用氦气高比热导性能作为气态冷却剂）等领域，约占氦气需求总量的 45%。医用核磁共振成像和低温超导设备（利用氦气沸点最低特性作为制冷工质和冷却介质）约占 20%，高端装备的气密性检查（利用氦气分子尺寸最小的特性进行检漏）约占 12%，焊接保护气约占 6%，航天发射约占 5%，深海潜水呼吸气约占 2%。此外，氦气在飞艇、热核聚变反应堆等领域也发挥着不可替代的作用（下图）。

氦气在地球上的含量极少，是一种不可再生的稀有气体。氦气在世界范围内的分布也极不平衡。据美国地质调查局2020年调查报告，美国是世界上氦资源最丰富的国家，气藏量约为206亿立方米，占世界总储量的40%以上，其余三个氦资源丰富的国家依次是卡塔尔、阿尔及利亚和俄罗斯。我国氦气资源极其稀缺，已探明的氦气储量为11亿立方米，其中可直接采收的氦资源总量不到全球0.1%，资源安全形势十分严峻。

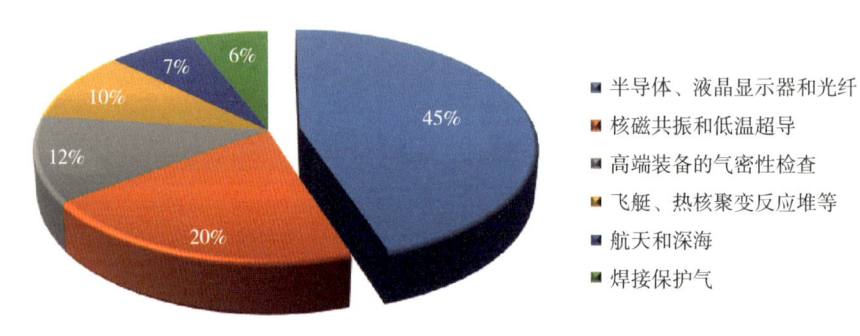

氦气在不同领域中的应用占比

- 半导体、液晶显示器和光纤 45%
- 核磁共振和低温超导 20%
- 高端装备的气密性检查 12%
- 飞艇、热核聚变反应堆等 10%
- 航天和深海 7%
- 焊接保护气 6%

美国早在第一次世界大战起，就开始重视氦气资源的保护与开发。20世纪70年代，西方国家曾把氦气列入对华禁运物资之一。2007年，美国将氦气核定为战略储备资源，限制氦气产量，使氦气价格飙升。2018年，氦气被美国列入35种危机矿种之一。中国加强对稀土出口的监管后，美国以中断氦供应要挟，当前美方仍要求在出口合同上注明氦气必须用于非军事目的。卡塔尔地处波斯湾腹部，极易受到地缘政治影响，2017年半岛外交风波就对卡塔尔包括氦气在内的矿产输出造成影响。俄罗斯也在积极推动立法，将氦气作为重要的战略资源限制出口。

我国是用氦大国，对氦气的需求量为全球第二，且需求量增长迅速，从2012年到2021年，我国氦气需求量从500万立方米增长到3000万立方米。据统计，受下游半导体、光纤等行业的带动，2022年一季度中国氦气市场消费量约1064吨，同比增长27%，进口量共1016.71吨，较2021年一季度增加24.44%。目前，我国氦气资源供给 95% 来自进口，国产仅占 5%（下图）。其中来自卡塔尔进口量最多，占总进口量的 84%。2022 年，我国氦气市场仍在经历第四次资源短缺的局面，特别是自 2021 年上半年，由于受供应地生产装置多次检修及突发事件影响，供应面开始收紧。《中国石油和化工产业观察》就曾刊文指出，全球氦气市场正经历"氦气短缺 4.0"。

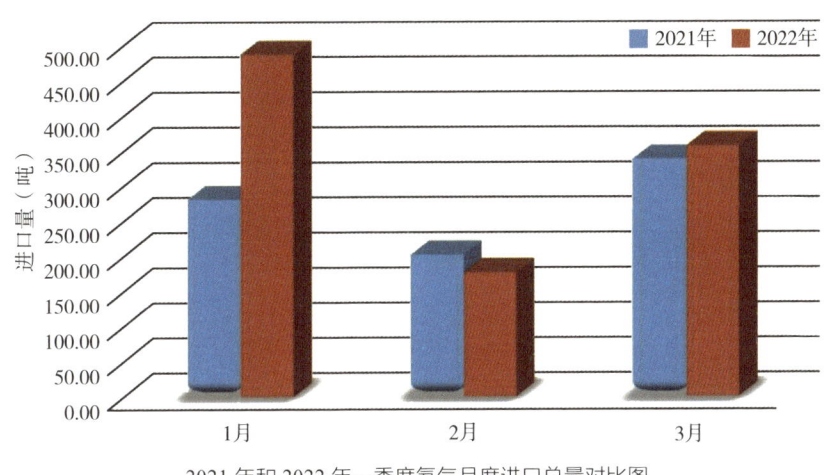

2021 年和 2022 年一季度氦气月度进口总量对比图
（数据来源：中华人民共和国海关总署）

氦气提取的技术现状

氦气通常与天然气伴生，目前天然气也是氦气唯一的工业化来源。我国已探明氦资源储地主要包括鄂尔多斯盆地、新疆和田河气田和长庆气田。这些天然气中氦浓度普遍很低（0.1%～0.3%），但储量较大，氦气未提取利用而直接进入西气东输管网，造成资源浪费。此外，随着国家对氦资源日益重视，近几年陆续发现若干具有工业开采价值的氦气藏，如渭河盆地发现存在大量含氦浓度 4% 以上的地热水溶氦，预计氦远景资源量约为 33.82 亿立方米，有望大规模开采。上述氦气资源，如能得到有效开采利用，将可满足我国约 40% 以上的需求。

工业氦气提取主要以含氦天然气为原料，方法包括非低温法和低温法。低温精馏法（深冷法）是目前天然气提氦广泛采用的方法，其分离的基本原理是利用天然气中不同组分的沸点不同而实现分离。低温精馏法具有高氦气回收率、可靠性和稳定性，但系统复杂、成本高。西南石油大学科研团队研究发现，美国和卡塔尔的天然气提氦装置中绝大部分均采用低温提取工艺（下图），通常先制取纯度为 50%~70% 的粗氦，然后将粗氦提纯为 99.999% 的高纯氦气。在国内，已经逐步开展了低温精馏、低温吸附、变压吸附、氦液化等多项关键技术研发。中国石油西南油气田公司在四川威远建成提氦试验 1 号装置，采用低温精馏工艺，从含氦 0.18% 的天然气中提取 99.999% 高纯氦气，年产能 2 万立方米。2017 年起，中科院理化技术研究所等相关单位采用低温精馏结合低温纯化／液化等技术，从液化天然气闪蒸气（LNG-BOG）中提取氦气。并于 2020 年 7 月研制出国内首套 LNG-BOG 提氦、液化装备，实现了 BOG 提氦全工艺流程打通，在宁夏盐池天然气液化工厂获得了 24 标方／小时的高纯氦气提取量，实现了 40 升／小时以上的氦液化率，达到设计要求。该技术的突破在一定程度上缓解了我国氦气依赖进口的不利局面，也有助于进一步提高我国天然气的利用水平。2020 年 8 月，四川空分设备有限责任公司采用低温精馏与低温吸附技术从 BOG 中提氦，得到高纯氦气，年产能达 40 万～80 万立方米。

虽然低温精馏法可从天然气中提取高纯氦气，但低温技术涉及多次相变，能耗高、操作弹性低、投资成本高。中科院大连化学物理研究所科研团队有关研究表明

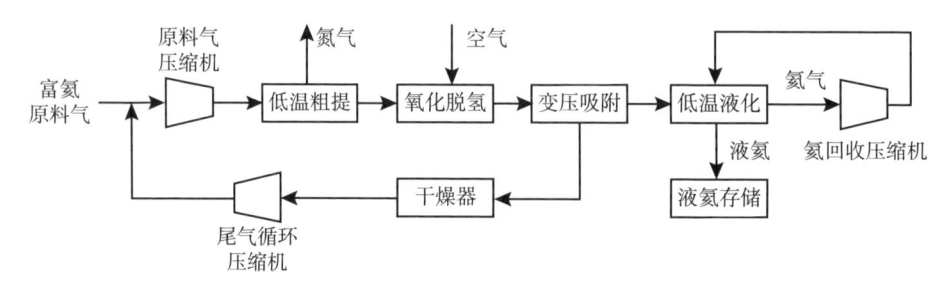

卡塔尔 RasGas 天然气公司氦工厂流程示意图

采用低温精馏法生产 1 立方米的氦气，需要处理近 600 立方米的天然气，生产成本高、设备投资大、能耗高、经济性不佳。而且我国储量较大的是低品位含氦天然气，用低温技术提取氦气，面临处理量大、单位产品成本高的问题，制约着我国天然气提氦的大规模应用。

膜分离技术为天然气提氦提供新机遇

膜分离技术的优势

我国氦气藏的典型特点是品位低（0.1%～0.3%），远低于美国 1% 的数值。相比低温技术而言，膜分离技术成本低、能效高、占地面积小且操作维护简单，是一种绿色可持续的分离技术。通过膜分离技术将低品位含氦天然气进行提浓获得粗氦，缩减气量后，再用低温精馏法获得高纯氦气，有望大幅度降低提氦成本。

利用聚合物膜进行氦气分离，是在压力驱动下，利用氦气与其他气体分子尺寸的差异，将氦气扩散到膜的另一侧，最后从膜下游侧解吸（下图）。膜分离技术可以有效实现氦气的富集和浓缩，从而降低后端低温精馏法的处理量，进而降低提氦成本。

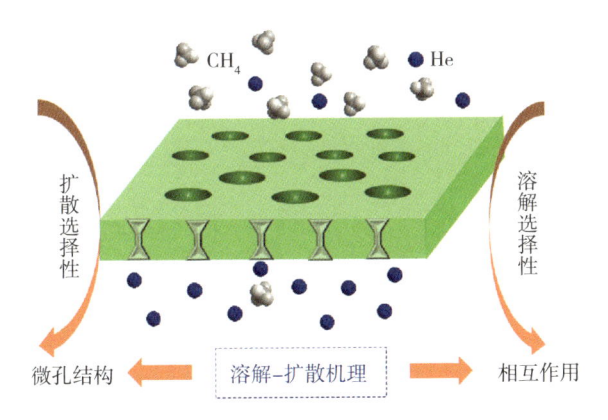

气体膜分离氦气过程示意图

膜分离技术的难题

膜分离技术的核心膜材料,聚合物的种类繁多、加工性能好、工艺简单、成本较低,是目前工业应用最广泛的气体分离膜材料。在过去 30 年里,已有十余种聚合物膜被应用于工业化气体分离,包括聚碳酸酯、醋酸纤维素、聚砜和聚酰亚胺等。由于工业化气体分离膜材料多被国外公司垄断,开发具有自主知识产权的膜材料是获得国产化气体分离膜的关键所在。

高性能的膜材料应当同时满足在一定条件下让更多的氦气优先通过膜材料,与此同时使得尽量少的杂质气体通过,即同时提高氦气渗透性和选择性。当前现有聚合物膜材料的大规模应用存在三个难题:①气体分离性能受制于气体分离性能平衡上限,开发同时具有高渗透系数和高选择性的膜材料是极具挑战的课题;②聚合物膜材料易发生可凝气体的溶解而导致聚合物链段的溶胀(塑化效应);③聚合物链段塌陷而产生的物理老化等。

针对聚合物膜分离性能低以及稳定性差等挑战,中科院过程工程研究所开发了一系列性能优异的国产化气体分离膜材料,并制备得到中空纤维气体分离膜组件,均取得了良好的气体分离性能。

此外,中国石油化工集团有限公司和中科院过程工程研究所合作开发了面向 LNG-BOG 的新型氦气分离膜材料,并与变压吸附、低温精馏技术耦合(下页图),依托中石化重庆涪陵工厂的 LNG-BOG 富氦物流建设 1 套提氦生产装置,设计氦气回收 20 吨 / 年。中国石化与国内科研单位合作开发了膜分离 + 催化脱氢 + 变压吸附天然气提氦工艺技术,拟依托东胜气田天然气(氦气含量 0.108%)建设 1 套氦气提取装置,设计天然气处理能力 400 万标方 / 天。中国科学院也已支持青年团队开展面向贫氦天然气的膜分离与低温吸附耦合无相变提氦技术攻关,其关键核心技术和整套分离工艺正在突破。

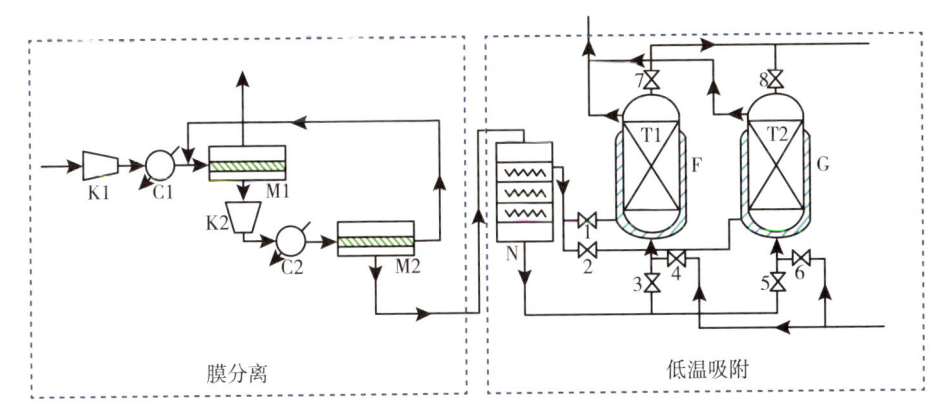

膜分离与低温吸附天然气提氦耦合工艺流程图

膜分离技术的发展趋势

开发气体分离膜与低温吸附或低温精馏的耦合提氦技术被认为是实现低成本天然气提氦的有效途径，即通过膜分离富集的粗氦再经低温吸附或低温精馏得到高纯氦气。为了提高该技术的经济性，需要使膜富集得到氦气的纯度足够高，以降低低温法所需的设备投资和运行成本。设计适合多种工况的膜分离装置，解决天然气提氦过程中面临的原料气成分复杂等不良影响，从而实现更高效率的氦气富集。

天然气提氦膜技术的研发包括高性能膜材料的设计与制备、气体分离膜组件和膜分离系统集成三个阶段。其中，设计并开发适合氦气富集的膜材料成为科学家们亟须攻克的难题。目前高分子膜材料主要依靠链段无规则堆积形成的微孔进行分离，未来如何实现对孔结构进行精细调控和氦气的精准筛分是获得高性能氦气分离膜的关键所在，一些新型晶体结构材料和仿生设计方法的引入为其提供了可能。

中空纤维膜是一种外形类似纤维状、具有自支撑作用的非对称膜（下图）。相比其他形式的气体分离膜组件形式（如卷式膜和平板膜等），中空纤维膜在相同占地面积下具有更大的有效膜面积。常规的中空纤维气体分离膜是通过干喷—湿纺双相分离的纺丝工艺制备的。应用于天然气提氦的中空纤维膜的大规模无缺陷制

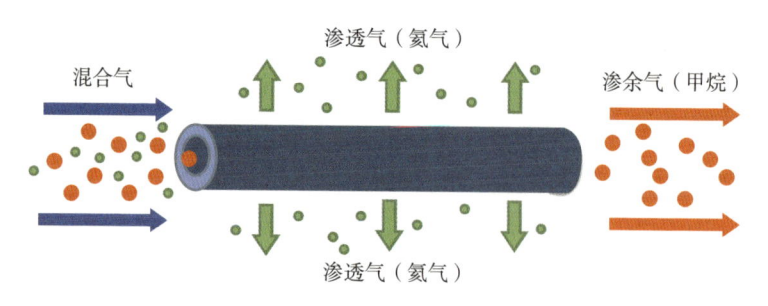

中空纤维膜气体分离过程

备是难题，受膜材料、纺丝工艺和后处理等多种因素的影响。在纺丝过程中，杂质和外力的非对称拉伸等均会破坏中空纤维膜的完整性及连续性，从而产生缺陷。因此，纺丝工艺的难度高、容错率低等成为限制氦气分离膜规模化生产的重要因素。为避免产生缺陷，需要对纺丝工艺以及膜丝后处理等环节进行严格控制。由此可见自动化、智能化的中空纤维膜制备技术，高效的膜缺陷控制技术和耐磨损中空纤维膜的制备技术是获得高性能膜组件的关键，是未来科学界和工业界重点突破的方向。

此外，为了提高天然气提氦的经济性，需对膜分离工艺、膜与低温技术耦合工艺等进行系统集成和优化，以期降低设备投资成本和提氦运行成本。由于不同气源条件的复杂性，对天然气提氦的工艺设计提出了很高的要求。未来可以构建中空纤维膜分离器的离散物理模型，利用过程模拟软件分别模拟单级膜和二级膜分离工艺，系统考察不同工况对氦气纯度和回收率的影响规律，优化膜分离过程，为贫氦天然气提氦工程应用提供技术方案。

膜分离技术助力氦气国产化

随着我国氦气需求量的逐年增加，将逐步开展面向管道气和天然气田等的贫氦天然气提氦工程示范，膜分离技术会发挥越来越重要的作用。"如何从低品位含氦天然气中提取氦气"这一工程技术难题的突破对于低浓度、高附加值气体提取技术的发展将产生重要的引领作用，并极大推动气体分离膜特别是膜组件的国产化和低温分离技术的发展。此外，该工程技术难题的突破也将形成适合我国国情的具有自主知识产权的低品位天然气提氦成套技术，缓解我国氦气自给能力严重不足以及生产能耗高的难题，减少我们氦资源的浪费并降低对外依存度，突破被西方国家严重"卡脖子"的局面，为我国高温气冷堆、低温超导、电子制造、医疗检测和大科学装置等的发展提供有力保障。

中国化工学会

撰稿人：罗双江　巩莉丽　李　垚　张锁江

编辑：杨　丽

9. 如何利用遥感技术对地球健康开展有效诊断、识别与评估？

打造宜居地球是联合国推进人类可持续发展的重要议程和应对全球气候变化的核心议题，是习近平总书记"全球发展倡议"等重大倡议的重要内涵。世界自然基金会定期发布的《地球生命力报告》持续强调人类对自然的破坏已危及我们在地球上的健康、安全和生存。地球健康的有效诊断、识别与评估既是重大的科学问题，也是人类可持续发展和构建人类命运共同体的重要支撑。地球体检即在全球范围内开展多圈层、多尺度、多角度、多探测介质的环境监测与评估，开展土地利用覆被和林地草地健康诊断、河道水体健康监测、矿山生态环境健康监测、城市温室气体排放监测、植被"碳汇"评估等"体检"项目。谱遥感技术综合了地物波谱、地学图谱、地表时空演化谱信息，因其综合、动态、快速、大范围获取数据以及图谱合一的优势，可作为全球资源环境动态监测与评估的重要保障。应用谱遥感技术开展地球健康体检，可为人类科学开发资源、维护治理环境、预防管控疾病、应对重大灾害、打造宜居家园等提供科学依据。

童庆禧

中国科学院院士

李志忠

中国地质调查局西安地质调查中心主任

谱遥感体检与地球健康

全球人类活动的不断加剧已使得地球生态环境的健康状况逐步下降，地球正在遭受的气候危机、环境危机都会反作用于人类，呈现范围更广、程度更深的特点，其影响完全不亚于当前全球暴发的新冠肺炎疫情。基于对地球健康开展有效诊断、评估与识别的迫切需求，提出了"谱遥感地球健康体检"的关键技术。

地球健康与人类安康

地球拥有 46 亿年历史，历经板块撞击、山川巨变，在 35 亿年前已演化出生物。人类文明出现距今不过一万年，地球是全人类赖以生存的唯一家园，人类需要健康的地球。

然而，2020 年的钟声刚刚敲响，地球就不断遭遇澳大利亚大火、东非 / 西亚蝗灾、新冠肺炎疫情肆虐、埃博拉病毒再现等冲击；2022 年年初，汤加火山的爆发更是对全球气候产生巨大影响。过去的 50 年，人类屡屡遭受南极臭氧空洞、厄尔尼诺现象、拉尼娜现象等造成的全球大气升温、飓风、强降雨、暴雪、龙卷等极端气候影响。与此同时，传染病从动物到人的物种跨越不断增多和加快。这些问题往往源自人类对地球和自然的肆意索取，资源的巨大开发与消耗导致生态环境的巨大变化，严重影响和扰动了地球表层各圈层的自然运行和水、气、碳等基础循环，进而对人类自身的生活和工作造成连锁式冲击。

2020 年的《地球生命力报告》指出，"人类正以前所未有的规模开发和破坏自然"。第六版《全球环境展望》(*Global Environment Outlook*, GEO-6) 对全球环境状况开展了全面评估，并对未来全球环境健康趋势进行了缜密分析，最后得出地球健康状况已大不如前的结论。联合国报告警告称，地球环境已遭到严重破坏，人类健康正受到越来越大的威胁，并在第七十届大会决议通过了《变革我们的世界，2030 年可持续发展议程》，通过该议程，联合国力图尽可能地促成所有国家和所有利益攸关方携手合作，共同执行这一计划，让人类摆脱贫困和匮乏，让地球治愈创伤并得到保护，让世界走上可持续发展且具有恢复力的道路。因此，迫切需要利用天空地一体化先进的技术手段对地球健康和人类健康进行全面系统的认识、科学精准的分析与评价。

千里之外，守护地球的精灵

对地观测技术应用于环境监测，既可宏观观测空气、土壤、植被和水质动态状况，也可准确、实时、快速跟踪和监测突发环境污染、地质灾害等事件的发生与发展，为及时制定处理措施、减少损失、有效决策并制定相关政策等提供科学依据。以星、空、地遥感技术为主体的对地观测系统是空间基础设施的重要组成部分，综合物理、空间、演化和知识的谱遥感则是对地观测的核心技术。

谱遥感技术自 20 世纪 80 年代以来发展迅速，能够获取观测目标成百上千连续波段的光谱图像；通过分析光谱特征曲线，可实现精细识别目标类别、特征属性乃至物质成分，对于地球体检具有巨大的应用价值。以高光谱和多光谱为主的全谱段遥感是谱遥感技术的基础，高光谱数据集通常由带宽相对较窄（5～10 纳米）的 100～200 个光谱带组成，而多光谱数据集通常由带宽相对较大（70～400 纳米）的 5～10 个波段组成。

相比常规高光谱、多光谱等光学遥感中"谱"的界定，谱遥感既突出了遥感图像直接记录的地物波谱特征（覆盖光学到微波谱段），又强调遥感图像图、谱合一揭

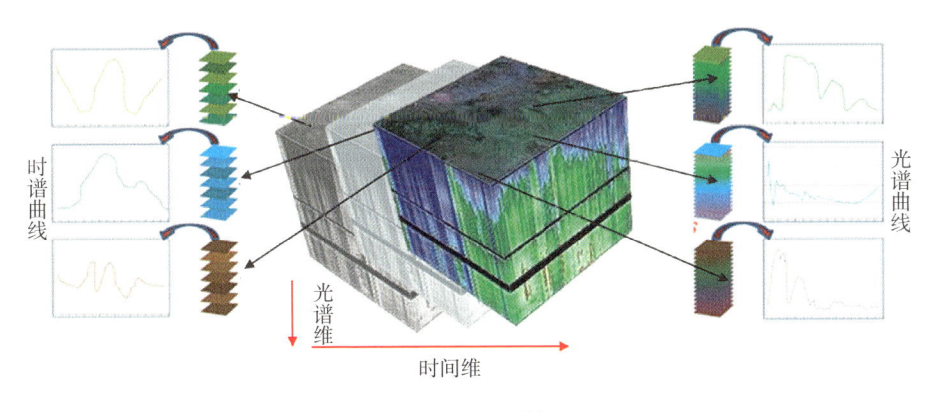

谱遥感地物识别基础

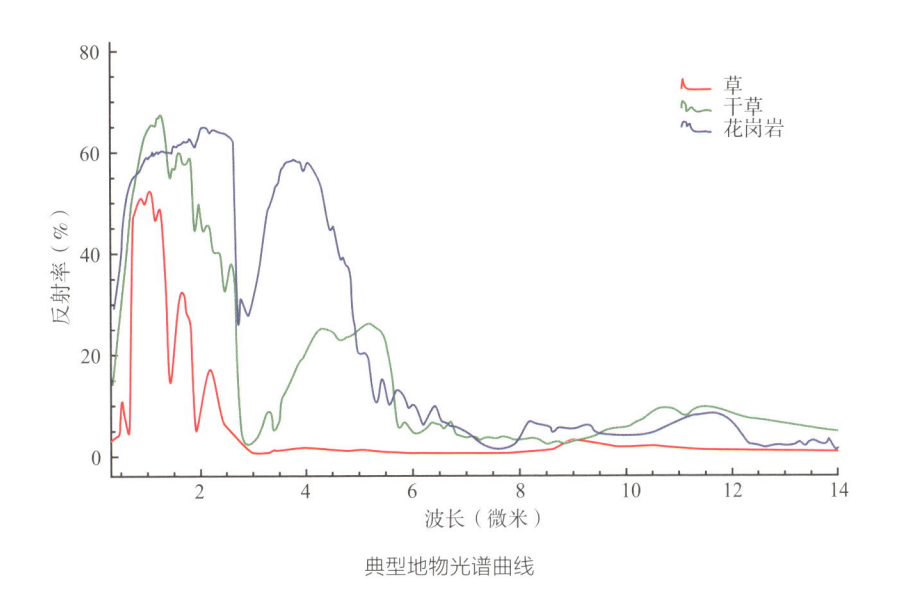

典型地物光谱曲线

示的地表演化谱（地学图谱和时间序列遥感数据）；通过波谱维、空谱维和时谱维的综合，能够更好地挖掘地表定性和定量的时空信息，结合知识图谱以更好地服务于地球资源环境监测与健康诊断。谱遥感作为整合遥感数据处理、地面测量、光谱模型应用的强有力系统工具，其显著特点是在特定光谱区域以高光谱分辨率同时获取连续的地物光谱影像，其超多波段信息使得根据混合光谱模型进行混合像元分解，获取"纯像元"或"最终光谱单元"信息的能力得到显著提高，使得遥感应用既能在光谱维上进行空间信息展开，又可以从地学图谱、时空演化谱的角度进行遥感信息解译、认知和挖掘，从而定量分析地球表层生物、物理、化学过程和参数。

分辨百色，探寻大地本真

谱遥感地球体检包括两个主要方面，一是明确谱遥感地球体检的要素或项目，即根据地球表层系统、地球关键带理论以及谱遥感能获取到的地球健康信息，明确谱遥感地球体检项目；二是确定谱遥感地球体检各项目的参考值，即健康地球的光谱谱系。

谱遥感地球体检项目

地球由大气圈、水圈、生物圈等外部圈层以及地壳、地幔和地核等内部圈层组成，这些组成部分是地球体检需要关注的内容和检查项目。

地球关键带是陆地生态系统中土壤圈及其与大气圈、生物圈、水圈和岩石圈物质迁移和能量交换的交汇区域，也是维系地球生态系统功能和人类生存，不断供应水、食物、能源等资源的关键区，被认为是 21 世纪基础科学研究的重点区，在地球系统科学研究中扮演着重要的角色。因此，土壤、大气、生物、水体及岩石将是地球体检的重点，可根据谱遥感所能达到的范围及获取到的信息种类，构建具体的谱遥感地球体检项目。

利用谱遥感获取数据具有覆盖广、速度快、光谱连续且蕴藏信息丰富的优势，可以开展陆地表层相关的土地利用/覆盖调查、土壤元素精细识别、农田作物品种分类与病虫害监测、林地草地健康诊断；水体相关的冰川冻土消融监测、河道水体富营养化监测、湖泊水质污染等研究；生物相关的矿山生态恢复、森林采伐监测、草地退化监测；大气相关的大城市温室气体排放和 PM2.5 监测；地球表面人类活动影响下的城市土地利用变化检测、集镇聚落信息提取、城市夜光分布与人为热排放等"体检"项目。

谱遥感地球要素谱系

地物之间存在明显的反射波谱差异，因此，了解地物在多种条件下的光谱特征，并构建标准谱库是谱遥感技术识别地物的基本原理，也是地球健康检查的基础。同类地物的反射光谱大同小异，但也随着其物质成分、内部结构、表面光滑程度、颗粒大小、风化程度、表面含水量以及色泽等差异而有所不同。

岩石反射的光谱特征与岩石本身的矿物成分、颜色等密切相关。以石英等浅色矿物为主的岩石具有较高的光谱反射率，在可见光遥感影像上表现为浅色调；以铁镁质等深色矿物为主的岩石总体反射率较低，在影像上表现为深色调；颗粒较细、表面较平滑的矿物反射率较高，反之则反射率较低。土壤的反射光谱特征主要受到土壤中的原生矿物和次生矿物、土壤水分含量、土壤有机质、铁含量、土壤质地等因素的影响。自然状态下土壤表面的反射率没有明显的峰值和谷值。

植被对电磁波的响应由其化学特征和形态学特征决定，这种特征与植被的发育、健康状况、生长条件等密切相关。健康的绿色植被，其光谱反射曲线几乎总是呈现"峰和谷"的图形，可见光谱内的谷由植物叶子色素引起，叶绿素强烈吸收波谱段中心约 0.45 微米（蓝区）和 0.67 微米（红区）的能量，因此肉眼觉得健康的植被呈绿色。在可见光波段与近红外波段之间，即大约 0.76 微米附近，反射率急剧上升，形成"红边"现象，这是植物曲线最为明显的特征，是研究植物健康与否的重点光谱区。

水体的光谱反射特性来自水体表面反射、底部物质反射和水中悬浮物质反射三方面的贡献。光谱吸收和透射特性不仅与水体本身的性质有关，还明显受到水中各类物质，如有机物和无机物的影响。在光谱的可见光波段内，水中的能量与物质相互作用较为复杂。地表较纯净的自然水体对 0.4～2.5 微米波段的电磁波吸收明显高于其他地物。在光谱的近红外和中红外波段，水几乎吸收了其全部的能量，纯净自然水体在近红外波段更近似于一个"黑体"。因此，在 1.1～2.5 微米波段，纯净自然水体的反射率很低，几乎趋近于零；污染水体的光谱则由于其含有的生物、污染物等种类与含量的不同而呈现出不同的特征，例如含沙水的反射光谱一般明显高于纯净水，且随着悬浮物浓度增加，差别增大。

为了能更好地重建健康地物光谱，提高健康地物光谱重建精度并对其真实性进行评价，需要建设具有国际先进水平、长期稳定可靠、开放的国家级光谱遥感几何和辐射定标及综合试验场。通过真实性检验场网等基础设施，采集全球典型地区及典型地物的特征光谱作为"真值"，并建立相应的特征光谱库和样本库，形成健康地球的光谱图库。

扫描万水千山，留下真实测评

地球健康状况特征光谱重建与评价

利用高光谱遥感数据，进行地物特征光谱重建与评价，将传感器记录的灰度值（DN值）转化为地物的本征光谱。除了需要进行常规的波段匹配与校正、数据修复、几何与辐射校正、噪声去除、遥感器定标等处理外，还需要进行图像光谱真实性评价，即利用健康地球的光谱图库对处理后形成的图像光谱进行比对，评价其失真度并进行修正或异常识别。

地球生态健康信息提取与分析

土壤和生态环境对全球环境具有重大影响，利用构建的地球健康指标光谱分析系统，结合地球健康检查指标体系，可对全球典型地区的土壤养分、物化特性、生产力质量和水环境、大气环境、矿山环境等进行分析与评价。

联合地球表层系统科学、公共卫生、生态环境等领域的权威专家，建立地球健康检查指标体系，结合对光谱影像的高效处理和人工智能解译结果，对每项指标进行专家评分，并根据指标权重形成对地球健康状况的总体评价，进而形成地球体检报告。

地球健康光谱监测网络建设

为了有力支持地球体检工作，基于我国真实性检验场网和生态考察站网（如农、牧、林、草业科技站网、国家或行业野外监测站网、水文站、验潮站等），结合全球相关站点，共同构建地球健康光谱监测网络，搭建物联网平台，采用北斗、移动通信、蜂舞协议无线组网技术进行通信和数据传输，形成协同观测、技术交流、资料交换、数据共享、设施联网、开发利用等合作机制。推进我国高光谱遥感卫星研制、发射，并与其他国家和地区的高光谱遥感卫星协同运行，积极推动便携式高光谱遥

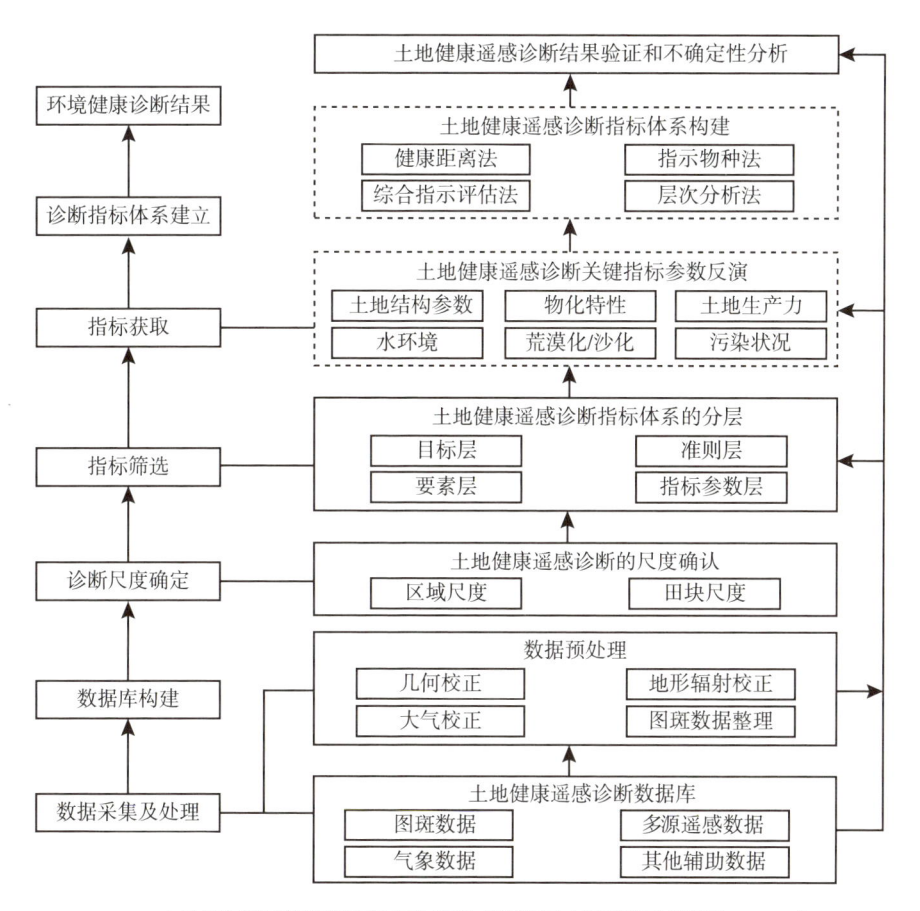

土地健康遥感诊断指标体系构建技术路线图（据曹春香等修改，2017）

感终端发展，形成消费电子级、轻小型、高性价比的手持高光谱仪，尤其是智能手机的高光谱仪器化，可通过云服务和计算资源保障等，实现对地球健康实时监测。

地球健康体检指导生态修复示范

近年来，依托黄河中上游流域及"一带一路"沿线实施的一批公益性地质调查项目，初步开展了地球健康体检示范并初见成效。

一是运用高分、多光谱遥感数据融合技术，进行西部艰险区及境外中亚国家的岩性－构造实体分类、岩石地球化学填图、矿化蚀变信息提取，构建"空地一体"快速勘查技术方法体系，依据地－物－化－遥感综合信息新发现西昆仑大红柳滩超大型锂辉石矿等多个矿产地，圈定找矿远景区百余个，有效推动高分、高光谱遥感技术在西部艰险区和中亚、西亚等国家地质调查中的规模化应用。

二是创新和丰富遥感探测模型和技术应用体系。建立高分、高光谱遥感找矿预测模型、土地盐渍化强度遥感反演模型、黄土地质灾害遥感早期识别模型等，形成了"伟晶岩型稀有金属矿的识别方法及系统""基于人工智能的黄土高原区地质灾害遥感识别技术""基于3S技术的自然资源空间叠加分析系统"等，技术成果的成功应用极大促进了遥感技术与地质调查的深度融合。

三是谱遥感在黑土地监测中取得重要进展。黑土地资源遥感监测成果表明，全球黑土地集中分布于南北半球的温带地区，欧亚大陆黑土区始于欧洲中南部的亚湿润草原，向东断续延伸到俄罗斯和中国东北地区，面积约4.5亿公顷。全球黑土区有机碳含量及总初级生产量（GPP）空间差异较为明显，中国东北黑土区有机碳高值呈条带状由北向南展布，总初级生产量相对较高；北美黑土区总初级生产量东西差异十分明显。将相关成果与区域气候、经济、人文等因素相结合，将为不同部门及科研人员了解全球黑土地资源演化及合理制定政策提供重要参考。

谱遥感体检，助力地球四季安宁

谱遥感技术用于地球体检的发展前景广阔，在学科交叉融合、智能化、与大数据结合等多个领域都具有广泛的应用前景。

谱遥感与多学科融合开展地球体检

多学科融合的显著成效已在很多领域有所体现，例如，日本、智利、美国等由地震造成的死亡人数大幅度减少，这与相关研究中地质学家、建筑师、社会科学家和政府官员的交叉合作密不可分——通过学科交叉不但改进了地震风险评估中图件的质量，还改进了预估强震、改进建筑抗震性能和建筑标准等。未来，随着对地观测技术的不断创新发展，高光谱成像技术将进一步提升，谱遥感地球体检不仅要充分利用天空地一体化技术，分层次部署开展长时间、大面积动态监测，以及重点区生物、岩石、森林、土壤和水资源等专项模型构建与监测，还将把不同学科背景的学者组织形成团队，围绕同一科学目标，在工作层面实现真正的协同和融合。

谱遥感地球体检智能化

谱遥感技术的大范围应用迫切需要智能化手段提升数据分析工具的高效性和评估模型的精准度，通过不同谱遥感数据进行自动化处理，可实现地物波谱、地学图谱和时空演化谱的智能综合和自动分析，并实现解决方案的智能化提出。智能化处理可减轻谱遥感海量数据的处理需求，显著提高地球体检工作效率。

时空大数据与谱遥感技术网络化

大数据作为当今世界新兴的数据处理和存储技术，改变了各级环境评估的格局。如果大规模的环境评估数据能够得到有效查询和利用，那么在促进环境知识更新等方面将具有巨大潜力。从复杂的数据集中创建数据分析模型，并通过使用算法、建模、查找相关性，如化学污染和航空照片中的位置、谱遥感的表现形式等，得出基于数据化证据的结论并获得支撑决策的有用信息。

地球体检国际网络与大科学平台建设

开展谱遥感地球体检技术，可满足生态保护和高质量发展的需求，有效支撑人类健康发展计划，对推进《积极牵头组织国际大科学计划和大科学工程方案》、增强科技创新实力具有积极深远的意义。通过示范区的前期基础工作，可发起全球性健康地球重大国际计划，争取国际科技合作专项、国家重点研发计划、国家自然科学基金等形式促进地球体检网络与大科学平台建设。

中国遥感应用协会

撰稿人：李志忠　卫　征　孙萍萍　韩海辉

编辑：赵　佳

10. 如何实现极大口径星载天线在轨展开、组装及建造？

星载天线用于接收和发射电磁波，是航天器实现通信、探测、能量传输的重要装备，在卫星通信、导航定位、深空探测等领域具有至关重要的作用。天线口径越大，则天线接收与发射电磁波的能力越强。因此，世界航天强国正积极探索极大口径的星载天线技术，试图建造百米级甚至公里级的极大口径星载天线。极大口径星载天线既是航天科技发展的迫切需求，又因其极高的建造难度、特殊的应用性态和极端的服役环境，对力学、材料、制造、控制等工程科学提出巨大挑战，属于公认的世界难题。该问题的解决将对国家的科技、经济、军事等领域产生重大影响。

胡海岩

中国科学院院士

中国振动工程学会理事长

北京理工大学教授

太空天眼——极大口径星载天线

天线——电磁波的发射器和感知器

波是物质运动和能量传递的一种主要形式。比如，大家熟悉的声波、水波、地震波等，可实现振动在气体、液体以及固体中的传播。这些波无须转换处理，就能让人看得见、听得着、感受得到。电磁波是随时间变化的电磁场，也是以波的形式将能量在空间进行远距离传播。虽然，电磁波不像水波那么形象直观，但它无处不在。比如，太阳辐射的光和热，照亮和温暖着整个地球；收音机、电视机接收的电磁波信号，让人们足不出户便知晓天下事；手机通过发射和接收电磁波，使我们进行远距离通信和上网；太空天体所辐射的电磁波，帮助人类探测和了解浩瀚无垠的宇宙。

电磁波（除频段极窄的可见光波段）看不见摸不着，如何将空间中的电磁波信号收集并转换为被人所理解的声音和图像呢？天线就是实现此类功能的专用设备。天线的英文为 Antenna，本意为触角、触须。触角是昆虫的感觉器官，可以帮助昆虫通信联络、寻找食物和选择产卵场所等活动。天线可被认为是电磁波信息的感知"器官"，可实现电磁波的收发。比如，手机中的通信天线、收音机的接收天线以及汽车顶部鱼鳍状的定位天线等。多样化的应用场景孕育出种类纷繁的天线结构形式，例如线天线、螺旋天线、喇叭天线、反射面天线等。

电磁波与其他类型的波一样，在传播过程中都会伴有能量损失。天线距离辐射源位置越远，所接收到的电磁波能量就越微弱，信号处理的难度也就越大。为获取足够多的信号能量，就必须增加天线的接收面积，也就是要增大天线的口径。现实生活中不乏此类佐证，例如下图是被誉为"中国天眼"的 FAST 球面射电望远镜（Five-hundred-meter Aperture Spherical radio Telescope），其口径达 500 米，接收面积约 30 个标准足球场，就是为了捕获宇宙中微弱的电磁波信号。

电磁波按频率从低至高依次为无线电波、亚毫米波、微波、红外线、可见光、紫外线、X 射线和伽马射线。大气层对不同频率电磁波的衰减程度不同。在理想情况下，只有少数较窄波段的电磁波能够穿透大气层到达地面。即便如此，这些波段的电磁波也极易受到云、雾、雨、雪等复杂天气的影响，严重影响地基天线接收电磁波信号的效果。既然大气层不可避免地影响地基天线的接收效果，人们自然想到将天线运送至远离大气层的外太空，将其变为星载天线。这里的"星"通常是指地

FAST 射电望远镜（图片来源：FAST 工程）

球卫星，既可以是人造地球卫星，也可以是像月球那样的天然卫星。为了捕获地基天线无法接收的超长射电波以寻找宇宙的起源，人们提出了在月球背面建造类似于 FAST 工程的超大口径空间射电望远镜 LCRT（Lunar Crate Radio Telescope），其设想如下图所示，当然目前来看，在月球背面建造如此浩大的工程，实现起来非常困难。

前面讲的都是天线作为电磁波感知器的例子，下面讲天线作为发射器的例子。在深空探测中，当探测器离地球很遥远时，到达探测器的控制信号会变得非常微弱。由于受到空间和重量的限制，深空探测器所携带天线的口径不可能很大。因此就需要采用大口径的地面测控天线，通过它发射更高功率的电磁波来增强探测器接收到的控制信号，譬如中国的嫦娥、天问地面站所使用的测控天线口径达到了几十米，其外形如下页图所示。再比如，在卫星移动通信应用中，为了在减小地面接收终端（手机）的天线尺寸同时又确保通话质量不受影响，就需要采用尺寸较大的星

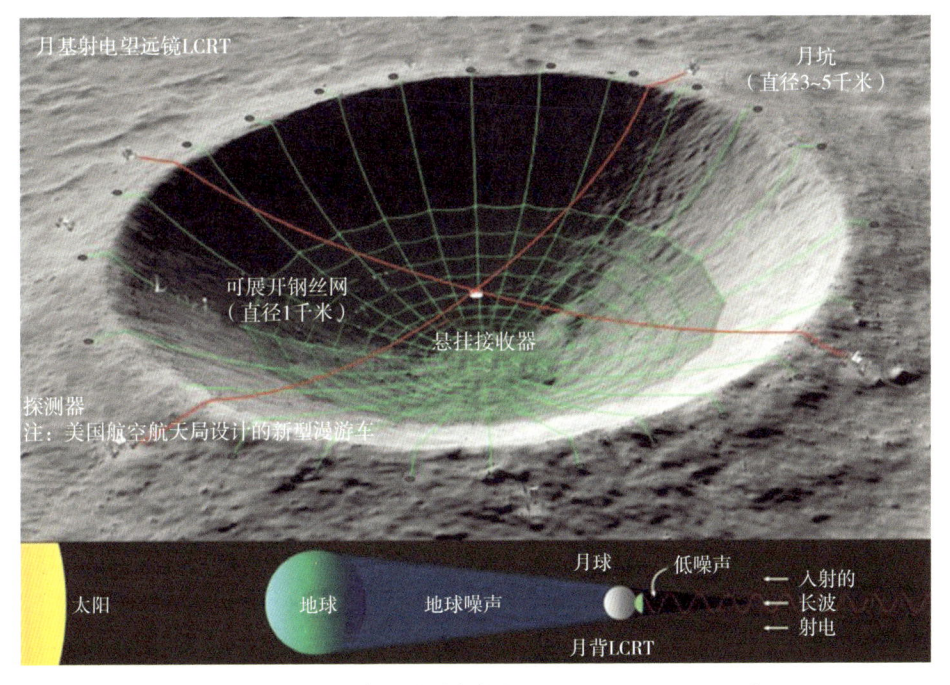

月基射电望远镜预想图（图片来源：Saptarshi Bandyopadhya）

载天线。

　　根据口径的大小，星载天线一般可划分为大口径星载天线（≥ 4 米）、超大口径星载天线（≥ 20 米）和极大口径星载天线（≥ 50 米）。目前大口径和超大口径星载天线技术相对成熟，并能够满足当下大多数领域的应用需求。在通信领域，10 米级口径天线可提供高强度信号，实现更快速和更优质的通信服务。其典型代表有：美国的 TerreStar–1 移动通信卫星搭载了 18 米口径的星载天线，可实现 45 dBi 左右的高增益（如果星载天线增益为 35 dBi 的话，地面通话则需要近 1 米口径的接收天线，而现在地面上只需要一根不到铅笔大小的天线就可以达到同样的效果）；波音卫星系统公司发射的海事通信卫星和我国的天通一号移动通信卫星，也均搭载了 10 米级大口径的星载天线。在导航定位领域，美国的全球定位系统 GPS 和我国的北斗导航系统也都采用了大口径星载天线。在对地观测领域，美国多普勒气象卫星携带

深空测控天线

了35米超大口径星载天线，可实现全天候、全天时对大气、海洋、陆地的高分辨率监测。

在深空探测、空间能源利用等领域则迫切需要使用更大口径的星载天线。极大口径星载天线是实施甚长基线干涉测量（VLBI）的关键设备，该技术可实现对更远、更微小目标的观测，在高分辨率天体物理和天体测量中具有突出优势。目前，我国正在论证中的空间甚长基线干涉测量计划发射两颗空间射电望远镜卫星，其使用的星载天线口径预计将达到百米级。未来，随着分辨率需求的进一步提高，星载天线的口径将需要增大至千米级。随着化石能源的日趋枯竭和温室效应的日益加剧，人类对清洁能源的需求越来越迫切。与化石能源相比，太阳能是一种高效、持久、清洁的能源。然而，太阳能受大气、天气、时段等影响，其地面利用率不高。宇宙中的太阳能非常充裕，强度是地面的6倍以上。为高效收集宇宙中的太阳能，人们已提出了建立空间太阳能电站的奇妙构想，期望通过在太空中布置极大尺寸的（几百米甚至千米级）太阳能电池阵来持续高效地收集能量，然后再利用极大口径星载天线以微波的形式将能量传输至地面供人们使用。

极大口径星载天线的实现途径

面对极大口径星载天线的发展需求，如何实现极大口径星载天线的建造和在轨应用呢？从目前的研究进展看，主要有三种途径：在轨展开、在轨组装和在轨建造。

在轨展开

由于运载火箭尺寸的限制，目前使用的大口径星载天线都采用"地面收拢—运载发射—入轨展开"的模式。这种模式的最大优势是系统相对简单，但在大型化以及可修复性方面则有不足。因此，高收纳比、高展开可靠性就成为此类天线设计的关键。目前，采用该方式的反射面天线主要有下图所示的伞状天线、构架天线和环

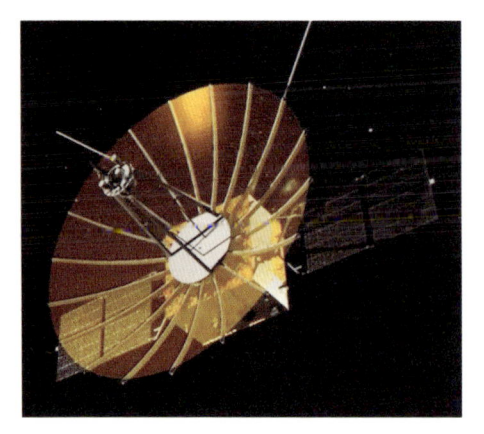

形可展开天线。按目前的技术水平，通过在轨展开方式构建的天线口径一般在百米以下。若要实现更大的天线口径，还需在收拢比、轻质化、可靠性等多个层面实现新突破。

在轨组装

自古以来，人们在地面上建造的大型基础设施大多基于滴水成河、粒米成箩的智慧。因此，通过火箭多次发射星载天线的模块单元，然后在轨进行展开和组装的方式可实现极大口径星载天线的构建。对于百米级以上口径的天线，这种构建方式比在轨展开方式具有更好的可行性，容易获得更大口径的天线。因此，在轨组装方式备受世界航天强国的青睐和关注，各国已相继在多个方面开展了相关的基础研究工作。

在轨组装技术可分为两类：一是基于空间站平台的有人参与组装，二是无人参与组装。有人参与的在轨组装可操作性好，但组装效率较低，预计能实现口径 50～300 米口径的展开空间天线。无人在轨组装则借助空间机器人或机械臂等装置，通过地面遥感和自主操作，

伞状天线（图片来源：中国航天科技集团）

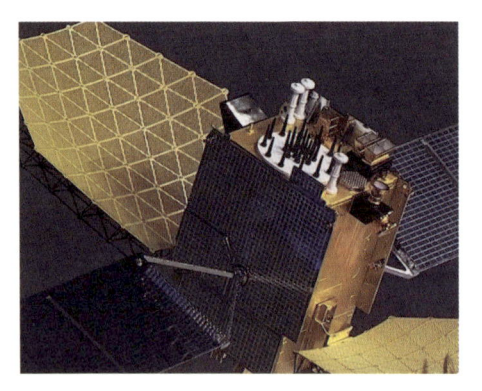

构架天线（图片来源：北斗卫星导航系统网）

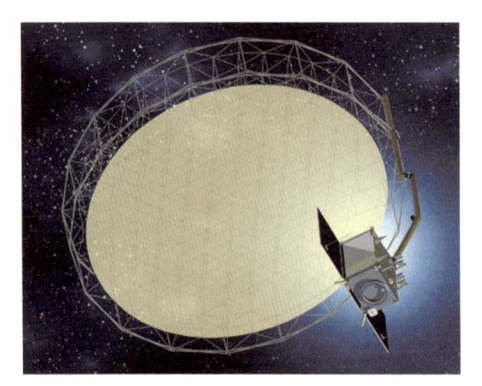

环形可展开天线（图片来源：www.hps-gmbh.com）

三种不同类型的可展开天线

或利用航天器自身的自主交会对接功能，完成在轨组装任务。因此，无人参与组装适合构建更大尺寸的星载天线。下图是极大口径星载天线在轨组装过程示意图。

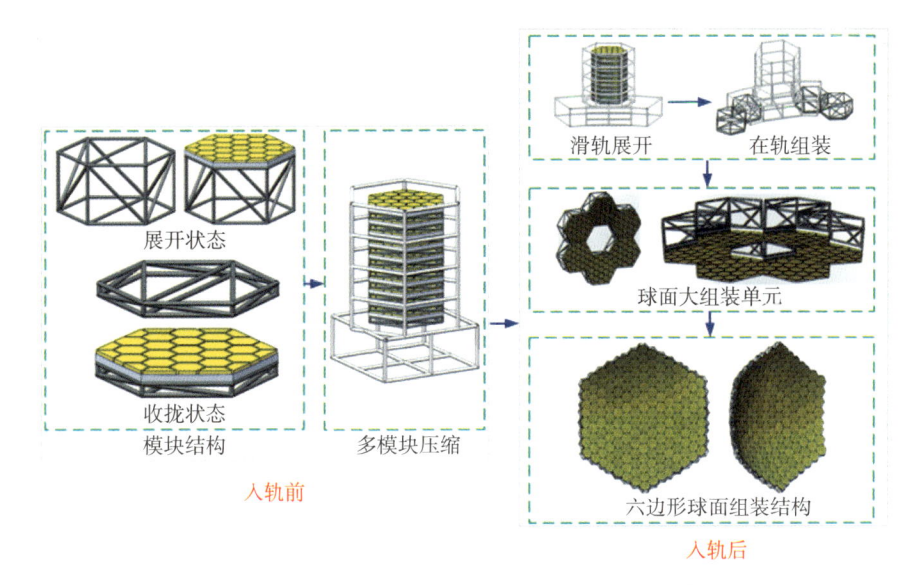

在轨组装示意图（图片来源：西安空间无线电技术研究所）

在轨建造

近年来，增材制造技术的快速发展使其在航天领域展现出良好的应用前景。在轨增材制造技术是指在空间环境下以增材制造技术为手段，实现空间构件的原位成形。作为一种新型制造技术，在轨增材制造技术强调"所需即所得"的外太空直接成形制造理念，以自我增长方式实现产品的成长型研制。这种方式能够克服运载火箭尺寸的限制，建造不便向太空直接运输的大型结构。因此，在轨建造预计能够成为未来构建公里级极大型星载天线的有效途径。

目前，在轨增材制造技术已成为航天强国探索太空在轨制造的首选技术方案和热点研究问题。例如，美国航空航天局采用大空蛛网增材制造机器人（SpiderFab）技术作为大型航天结构在轨制造的解决方案。该技术有望使用增材制造和机器人技术，在太空建造和组装大型结构，包括天线、太阳能电池板、花朵型遮光板、传感器桅杆、轨道侧支索等大型结构。

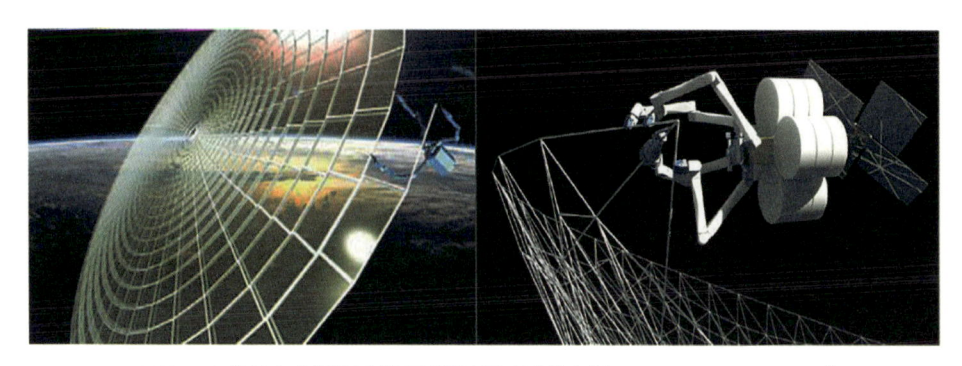

SpiderFab 舱外太空制造系统项目设计图（图片来源：Tethers Unlimited Inc）

极大口径星载天线带来的巨大挑战

唯物辩证法的基本规律之一是"量变引起质变"，即事物某些方面的量积累到一定程度，会导致事物本质属性的变化。在极大口径星载天线的构建中，这一规律的表现得尤为明显。因此，极大口径星载天线的设计和建造远比传统星载天线要复杂，面临许多新挑战。

轻质、高收纳比组装模块技术

在极大口径星载天线的构建中，无论采用在轨展开还是在轨组装的方式，都期望得到高收纳比的轻质组装模块。模块轻量化有助于节约发射成本，减少发射次数，而高收纳比更有利于极大口径的实现。近年来，虽然有些大型和超大型天线已采用模块化技术，并在轻量化、高收纳比技术方面取得重要进展。然而，当组装模块的数量增加几个数量级时，这些技术尚无法满足极大口径星载天线的构建需求，需要通过材料、力学、机械等学科的交叉融合，创建更高水平的模块组装技术。

天线结构的机电耦合设计

天线的基本功能是实现电磁波的接收和发射，因此天线结构设计的首要任务在于满足电磁性能要求。自 20 世纪末，人们提出机电集成的天线设计思想。进入 21 世纪以后，天线结构与电磁性能之间的耦合关系逐渐被关注，天线机电耦合设计逐渐成为研究热点。然而，现有研究主要集中于小型反射面天线表面随机误差对电磁性能的影响，而鲜有兼顾电磁性能的结构设计研究。对于极大口径星载天线而言，电磁性能对结构状态变化会更加敏感，二者之间的制约机制也更为复杂，这给天线结构的机电耦合设计带来了前所未有的挑战。

天线结构的动力学设计与控制

与传统星载天线相比，极大口径星载天线的基频会小几个数量级，且具有变拓扑、变质心和变惯量等特点，这些都对动力学分析和振动控制提出严峻挑战。例如，当星载天线口径增大至百米量级时，整个天线呈现"极柔软"的状态。随着卫星出入地球遮挡太阳光的阴影区，这种极柔软的天线结构会因温度变化而产生低频振动。此外，当天线在低轨组装完成后推送至预定轨道时，轨道变化引入的激励也有可能会引发天线的低频振动。这些低频振动将严重影响天线的形面精度和性能，需要发展新的动力学设计和控制方法来降低振动水平，缩短振动时间。

模块组装的过程规划

对于通过在轨组装方式构建的极大口径星载天线，其整体结构由众多模块组装而成。采取何种组装方式才能实现组装过程的快、稳、准？例如，是以辐射状组装还是以环绕式组装？这是组装过程的规划问题。最优规划可提高在轨组装效率和装配精度，降低组装难度，有助于构建极大口径星载天线。当极大口径天线的模块数量达到成千上万后，组装过程规划的复杂度极高。

地面微重力模拟试验

航天产品在发射前必须进行地面模拟试验。对于星载天线，如何模拟太空微重力环境，是地面模拟试验的关键。对于小型星载天线，目前多采用气浮平台抵消重力；对于大型星载天线，则采用悬吊系统。随着天线口径增大，为保证展开过程中悬吊系统和结构同步运动，悬吊系统的布置和悬吊点的选择越来越困难。对于极大口径星载天线，这种悬吊方式难度过大，几乎无法实现。因此，需要发明新的地面微重力模拟试验技术。

突破关键技术，助力国家重大空间设施建造

近期，我国在空间科学、导航通信、灾害预防、资源勘探、国家安全等领域对星载天线提出了许多重大需求，为极大口径星载天线技术的发展带来了契机。因此，我国科技工作者应积极参与这些重大需求的论证，通过组建多学科融合的国家队，谋求在极大口径星载天线的设计理论与方法、建造及验证技术方面的突破，为国家重大空间设施建造奠定理论和技术基础，推动空间大尺度试验平台、空间停泊基地、空间太阳能电站、月球科研基地的实施。

中国振动工程学会

撰稿人：宋燕平　马小飞　火统龙　王　辉

李　洋　张大羽　林坤阳　郑士昆

编辑：夏凤金

PART 3

第三篇
产业技术问题

1. 如何建立细胞和基因疗法的临床转化治疗体系？

  恶性肿瘤的防治在推进健康中国战略建设中具有关键性作用。细胞和基因疗法是当前肿瘤疗法中的新兴领域，具有高特异性、可编辑性和持久性等优势。已被广泛应用于多种癌症的治疗，如多发性骨髓瘤、黑色素瘤、B 细胞淋巴瘤等。细胞和基因疗法是继手术、放射治疗、化学药物治疗、靶向治疗等癌症治疗方法之后的又一次技术革新，在许多肿瘤的治疗中有着广阔的发展前景。

  细胞和基因疗法在科研方面已取得了较多的成果，如何进行临床转化是当前亟待解决的问题。在高质量实行科教兴国战略的背景之下，我国的基础科研成果与国外差距进一步缩小，但就临床转化而言，我国与国外仍有不小差距。目前我国获批上市的细胞和基因疗法药物为国外公司所垄断，难以满足我国多人口、疾病谱复杂易变化的严峻形势。同时建立良好的临床转化体系，能够形成一批具有较强创新能力和国际竞争力的大型企业，有力响应"健康中国 2030"号召。

刘颖斌

上海交通大学医学院附属仁济医院，教授，主任医师

建立合理临床转化体系，促细胞和基因疗法落地

细胞和基因疗法的诞生

2018年10月1日，瑞典卡罗琳医学院宣布美国科学家詹姆斯·P. 艾利森和日本科学家本庶佑获得此年度诺贝尔生理学或医学奖，以表彰他们于负性免疫调控在癌症治疗中的发现。免疫这块"他山之石"，似乎蕴含着攻克癌症的巨大能量。似乎免疫这个词，在诞生之初就和传染性疾病有着密不可分的关系。然而癌症不属于传染性疾病。如今，随着研究的深入，广义的免疫概念被提出，机体的免疫系统同样监视、防止癌细胞的发生发展。早在19世纪，人类对免疫的了解尚未成熟之时，被誉为癌症免疫治疗之父的威廉·科利就已率先借用免疫的力量试图治愈肿瘤，他于1891年发表在《外科学年鉴》的《对肉瘤知识的贡献》详细记载了用丹毒中的链球菌治疗肉瘤的案例。并且其本人研发的"科利毒素"在100多年前即证明可以有效延长肿瘤病人的生存期。如今，肿瘤免疫学界的最高奖项也被命名为"威廉·科利奖"。但是，由于对免疫系统缺乏了解，难以进一步扩大其疗效，威廉·科利的细菌疗法的潜力被随之而来的肿瘤放射疗法所掩盖。19世纪至今，随着无数科学家的勤勉研究，免疫这一人体内庞杂系统的面纱被徐徐揭开，也宣布着肿瘤治疗新时代的到来。

肿瘤细胞从其发生开始，都在与免疫系统进行相当激烈的斗争，免疫系统尽其所能发挥抗肿瘤效应。人体内有两套免疫系统，分别为固有免疫系统和适应性免疫系统。固有免疫系统是生物在进化过程中逐渐形成的。而适应性免疫系统顾名思义，是在人类生命过程中与外界环境不断接触、适应从而逐渐完善的。固有免疫具有一定的特异性，比如，固有免疫细胞的主要受体之一为模式识别受体，其主要识别病原生物的通用结构。然而适应性免疫系统具有较高的特异性和记忆性。例如，适应性免疫细胞可以通过专门的抗原提呈细胞识别外来抗原肽，并且将识别过的抗原肽以某种方式"记录下来"，当下一次外来抗原入侵机体时，适应性免疫系统能够迅速且有力地做出反应。适应性免疫系统由 T 细胞和 B 细胞等细胞及细胞因子组成，对"非己"的物质做出反应；肿瘤细胞由基因突变累积形成，同样属于"非己"物质。研究人员在 20 世纪 60 年代末通过对胸腺（thymus）切除的小鼠的研究确定了 T 细胞这一细胞种群和基本功能，并且以英文单词的首字母命名了这种细胞。白血病，在民间也被称为"血癌"。人类与白血病进行旷日持久的斗争至今，造血干细胞移植（hematopoietic stem cell transplantation，HSCT）是对抗白血病行之有效的方法之一。研究人员发现，造血干细胞移植有时会导致严重的"移植物抗宿主效应"，然而，奇怪的是，严重的移植物抗宿主效应往往带来的是白血病病情的缓解，研究人员将其称为移植物抗白血病效应。同时，移植物抗宿主效应的主要效应细胞是 T 细胞，研究人员将分离过 T 细胞的样本对病人行造血干细胞移植，发现移植物抗宿主效应和移植物抗白血病效应均消失。由此可以证明，在适应性免疫系统中，T 细胞是发挥抗肿瘤作用的关键细胞。因此在目前的研究中也被视作细胞免疫治疗的"排头兵"。T 细胞的免疫特异性来自其细胞膜上的 T 细胞受体。如果将受体和配体之间的关系比作锁和钥匙，抗原提呈细胞膜上的肿瘤抗原肽就是 T 细胞受体这把锁的钥匙。随着锁芯咔嗒一声转开，T 细胞即活化增殖，识别并杀伤表达特异性抗原的肿瘤细胞。

固有免疫系统由最基本的组织屏障和固有免疫细胞及分子组成，发挥抗肿瘤效应的主要是其中的固有免疫细胞及分子，如 NK 细胞、巨噬细胞等。NK 细胞于 1975 年以固有免疫任务的主要承担者的角色被首次发现，但近年来它重要的抗肿瘤作用被越来越多研究人员所关注。NK 细胞，有着固有免疫的特点之一，即被激活不需要抗原提呈细胞的参与，可直接通过趋化因子到达肿瘤组织处。因此其可以在肿瘤组织生长的早期发挥作用，也被称为机体抗肿瘤的第一道防线。NK 细胞的表面有两个受体，一个为抑制性受体（killer inhibitory receptor，KIR），抑制 NK 细胞活性；另一个为活化性受体（killer activation receptor，KAR），能够激活 NK 细胞发挥杀伤作用。肿瘤细胞胞膜上缺乏与 KIR 结合的配体，即没有打开 KIR 的钥匙。但细胞膜表面的配体可以和 KAR 结合，激活 NK 细胞，使其活化，从而发挥肿瘤杀伤作用。

既然有如此完备的免疫系统保护，为什么目前癌症的患病率还是居高不下呢？因为肿瘤细胞不会束手待毙，在与免疫系统漫长的斗争过程中，肿瘤细胞学会了伪装自身，逃脱免疫系统"雷达"的扫描。这一现象，被科学家称为"免疫逃逸"。如今肿瘤免疫编辑学说被大多数学者所认可，此学说将肿瘤细胞和免疫细胞的斗争以时间顺序分为三个阶段，分别为清除期、平衡期和免疫逃逸期。在清除期，免疫细胞能够有效识别肿瘤细胞并且造成杀伤。经过平衡期到达免疫逃逸期时，肿瘤细胞的突变重塑已经完成，能够逃脱免疫细胞的识别，随后依靠强大的增殖能力使病程继续发展。因此，在肿瘤细胞不断地进行自身免疫编辑之前，即能有效地利用免疫系统的强大能力清除肿瘤细胞就成为问题的关键。

对 T 细胞的抗肿瘤效应有了充分的了解之后，研究人员便试图驯服这一功能强大的细胞用以治疗癌症。T 细胞是受趋化因子调控杀伤肿瘤细胞的，研究人员于是注射大量趋化因子（如 IL-2）刺激外周血大量生成 T 细胞从而达到治疗肿瘤的目的。然而这一方法的效果并不像预计中那么好。原因主要在于生成的 T 细胞特异性不够高，无法在肿瘤细胞免疫逃逸之前彻底杀灭肿瘤细胞，并且高剂量的 IL-2 也带来了毒性。如何提高 T 细胞对肿瘤细胞的特异性呢？此时，基因编辑技术应运而生。基因编辑技术可以将外来的基因片段通过病毒载体导入免疫细胞中并且稳定表达，研究人员将设计好的基因片段导入 NK 细胞或者 T 细胞中，使其表达高度特异性的受体，从而高效率地识别癌症细胞形成抗癌效应。因此，细胞疗法发明初期特异性差、效率低下的缺点得到了有效解决。自此，细胞免疫疗法的潜力已初步显现。

基因编辑技术是基因治疗中不可或缺的一部分，基因编辑技术也随着时代的发展继续进步，2020 年的诺贝尔化学奖颁给了发现基因编辑技术的两位女性科学家——加州大学伯克利分校教授詹妮弗·道达和德国马普感染生物学研究所教授埃玛纽埃勒·沙尔庞捷，以表彰她们在发现 CRISPR/Cas9 这一基因编辑技术中的贡献。CRISPR 是"成簇规律间隔短回文重复序列"（clustered regularly interspaced short palindromic repeats）的缩写，来源于细菌和古生菌这些古老的生物中，科学家们发现 CRISPR 系统可以通过破坏外源基因来保护细菌基因的稳定性。经过一系列的研究，科学家可以完全掌控 CRISPR/Cas9 这把"多功能基因剪刀"，让其能够高效地执行基因片段的剪切、粘贴任务。CRISPR/Cas9 编辑免疫细胞以治疗癌症展现了十分广阔的应用前景。

除基因编辑技术的进步以外，另一种基因疗法——mRNA 疫苗也取得巨大进展，并在新冠肺炎疫情期间大放异彩。mRNA 疫苗目前多由脂质体包裹一段设计好的 mRNA 构成，注入体内后于胞内被翻译为特定的蛋白质表达，引起特异性的免疫反应。与蛋白疫苗相比，mRNA 疫苗从生发中心响应、Tfh 激活、中和抗体产生、特异性记忆 B 细胞和长寿命浆细胞的激活等都远远优于蛋白疫苗。不仅在新冠病毒领域，癌症 mRNA 疫苗的研发也受到广泛关注，与新冠疫苗原理相似，癌症 mRNA 表达病人的肿瘤特异性抗原，增强人体适应性免疫对癌细胞的杀伤作用。

在基因编辑等各项技术逐渐趋于成熟的大背景之下，2021 年 6 月 22 日，用于治疗难治性大 B 细胞瘤的细胞免疫药物——阿基仑赛在我国获批上市，成为我国首个批准上市的细胞治疗类药物。一时间，媒体趋之若鹜。届此，细胞免疫疗法正式走入了公众视野。同时也有报道称著名生物科技公司 BioNTech 创始人称 mRNA 癌症疫苗或可在 2030 年前问世。公众心中也有着诸多疑惑，真的可以治愈癌症吗？为什么有如此高昂的价格？此类种种。

细胞和基因疗法的研究现状

目前，细胞免疫疗法主要分为三种研究方向，即肿瘤浸润淋巴细胞（tumor infiltrating lymphocyte，TIL）、T 细胞受体编辑技术（T-cell receptor technology，TCR）和嵌合抗原受体细胞（chimeric antigen receptor cell，CAR cell）。TIL 疗法是较早提出的细胞免疫疗法之一。机体罹患肿瘤时，肿瘤组织所在位置释放趋化因子使其被大量淋巴细胞浸润，这些淋巴细胞都带有对此种肿瘤的天然特异性，从肿瘤组织中分离出浸润的淋巴细胞，在体外进行工程化扩增，再回输到患者体内，在数量上增强免疫系统的抗肿瘤作用，达到治疗癌症的目的。这种方法在实体肿瘤尤其是黑色素瘤中应用较多，也证实了其疗效，填补了目前 CART 治疗的空白领域，但是对其他肿瘤应用前景并不十分明确。2014 年，史蒂夫·罗森伯格教授其团队首先使用全外显子测序技术发现突变的 ERBB2 结合蛋白为活化 T 细胞的特异性抗原，并将这些活化 T 细胞体外扩增回输体内，结果证明了 TIL 在上皮细胞癌症特别是胆管癌治疗上的显著疗效。同时，TIL 疗法与免疫检查点疗法联合使用治疗晚期难治性肺癌也展现出极佳的临床结果。凭此，TIL 疗法被视作目前最有前景的治疗实体肿瘤的细胞免疫治疗技术。同时，国内数家公司陆续将视线投放在 TIL 疗法这一初具潜力的领域。

TCRT 疗法是随基因工程技术的迭代应运而生的一种细胞免疫疗法。它是利用基因工程技术将能够高度识别肿瘤细胞表面抗原的特异性 TCR 序列的基因片段转入病人本身的 T 细胞中，使 T 细胞胞膜上能够表达特异性结合肿瘤细胞的 TCR。之后回输到患者体内，从而杀死肿瘤细胞的治疗方法。与 CART 疗法相比，TCR 毕竟是机体本身表达的受体，其配体的特异性也不稳定，因此 T 细胞杀伤作用的准确性仍有提升的空间，也即经过 TCR 编辑的 T 细胞仍然有靶向其他细胞的可能。同时，其持续性的问题也同样受到挑战。但是随着基因工程技术的进步，这一问题似乎也迎刃而解，通过肿瘤外显子组测序技术和表位预测算法，能快速鉴定肿瘤细胞中因基因突变而产生的免疫原性新表位。通过基因编辑技术改变细胞内信号通路增强其活力。例如，在肺癌的治疗中，有研究人员选择特异性靶向抗原 MAGE-A4 的 T 细胞受体，用于肺癌的 T 细胞个性化治疗，证明了高亲和力和安全性。因此 TCRT 疗法也逐步受到越来越多的关注。

CAR 疗法分为 CART、CARNK 和 CARM。CAR 治疗，也即嵌合抗原受体细胞疗法。CAR 疗法发展最早的为 CART，研究人员通过基因工程技术将识别肿瘤细胞特异性抗原的 TCR 改变为该种抗原的特异性抗体（CAR），所以称为"嵌合"。CAR 主要由三个功能域构成，分别是胞外结构域、跨膜结构域和胞内结构域，胞外结构域由负责识别并结合抗原的单克隆抗体的单链可变片段（scFv）及一段起连接作用的铰链区（Hinge）构成，单链可变片段的特异性极高，并且完全可人为编辑，具有极高的自由度。未经过编辑的 T 细胞通过 TCR 这把锁和抗原提呈细胞上的抗原肽这把钥匙结合，相比之下特异性一般且起效时间慢；而通过人为编辑的单链可变片段（即抗体）不通过抗原提呈细胞直接和抗原结合，起效十分迅速且特异性极高，如同一把钥匙直接插进了人为制造的倒模里。因此 CART 成为近些年最早取得临床和市场成功的细胞免疫治疗方法，目前主要治疗血液系统恶性肿瘤，特别是淋巴细胞白血病、淋巴瘤、多发性骨髓瘤等。以 CD19/CD20 为靶点的 CART 技术已经陆续在美国和我国获批上市。然而 CART 疗法的效应细胞是 T 细胞，因此其作用也受 T 细胞的局限性所限制。实体肿瘤周围有特殊的肿瘤微环境，肿瘤微环境对 T 细胞向肿瘤组织中心的浸润有着明显的抑制作用。因此虽然 CART 在血液恶性肿瘤中的效果获得了广泛肯定，但在实体肿瘤的应用中还需克服许多困难。

NK 细胞是人体固有免疫的一部分，它可以对身体内遇到的各种病原体迅速做出反应，是抵御危险感染或异常细胞的第一道防线，是身体对抗癌症的正常储备。

与 T 细胞不同，NK 细胞的杀伤作用不用预先致敏，但其杀伤作用仍具有极高的精准度。因此，CARNK 作用更迅速，排异反应也更少。CARNK 的研究也在如火如荼地进行中，美国 MD 安德森癌症中心研究人员在《新英格兰医学》(NEJM) 上发布的 CARNK 研究，将 CARNK 用于治疗复发/难治的 B 细胞恶性肿瘤 I/II 期的临床试验研究，用 3 个剂量治疗 11 名患者，客观缓解率为 73%（8/11），其中 7 名患者完全缓解，仅输注治疗后第一个月内有反应。在这项初步成功的临床试验结果上，研究人员希望开展进一步的临床研究，探索同种异体脐带血来源的 CARNK 疗法的安全性和有效性。NK 细胞作为固有免疫细胞，和 T 细胞相比，安全性更高，但也有细胞增殖难度、肿瘤复发率等亟待解决的问题，也是目前 CARNK 研究的主要方向。

随着 CART、CARNK 的广泛开展，研究人员将目光投向另一重要的免疫细胞——巨噬细胞。作为另一种固有免疫细胞，巨噬细胞在肿瘤微环境的形成发挥了重要作用，因此研究人员希望，CARM 能在重塑肿瘤微环境、增强 T 细胞作用这些方面发挥效果，相关研究也在开展中。

mRNA 癌症疫苗的研究也在如火如荼地开展中，与蛋白疫苗相比，mRNA 疫苗耐受性好、容易降解。与 DNA 疫苗相比不易整合到宿主基因组中。其次，mRNA 疫苗的生产速度快、成本低。1996 年，第一个基于 mRNA 的癌症疫苗研究首先在树突状细胞中进行了体外实验。一篇发表在《柳叶刀》的综述统计了 mRNA 疫苗的临床试验情况，目前 mRNA 疫苗在黑色素瘤、头颈部鳞状细胞癌、前列腺癌中进行 II 期临床试验，但尚未有 III 期临床试验的报告。我国在这一领域的研究目前较少，我国的多发肿瘤如胆囊癌、胰腺癌等目前研究尚缺，体现了这一领域的巨大潜力。

临床转化体系的建立，让病人真正获益

显然，细胞疗法和基因疗法展现了极具潜力的发展前景，尤其是联合新技术如

基因编辑 CRISPR/Cas9 和免疫检查点治疗等，无数临床研究的结果证实了其疗效。细胞免疫治疗也被称为继手术、放射治疗、化学药物治疗、靶向治疗之后的第五大癌症治疗方法。细胞疗法和基因疗法也是当代科技发展种种科学进步的综合产物，凝聚了世界各国科研人员的先进研究成果，是当今世界最高的科学技术水平在医学领域的集中体现。然而，目前也存在一些如适应证较窄、对实体瘤疗效待评估、价格昂贵等问题。在细胞免疫治疗制备难度的基础上，媒体所宣传的"120 万一针"可能有所夸张，但也不是空穴来风，民众对其价格的广泛关注也不无道理。

首先，我们应鼓励发表颠覆性的成果，满足市场需求。目前我国发病率高的恶性肿瘤中，细胞和基因疗法的研究较少，其原因在于此领域的研究仍以国外为主，因此我国应加强和深入符合我国疾病谱的恶性肿瘤的细胞和基因疗法研究，打好核心技术科研攻坚战，做出具有创新性的重要工作，提高临床转化价值。

其次，需要借助政策的力量构建临床转化体系，"健康中国 2030"规划的提出表明了国家对于防治重大疾病的决心和希望。规划中提出"加强医药技术创新，提升产业发展水平"。同时加快生物医药和大健康产业基地建设，培育健康产业高新技术企业，打造一批医学研究和健康产业创新中心，促进医研企结合，推进医疗机构、科研院所、高等学校和企业等创新主体高效协同。加强医药成果转化推广平台建设，促进医学成果转化推广。作为临床和科研工作者，我们应把握历史机遇，乘势而上开创临床转化系统建设新局面。

最后，大学和企业间要建立起有效的通道和连接，实现知识和人才的双向输送。转化科技成果是促进知识成果成为现实生产力的关键环节。这对于市场前景广阔的细胞和基因治疗技术尤为重要。大学必须打破科技成果转化的障碍，特别是通过调整管理、激励和指导体系，使癌症治疗领域的科技成果易于进入市场。例如，大学可以向相关合作公司开放更多癌症治疗项目和其他科学成果的专利，实现实时信息互换，弥合临床转化过程中的信息差异。我们应该意识到细胞和基因治疗技术的特点，在研究方向和市场导向之间取得平衡。开放人才评价体系，避免以论文作为唯一评价指标。总的来说，我们应该更多地关注这一技术的商业潜力和市场前景，而不应仅仅局限于基础研究的进展。

在老龄化社会的背景下，恶性肿瘤仍是我国当今社会最受关注的公共卫生问题，细胞疗法和基因疗法是这个问题的最终答案吗？笔者认为，这个问题的题眼在于是否能够建立一个规范、高效的临床转化治疗体系。一个完善的临床转化体系能够让细胞疗法和基因疗法的成果不再局限于实验室，真正惠及千万癌症病人。

中国细胞生物学学会

撰稿人：马继尧　刘　赟

编辑：杨　丽

2. 如何实现存算一体芯片工程化和产业化？

发展数字经济是把握新一轮科技革命和产业变革新机遇的战略选择，是新一轮国际竞争的重点领域。算力是数字经济的核心生产力，美国、日本、欧盟正在纷纷加速布局先进算力体系，力争全球算力竞争主动权。

存算一体技术以高算力、高能效为核心优势，有望突破传统计算架构的算力增长瓶颈，成为构建先进算力体系的关键技术。发展自主可控的存算一体技术及产业生态意义重大，有助于我国在数字经济先进算力领域获得国际竞争优势，推动我国产业数字化和数字产业化的转型升级，并在一定程度上缓解先进光刻机等芯片制造设备的"卡脖子"问题。

当前，存算一体正处于技术工程化和产业化的关键阶段，涉及新材料、器件、芯片、软件、算法、应用等多个环节，产业链条长，需要合作伙伴以开放、合作、共赢的心态，协力推动存算一体产业发展，为我国早日实现算力科技的高水平自立自强做出贡献。

吴华强

清华大学集成电路学院院长

集成电路高精尖中心执行主任

存算一体芯片引领算力时代新技术革命

算力也称计算力，是数字化时代衡量生产工具对数据的处理能力。日常生活中常见的智能手机、穿戴设备以及数据中心的服务器、交换机等设备都蕴藏着充足的算力。随着新一轮科技革命和产业变革，以算力为核心生产力的数字经济时代正在加速到来。

经典冯·诺依曼计算架构面临的两堵"墙"

当前，算力已成为全球战略竞争制高点，是国民经济发展和产业加速转型的重要推动力，《2020—2021全球计算力指数评估报告》指出全球各国的算力规模与经济发展呈现正相关。《中国算力白皮书》数据显示，截至2021年底，全球算力总规模达到521EFLOPS（每秒浮点运算次数），其中我国算力总规模为140EFLOPS。全球总算力份额前五名的国家为美国（31%）、中国（27%）、日本（5%）、德国（4%）、英国（3%），共占据世界算力的70%。

美国、欧洲、日本相继启动算力研发计划，借助算力带动经济增长。算力需求与人工智能（AI）、大数据等新兴信息技术发展息息相关。近年来，我国政府工作报告中多次强调加快AI产业应用和技术的迭代升级。预计2025年全球数据量将达到175泽字节，复合增长率达27%，数据体量及相关应用数量呈爆炸式增长。海量数据的产生、传输、处理、分析、存储和安全保障等需求，对系统的处理能力、带宽、时延、集成规模、功耗、成本等发出全面挑战。

此外，基于大数据的 AI 分析技术逐渐融入各行各业，如智慧工业、智慧金融、智慧医疗、智慧家庭、智慧交通、智慧教育等。面对海量数据，使用 AI 算法挖掘其中价值，需要强大的算力支撑才能实现。据 OpenAI 数据显示，2012 年以来，AI 算力需求增长了 30 万倍，平均每 3.43 个月就会翻倍，远快于芯片算力的提升速度；受制于半导体芯片制造工艺提升速度放缓和当前计算架构的固有问题，芯片算力与应用需求的差距将越来越大。

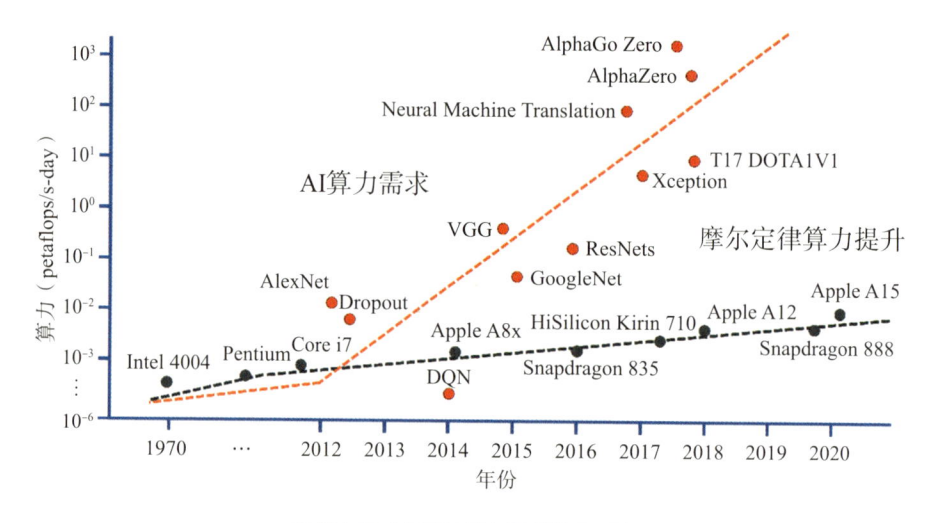

AI 算力需求与芯片算力提升速度对比

1965 年，美国科学家戈登·摩尔（Gordon Moore）预测，集成电路上的晶体管数量将以每 18 个月翻一番的速度增长，意味着计算能力相对时间周期呈指数式上升，这一评估半导体技术进展的经验法则被称为摩尔定律。在摩尔定律应用的 50 多年里，计算机从神秘的庞然大物变成不可或缺的精巧工具。这种技术进步主要依赖工艺制程的突破使晶体管尺寸逐步缩小，单位面积晶体管集成规模不断增大。半导体厂家的制造工艺从 40 纳米、28 纳米发展到 5 纳米、3 纳米，每个历史阶段都有比较重大的技术创新，如应变硅技术、高 K 金属栅技术、3D 晶体管技术等。但是，经过十几年的发展，晶体管的性能指标和能耗指标即将到达极限，尤其是近几年来，以互补金属氧化物半导体（Complementary Metal Oxide Semiconductor，CMOS）为代表的晶体管工艺已经很难跟上数据爆炸的步伐，在能耗、性能上的差距越来越大。各领域科学家与产业分析师都已经预测到摩尔定律的失效，试图从更多途径维持摩尔定律发展趋势，例如半导体领域的研究人员正在积极发掘和推动底层计算架构变革。

1945年，冯·诺依曼（John von Neumann）发表《第一份草案》，指出计算机应该由5个基本部分组成，即运算器、控制器、存储器、输入装置和输出装置。这种计算架构奠定了现代计算机体系结构坚实的根基，时至今日通用计算机仍然遵循这种经典架构，但也逐渐显露弊端。

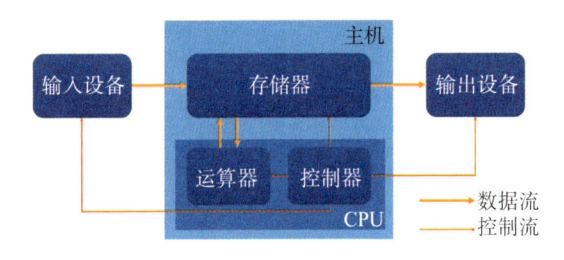

冯·诺依曼的计算架构

冯·诺依曼架构的重要特征是计算功能和存储功能分离，分别由中央处理器（CPU）和存储器承担。CPU在执行命令时先从存储器中读取数据，完成计算后再将结果写回存储器中。这种以CPU为计算核心的架构特征使业界对CPU的性能关注远远超出存储器，也令CPU和存储器的设计走向不同的路线。CPU的设计目标是高性能，通过加快晶体管的开关速度提升运算速度，并使用更多的金属布线来降低传输延迟，使CPU跑得越来越快；存储器的设计目标是增大容量和延长数据寿命，通过容纳更多数量的晶体管提升存储密度，使存储器装得越来越多。1980年至今，CPU性能的年增长速度保持约60%，而存储器只有9%，导致存储器的数据读写速度越来越跟不上同时期CPU的数据处理速度，无法充分发挥CPU潜能，硬件的整体算力难以提升，被称作"存储墙"问题。

冯·诺依曼架构中，计算和存储的分离也造成了严峻的"功耗墙"问题。例如，在 1 比特浮点运算中，数据在 CPU 和存储器之间反复搬运能耗是计算本身能耗的 4～1000 倍，到了 7 纳米工艺时代，虽然计算的能耗在进一步降低，但数据搬运能耗在不断增加，甚至在整个计算操作中占比达到了 63.7%，已经远大于数据处理的能耗，引起运营成本、散热效率和绿色节能等问题。

"存储墙"与"功耗墙"问题并没有随着半导体制造工艺及软件算法提升得到本质性解决，这是传统冯·诺依曼计算架构整体算力提升放缓的主要原因之一。如今，大数据 AI 应用需要更快、更准、更节能的算力支撑，但底层架构仍沿用 80 年前的设计，这就像直立人还顶着一颗猿人的大脑。为此，产学研各界正在努力掀起一场计算架构变革，彻底拆除横在计算单元和存储单元间的两堵"墙"。

存算一体新型计算架构打破冯·诺依曼两堵"墙"

早在冯·诺依曼架构问题暴露初期，业界就已经紧锣密鼓地开展了许多近存计算架构研究，包括增加缓存级数、光互连、3D 堆叠等核心技术，旨在缩短通信距离或增加通信带宽。为了缩短存储器和 CPU 的数据传输距离，片上存储技术和 3D 堆叠封装技术被相继提出。其中，片上存储技术在 CPU 和主存储器之间插入多级高速缓存，缓存区放置常用数据，缓存容量越大访问效率越高，从而缓解访存延迟并降低功耗；3D 堆叠封装技术将多个芯片堆叠在一起，进一步提高存储密度和容量，并通过增大并行宽度或使用串行传输提升存储带宽。例如，高带宽内存（High Bandwidth Memory，HBM）技术将多个存储芯片堆叠在一起后，与 CPU 或 GPU 封装在一起。目前，这两种技术已经在消费产品中得到广泛应用。为了实现高带宽数据通信，业界尝试使用光互连代替传统铜导线电子互联方式，光纤在传输速度和抗干扰方面有先天优势，可以解决信号传输的功耗和速度问题。但是，由于实现光互联技术的核心器件性能距离可应用尚有差距，且商用产品出货量小、采购成本高，相关产品仍处于研究开发阶段。虽然上述方案优化了访存带宽或搬运距离，但是并没有改变存算分离的本质，且引入了附加功耗与成本开销，两堵"墙"的问题依然存在。

针对如何彻底消除计算和存储的距离，研究人员借助生物大脑结构寻找答案。大脑的基本处理单元是神经元，神经元之间相互连接的结构称为突触，当突触接收到前神经元信号后，根据自身性质产生信号发送给下一个神经元，就地完成了信号处理。为了在计算架构中模仿这种机制，研究人员设想在数据输入存储器后让存储器实现运算功能。这种设计彻底打破冯·诺依曼计算架构的存算分离模式，消除数据迁移带来的功耗开销，成为存算一体架构的核心思想。

存算一体技术的发展最早可以追溯到 20 世纪 70 年代，1969 年斯坦福研究所的考茨等人提出存算一体的概念，后续业界展开了芯片电路、计算架构、操作系统、算法应用等多方面研究，但是受限于应用场景和制造成本，大部分工作仅停留在研究阶段。直到近年来，伴随物联网及 AI 等应用市场迅猛发展，以及存储技术和产品不断丰富和成熟，存算一体架构因其能够同时满足大算力、高精度和高能效比，逐渐获得产学界广泛关注。

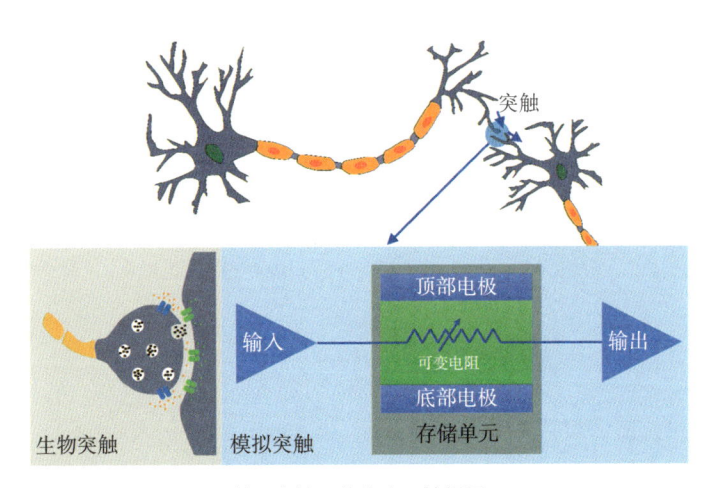

基于存算一体的人工神经元

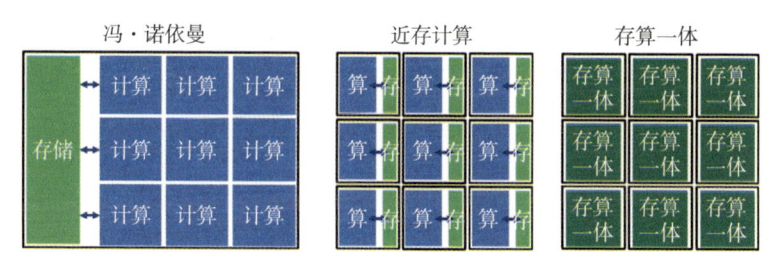

三种不同的存算架构

存算一体芯片的多条技术路线

在过去的几十年中，大部分计算架构基于数字电路实现，由数字逻辑单元完成基础运算，这种方式需要将操作数从存储器取到运算器中，通过时钟控制计算，再将运算结果送回存储器。主流存算一体架构改用模拟电路完成基本运算，将操作数转换为电流或电压信号送入存储单元，根据欧姆定律、基尔霍夫定律等物理规律完成计算，不需要独立的计算单元。例如，使用阻变随机存储器（Resistive Random Access Memory，RRAM）实现基于神经网络的图像分类应用，需要在输入图像后，经过多层乘加运算得到分类结果。为实现乘加运算，RRAM 器件的电导值可以进行调节用于存储神经网络的权重，将图片输入数据转换为电压施加在器件一侧，测量器件另一侧的电流，根据欧姆定律，这一电流值为电压乘电导，由此实现输入数据与存储数据的乘法运算。将多个存储器件按照十字交叉的方式制备形成交叉阵列，测量同一行或同一列器件的输出侧总电流，根据基尔霍夫定律这一电流值为支路电流和，即可实现多个乘法运算结果的加法，从而完成乘加运算。理想的存算一体不需要时钟控制，更容易实现并行处理和事件驱动，在算力和能效上可获得数量级提升。

业界对于存算一体的研究基于不同的存储器展开，根据存储器的特点对原有存储单元进行改造或者增加辅助电路实现存内计算的功能。适用于存算一体技术的半

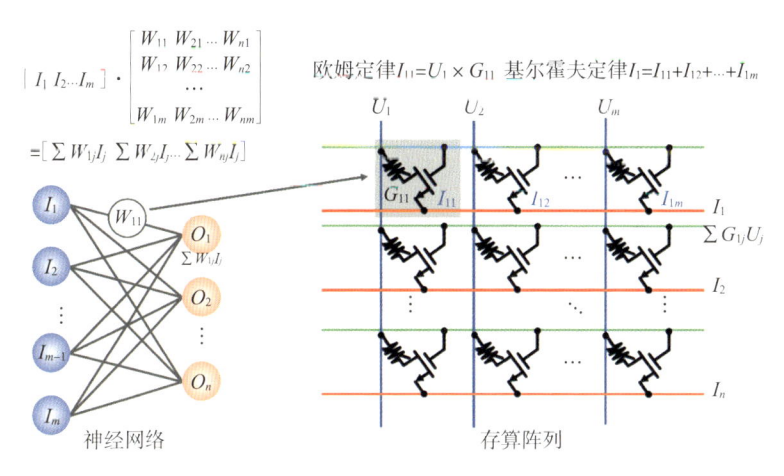

存算一体乘加计算原理（左）和计算阵列（右）

导体存储芯片包括 SRAM、FLASH 等传统存储器和 RRAM、MRAM、PRAM 等新型非易失性存储器。评价存储器的关键指标包括读取速度、单元密度、工艺匹配程度、写入寿命、耐久性等，决定了不同技术路线的适用场景。例如，部署在云计算中心的应用要求器件读写速度快、写入寿命长，对功耗、成本等指标要求较低；而部署在终端设备的应用对成本、功耗、计算密度等性能有严格要求，对写入寿命、读写速度等要求则相对宽松。综合各方面指标，SRAM 具备工艺成熟、读写速度快、写入寿命长等优势，但存在静态功耗高、计算密度低、掉电易失等问题，更适合云中心应用。FLASH 具备工艺成熟、计算密度高、数据非易失等优势，但存在寿命短、读写速度慢等问题，更适用于端侧应用。RRAM、MRAM、PRAM 等新型非易失存储器件结合了传统存储器的优势，具有计算密度高、读写速度快、寿命较长、功耗低、耐久性长等特点，但器件可靠性和成熟性有待提升，适用于端侧应用和部分低擦写云中心应用。从当前存算一体研究现状来看，各条技术路线均有优势和短板，芯片和产品涉及需要测评应用场景对实时性、功耗、通用性、算力等方面的需求侧重，选择合适的技术路线。值得一提的是，随着新型非易失性存储器件的发展，RRAM 等技术路线的硬件集成规模和功耗可以进一步突破，被视为更具潜力的存算一体技术路线。

技术路线	存储器件	单元结构	存储原理	读写速度	擦写寿命	单元面积	多位存储	掉电易失	工艺兼容	工艺成熟	静态功耗
SRAM	静态随机存储器		晶体管锁存器	快	长	大	否	是	高	是	有
FLASH	闪存		浮栅电子数量	慢	短	较小	能	否	低	是	无
RRAM	阻变随机存储器		电压改变阻态	较快	较长	小	能	否	高	否	无
MRAM	磁性随机存储器		磁场改变阻态	快	长	较小	否	否	较高	否	无
PRAM	相变随机存储器		温度改变阻态	较快	较长	小	能	否	高	否	无

优势 劣势

存算一体技术路线

随着 AI 等新兴市场的需求激增，学术界和产业界正在加大对存算一体研究的投入，试图开辟"后摩尔时代"硬件架构新赛道。

学术机构方面，2016 年，美国加州大学圣芭芭拉分校的谢源教授团队提出利用忆阻器构建基于存算一体架构的深度学习神经网络，相比冯·诺依曼计算架构的传统方案，功耗降低约 20 倍，速度提高约 50 倍。2021 年，清华大学吴华强教授团队联合中国移动，研制出全球首款基于 RRAM 的多阵列存算一体全集成系统，忆阻器集成规模突破百万级。2022 年，清华大学联合中国移动打造出基于忆阻器的存算一体 SoC 芯片 A111，单芯片集成近四百万个忆阻器，峰值算力预计 15TOPS，算力能效较相同工艺下的主流 GPU 提升两个数量级。目前清华大学已全面具备忆阻器存算一体芯片的本土设计、流片、封装和测试能力。

企业方面，国际信息产业巨头高度关注基于新型存储器的存算一体方案并持续加大资源投入。2020 年，IBM 欧洲研发中心研发出基于 PRAM 的 90 纳米存算一体芯片，以超低功耗实现复杂且准确的深度神经网络推理。2022 年，三星电子在业内首次完成 28 纳米 MRAM 小规模阵列级存算技术验证，实现了 98% 笔迹识别成功率和 93% 人脸识别准确率。国内的知存科技、昕原半导体、九天睿芯、苹芯科技等大量初创公司进入存算一体市场，其中知存科技 2022 年推出国际首个基于 Nor-Flash 的存算一体 SoC 芯片，以毫瓦级功耗实现深度学习运算，已完成批量生产，正式推向市场。

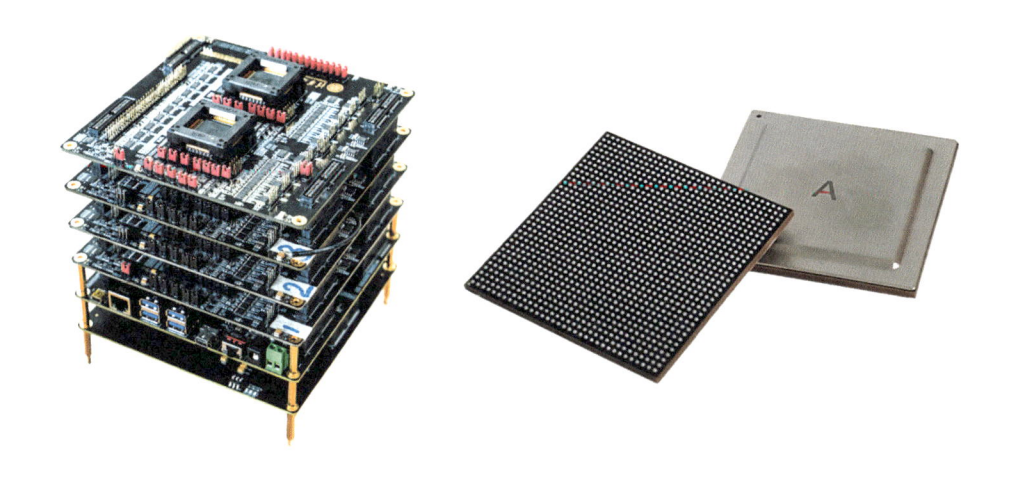

清华大学基于 RRAM 的多阵列存算一体宏单元 C200（左）及 SoC 芯片（右）

存算一体芯片将对国家、产业和人民生活带来积极影响

计算机的发展史一直由美国和欧洲企业主导。PC 时代的计算霸主是美国英特尔公司，移动互联网时代成就了英国 ARM 公司，人工智能的兴起造就了美国英伟达公司，而存算一体架构有望为我国在先进算力时代带来"弯道超车"的机会。虽然高端芯片受制于先进制造设备、材料和工艺，是我国芯片"卡脖子"问题的关键所在。但是，经测算，28 纳米的存算一体芯片与 12 纳米主流 GPU 的能效相当，这意味着可以通过计算架构弥补工艺间的差距，从而摆脱对高端光刻机等芯片制造设备的依赖，从一定程度上突破国外对我国芯片产业链的封锁，提升我国芯片设计与制造自主掌控能力。此外，存算一体芯片受益于新型存储器件的发展，我国在 RRAM、

MRAM、PRAM 等新型存储器件上的研究和制造进度紧跟国际步伐，有望另辟蹊径，实现存算一体从"0"到"1"的技术创新和引领。

"十三五"时期，我国深入实施数字经济发展战略，数字经济成为我国经济发展中创新最活跃、增长速度最快、影响最广泛的领域，推动生产生活方式发生深刻变革。存算一体代表未来先进算力的发展方向，也将会成为数字经济的核心生产力。此外，我国在大力推动东数西算工程，推动产业数字化和数字产业化的加速升级，而存算一体作为高算力、高能效的先进算力技术，将会对这些领域带来深远的变革。对于赋能各行业转型的大数据及人工智能技术，存算一体可以提供更具场景针对性的高速低功耗芯片，为行业变革提供更经济实用的解决方案。

存算一体的变革潜力对于人民生活消费也有重大影响。例如，智能手机集成了多种 AI 算法和应用，大幅增加了计算能耗，严重影响手机的续航时间；通过引入存算一体芯片，手机可以集成更多智能化应用，同时降低能耗、提升续航。自动驾驶汽车需要兼顾算力、能耗、成本等多个因素，存算一体的综合优势非常突出，可以打造更灵敏、成本更低的自动驾驶计算平台，加快智能驾驶的推广应用。除此之外，可穿戴设备（如手表、手环）、家庭中的智能音箱、公共安防领域的智能摄像头等，在存算一体技术加持下，将变得更智能、更省电、更便捷，而且成本更低，为人们提供便利、安全的生活环境。

存算一体芯片发展的挑战与建议

存算一体技术虽然前景巨大，但目前仍处于早期百家争鸣的状态，国内外存算一体技术研究均在多条路线布局并寻求突破，我国与其他国家在技术发展上旗鼓相当、齐头并进。需要加快存算一体芯片工程化和产业化进程，保持技术和市场优势。但是，存算一体技术攻关非常复杂，涉及器件、芯片、算法、应用等多方面、多层次的协同，技术上的研发制备以及生态建设都是极难解决的现实问题，主要存在以下挑战。

第一，部分关键器件的材料性能成熟度低，加工工艺不够完善，芯片的计算精度、耐久性、功耗、性能等指标尚待提高，存算一体的技术优势无法充分发挥。在现有主流存储器中，SRAM 虽然读写速度快，但是单元面积太大，无法在片上实现高密度集成；FLASH 采用浮栅和高压操作，不利于在先进工艺集成。RRAM、MRAM、PRAM 等新型存储器具有高密度、与标准工艺兼容性强、非易失等优势，经过产业界和学术界近 20 年的研究，逐渐成熟并走入市场，为存算一体的发展带来希望。但是，新型存储器件的特性（如阻态离散、非线性、漂移特性）和制造工艺还未完全达到传统存储器的完善程度，这些因素往往不可控，可能会对计算结果造成不可知的影响，制约了存算一体技术的快速突破与大范围应用。

第二，缺少成熟的电子设计自动化（Electronic Design Automation，EDA）辅助设计和仿真验证工具，使得存算一体的架构设计效率较低，且无可复用的 IP 核，设计水平参差不齐。EDA 是用于芯片设计的重要工具，属于芯片设计最上游最高端的产业，但也是国内芯片产业链最为薄弱的环节。EDA 工具一方面通过自动化辅助设计提升芯片研发效率，另一方面通过仿真验证降低流片失败损失。目前存算一体芯片领域缺乏成熟的 EDA 设计工具，导致芯片设计和迭代周期较长。此外，经过性能验证和反复优化的可复用知识产权模块（Semiconductor intellectual property core，IP 核），可以快速提高设计可靠性，吸引市场购买力。但是，国内大部分厂商仅靠自身技术设计芯片和产品，缺少开放统一的性能比较或测试验证方法，难以形成合力加快技术迭代和产品推广。

第三，缺少通用性的存算一体软件工具链，造成不同厂商存算一体芯片的接口和软件互不兼容，阻碍产业生态发展。通用、优化的软件工具链可以为开发者提供更加友好、统一的界面，屏蔽芯片硬件差异性，降低开发门槛，同时可以更好地发挥芯片性能，在提供更多应用能力的基础上提高计算准确率、降低计算时延、提升芯片算力，支撑存算一体大规模应用。但是，当前存算一体芯片厂商多聚焦在材料、器件和芯片的研发，在软件工具链上的研发投入不足，影响芯片的性能发挥。同时，由于存算一体软件工具链缺乏统一的标准，不同芯片厂家的软件工具链和应用互不兼容，产业有向碎片化发展的趋势。因此，产业亟须有影响力的企业联合众多存算一体芯片厂家推进存算一体软件工具链标准，加快通用、优化的软件工具链研发并与产业共享，降低开发门槛，软硬协同提升芯片性能，促使产业生态良性发展。

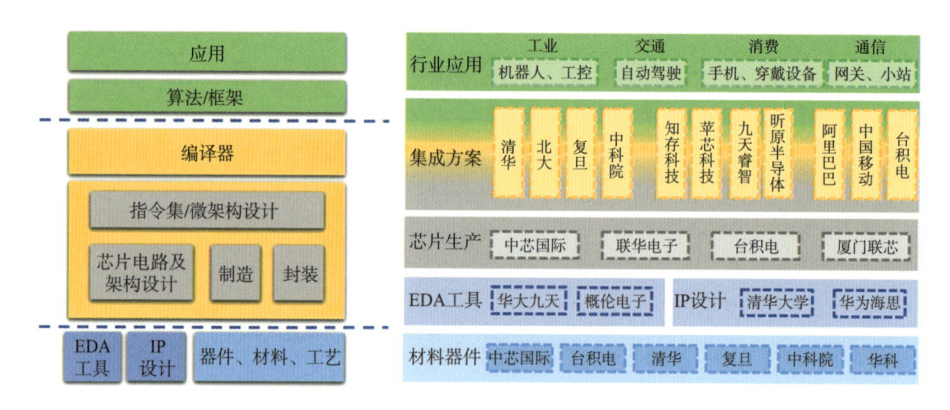

存算一体产业链（左）及重要参与者（右）

目前，国内外存算一体技术仍处于多路线探索阶段，加快突破存算一体关键技术，补齐工程化和产业化短板，助力我国构建自主可控的新型计算产业和生态，是当前亟须解决的重大产业技术问题。

为避免国外技术垄断和专利保护，希望政府相关部门和科研团队：一是加强顶层规划，明确技术路线推进策略和产业发展方向，加强政策引导和资金支持，集中资源加速构建新型计算体系。二是推动基于新型存储器的存算一体原创技术攻关，加速构建技术闭环体系，形成原创技术领先优势和核心技术壁垒。三是设立国家级存算一体技术验证及示范应用平台，构建业内领先的标准化存算一体实验环境和应用示范环境。四是加强存算一体产业生态构建，推动形成以市场需求为主导的产业链。以此抢占存算一体技术和产业制高点，实现技术领跑，助力我国在高性能计算技术与产品研发赛道上抢先卡位。

中国通信学会

撰稿人：马丽秋　李小涛　牛亚文　肖善鹏

编辑：李双北

3.
碳中和背景下如何实现火电行业的低碳发展？

碳中和背景下，构建新型电力系统，推进低碳、低能耗电力系统设施建设是实现"双碳"目标的关键，火电作为电力系统主要的碳排放源，其低碳发展是未来的大势所趋。碳捕集、利用与封存技术作为目前实现化石能源低碳化利用有效技术手段，在火电行业低碳发展的过程中至关重要，特别是寻找到经济可行的碳利用模式并结合碳交易政策后，碳捕集、利用与封存技术无疑能够使得火电行业在提升经济性的同时实现低碳发展。目前我国碳捕集、利用与封存技术尚处于产业化初级阶段，随着技术的进步及成本的降低，未来应用前景光明。

史玉波

中国能源研究会

碳捕集、利用与封存技术助力火电行业的低碳发展

在碳中和背景下，各行业都将迎来新的发展，其中构建新型电力系统，推进低碳、低能耗电力系统设施建设是实现"双碳"目标的关键，而火电作为电力系统主要的碳排放源，其低碳发展是未来的大势所趋。

未来在能源变革中，虽然新能源将起到至关重要的作用，但现阶段如果过早以新能源大量替代煤电、气电，不仅我国电力系统的安全稳定运行会受到严重影响，而且经济社会的运行也会受到重大影响。因此，加大可再生能源供能比例的同时，一定比例的燃煤、燃气等火电是我国电力系统安全长效发展、能源体系平稳转变的重要组成。而这部分的火电，在未来一段时间必将面临运行成本压力逐渐升高下还要进行低碳转型的巨大挑战。

碳捕集、利用与封存（以下简称CCUS）技术作为目前实现化石能源低碳化利用的唯一技术选择，碳中和目标下保持电力系统灵活性的主要技术手段，在火电行业低碳发展的过程中至关重要，特别是寻找到经济可行的碳利用模式并结合碳交易政策后，CCUS技术无疑能够使得火电行业在提升经济性的同时实现低碳发展。虽然目前我国CCUS尚处于产业化初级阶段，但随着技术的进步及成本的降低，未来应用前景光明。

火电行业碳排放

全球

根据国际能源署（IEA）《全球能源回顾：2021 碳排放》的报告，全球能源燃烧和工业过程产生的二氧化碳（以下简称 CO_2）排放量在 2021 年出现了强劲反弹，较 2020 年同比增长 6%，达到 363 亿吨，是有史以来年度最高水平。

2000—2021 年全球碳排放统计（数据来源：IEA）

2021 年，煤炭使用产生的碳排放占全球 CO_2 排放量的 42% 以上，达到 153 亿吨，也创造了历史新高，相比 2014 年的峰值高出近 2 亿吨。其中燃煤电厂的碳排放量上升至创纪录的 105 亿吨，比 2020 年增加 8 亿吨，比 2018 年创造的峰值高出逾 2 亿吨。

中国

2021 年，我国碳排放总量超过 119 亿吨，约占全球碳排放总量的 33%，其中能源行业排放量超 105 亿吨。根据《中国电力行业年度发展报告 2022》，2021 年度全口径发电量为 85342.5 亿千瓦时，其中火电发电量为 58058.7 亿千瓦时，占比超过 68%。按 2021 年全国单位火电发电量碳排放约为 828 克/千瓦时计算，我国火电行业 2021 年碳排放量达 48 亿吨，约占全国能源行业总排放量的 46%。面对能源紧缺和碳减排双重压力，现阶段我国火电行业的低碳发展任务仍非常艰巨。

2000—2021 年我国能源行业碳排放统计（数据来源：BP 世界能源统计年鉴）

火电行业低碳发展面临的挑战

"电荒"是 2021—2022 年电力行业的关键词之一，虽然只是短暂的时期，但也传递出了我国电力系统存在"稳定性"问题的信号。从目前的发电结构来看，火电依然占据绝对优势，虽然太阳能、风能、水能、核能等新能源发电发展空间广阔，但在实现"双碳"目标道路上，火电这个具有高碳排放与高污染排放特点的"双高"行业仍然会面临长期运行下的成本压力以及能源结构调整下的转型压力等诸多挑战。

能源需求增长下火电运行压力增大

2021 年全国 23.77 亿千瓦全口径发电装机容量中，火电装机占 54.7%，发电量占比更是高达 68%，而我国"富煤、贫油、少气"的能源资源禀赋决定了在较长时间内以煤为主的发电结构格局不会改变。随着经济的高速增长，能源需求也将不断提升，在可再生能源逐步替代的周期内，火电还必须持续扮演整个能源行业低碳转型发展的"压舱石"角色，承担支持新型电力系统和保障电力供应不可替代的重任，在未来较长一段时间内，传统火电机组将会一直承担较大的运行压力。

火电机组在可再生能源逐步替代期间直接退役的损失较大

虽然现阶段 30 万千瓦以下未达标机组已被陆续关停，但我国仍然拥有世界上数量最多的吉瓦级超超临界燃煤发电机组。这些煤电机组存在着一定锁定效应，且难以淘汰或转型。至 2020 年，我国现役的煤电机组平均运行年龄约 13 年，并且能效和污染物控制均处于世界领先水平，而发达国家的煤电机组平均运行年龄已达 40 年。从设计与成本角度考虑，我国煤电机组大多数还远未达到退役时期（欧美国家一般为五六十年），在考虑直接退役造成的巨大经济损失的情况下，至 2060 年，这些煤电机组必须在承担运行压力的同时进行低碳转型，以实现"2060 年碳中和"目标。

运行成本问题使得火电在承压运行期间低碳转型困难

在火电机组既要承担运行压力又要进行低碳转型的背景下，能源行业也同时在加快绿色低碳发展的步伐，使得火力发电"两极化"与"区域差异"明显加剧，电力市场过剩、新能源竞争冲击、高煤价低电价"两头挤压"等多种因素综合作用，造成火电行业接连亏损，负债率高企，转型难度极大。

而大多数的低碳转型不可避免地会增加运营支出，加之可再生能源的发电成本持续下降以及激励政策进一步冲击了火电行业合理收益，在接连亏损的同时，低碳转型对于火电行业而言无疑是"雪上加霜"。

火电行业低碳发展策略

火电机组既要承担运行压力又要进行低碳转型的大方向是不变的，这就要求火电行业既要把牢"压舱石"主体地位，又要大力开展技术改造，积极寻求经济效益好又低碳的转型模式。

提升火电经济性，支撑低碳改造

开展技术改造要以提升火电的经济性作为保障。

一是可以加快行业资本和资源整合，提高火电营利性。如国家层面推进行业资本和资源整合，支持企业间实现煤电、热电联动效应，有效增强其资本实力及综合竞争力，火电的盈利性会随着规模效应而有所改善。

二是火电积极参与新能源开发，拓宽服务模式。火电参与新能源开发已经是大势所趋，很多企业已经投资建设了风光项目作为火电的补充。另外，火电企业也可逐步增加自身业务中的服务属性。如气电的热启动及冷启动时间短，就是针对间歇性的新能源电源最理想的补充。这种以出售辅助服务为主的业务形态会逐渐增加，并成为行业的重要特征。

探索生物质掺烧、CCUS 技术改造等低碳发展路线

有了经济性做支撑，火电开展低碳技术改造的意愿才会强烈。一是可以探索生物质掺烧、污泥掺烧等多元电力结构，减排降碳；二是可以进行 CCUS 等主动型碳减排技术改造，助力火电行业低碳发展，而这也将成为未来火电减排的主力。

CCUS 技术助力火电行业低碳发展

2020 年国际能源署（IEA）指出，CCUS 是唯一能够在发电和工业过程中大幅减少化石燃料碳排放的解决方案，是实现 2℃ 途径的关键技术，预计至 2060 年累计减排量的 15% 都来自 CCUS。随着外部环境的变化和 CCUS 技术的发展，在全球范围内，其定位已经由单纯的 CO_2 减排技术变成了支撑能源安全和经济发展的战略技术，未来很长一段时间，CCUS 技术将为全球能源行业的广泛转型做出贡献。

什么是 CCUS？

CCUS（Carbon Capture，Utilization and Storage），即碳捕集、利用与封存，是将 CO_2 从工业过程、能源利用或大气中分离出来，直接加以利用或注入地层，以实

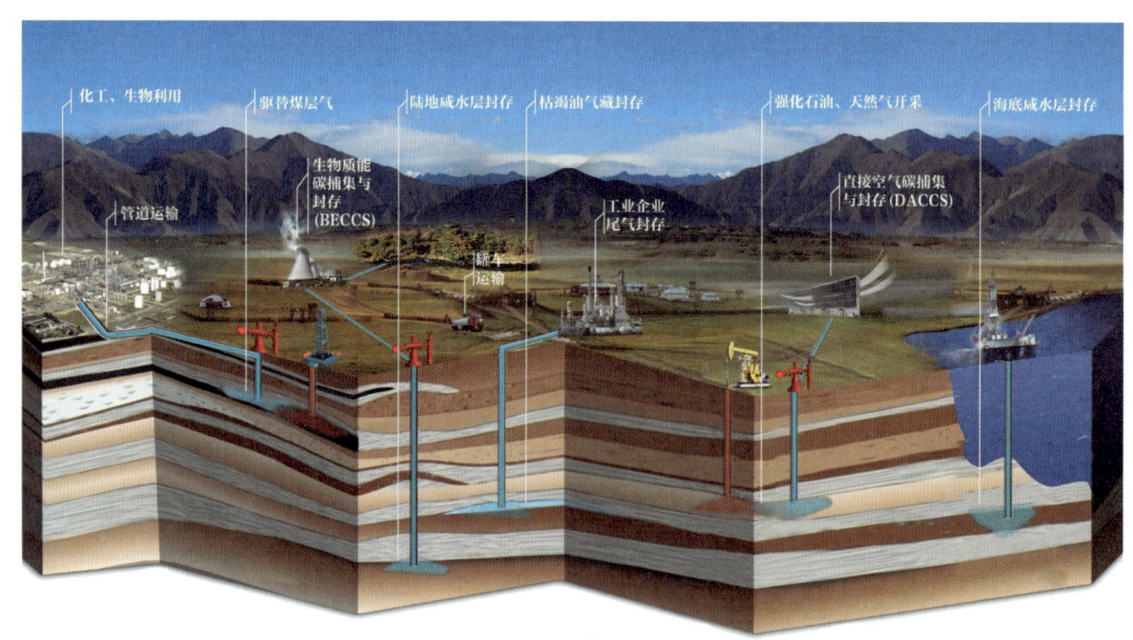

CCUS 流程
（图片来源：《2021 中国 CCUS 年度报告》）

现 CO_2 永久减排的过程。CCUS 是 CCS（Carbon Capture and Storage，碳捕集与封存）技术新的发展趋势，即把生产过程中排放的 CO_2 投入新的生产过程中，与 CCS 相比，可以将 CO_2 资源化，并且还能够产生经济效益，更具有现实操作性。

碳捕集

碳捕集是指将 CO_2 从工业生产、能源利用或大气中分离出来的过程。火电行业的碳捕集技术可根据捕集系统安装位置进行划分，分布在燃烧前、燃烧中以及燃烧后。

燃烧前捕集过程为整体煤气化联合循环发电系统煤气化单元产生 CO，其经过水煤气变换产生的高浓度 CO_2 在燃烧前进行分离；主要技术有物理吸收法、化学吸附法、变压吸附法等。

燃烧中捕集主要为富氧燃烧，通过空分装置收集 O_2，进行富氧燃烧产生高浓度 CO_2，适用于煤的气化与净化部分和燃气－蒸汽联合循环发电（以下简称 IGCC）与传统的煤粉燃烧锅炉；主要技术有富氧燃烧、化学链燃烧等。

燃烧后捕集是在燃烧排放的烟气中捕集 CO_2，目前常用的技术主要有化学吸收法（最成熟、应用最广泛）和物理吸收法（变温或变压吸附），此外还有膜分离法技术等。

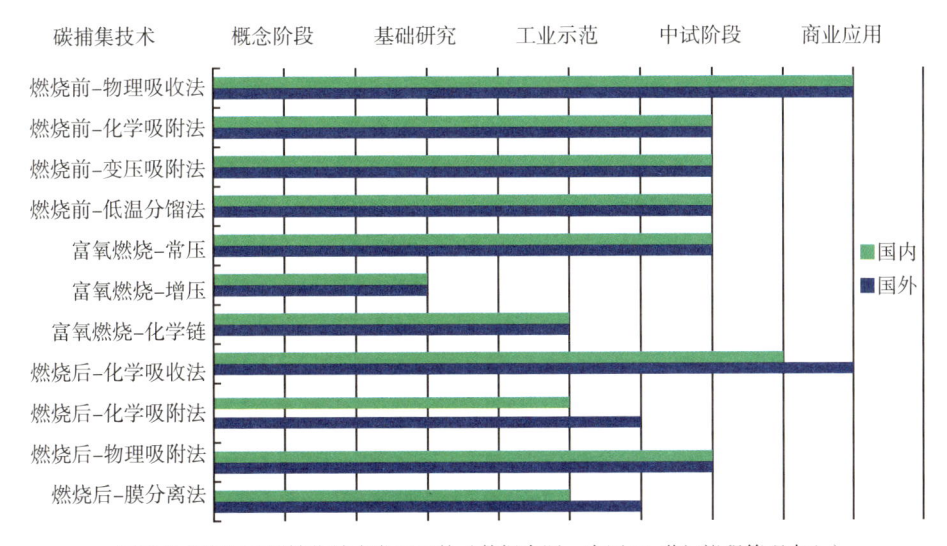

国内外火电行业碳捕集技术发展现状（数据来源：中国 21 世纪议程管理中心）

在火电行业，相比于燃烧后碳捕集的应用广泛、技术成熟。燃烧前与燃烧中碳捕集，存在 IGCC 技术经济集中性导致国内推广速度较慢，以及空分装置能耗过高等问题，应用较少。

碳利用

碳利用是指将捕集的 CO_2 通过多种方式加以资源化利用，从而实现减排的过程。利用方式可分为转化和非转化两类。

转化是将 CO_2 通过制备化学品、生物品、矿化等方式，转化为其他有使用价值的物质，从而实现减排。

国内首个万吨级燃煤电厂碳捕集装置，重庆合川双槐电厂，2009 年建设
（图片来源：远达环保）

非转化是将 CO_2 作为一种资源直接利用，比如用于电焊保护气、驱油、制备干冰、碳酸饮料添加、作为温室气体用于富碳农业等。

第一，转化。

制备化学品：国内科研院所已经在 CO_2 加氢合成甲醇、尿素甲醇直接/间接制备碳酸二甲酯以及煤层气低碳烃耦合重整制备合成气技术等资源化利用方面进行了大量的研究，但现阶段总体经济性不足，尚未实现大规模推广应用。

制备生物品：2021 年 9 月，中科院天津工业生物技术研究所在淀粉人工合成方面取得重大突破，国际首次在实验室实现了 CO_2 到淀粉的从头合成。按照目前的技术参数推算，理论上 1 立方米大小的生物反应器，年产淀粉量相当于我国约 3333 平方米土地玉米种植的平均年产量。由于该成果尚处于实验室阶段，离实际应用还有距离，但如果成本能降低到可与农业种植相比的经济可行性，将有机会节省超过

90%的土地和淡水资源,对于提高人类粮食安全水平,促进"碳中和"的生物经济发展都具有重大意义。

第二,非转化。

用于电焊保护气:上海长兴岛电厂的10万吨级CCUS项目,2022年年底投入试运,将CO_2用于长兴岛岛域各制造基地,是国内最大也是首个CO_2用于电焊保护气的全流程CCUS装置,有一定的经济效益,可能成为首个能够长周期运行的火电行业全流程CCUS装置。

用于CO_2驱油:2015年投运的中石化中原油田CCUS项目,将炼油过程中分离出来的CO_2注入油田,能够使原油采出率提高15%左右。齐鲁石化-胜利油田百万吨级CCUS项目于2022年8月29日正式注气运行,将捕集的CO_2用于驱油利用并封存,是国内首个百万吨级全流程CCUS项目,标志着我国CCUS产业开始进入技术示范中后段——成熟的商业化运营。

碳封存

碳封存技术是指将捕集的CO_2注入深部地质储存,使其与大气永久隔绝,从而实现减排的过程。封存方式主要有深部盐水层、无商业开采价值的深部煤层与油田、枯竭天然气田封存等。

海洋盐水层封存技术已经成熟,且已有大量工程示范。1996年,全球首个大型商业碳封存项目在挪威投运,每年将100万吨从天然气中分离出的CO_2,注入距离海岸大约250千米、海床800米深的盐水层。2016年,澳大利亚Gorgon项目投运,该项目是全球最大单体液化天然气项目的配套,每年将350万吨CO_2从天然气中分离出来,注入巴罗岛的盐水层中。陆地盐水层封存技术也已比较成熟,但工程应用受地质条件影响较大。国家能源集团鄂尔多斯10万吨碳捕集封存项目,在2010年建成以来累计将30多万吨CO_2注入地下盐水层。油田、天然气田封存技术已经成熟,但目前针对无开采价值的油田、气田的单独封存应用较少,主要还是应用在驱油、驱气的同时进行封存。

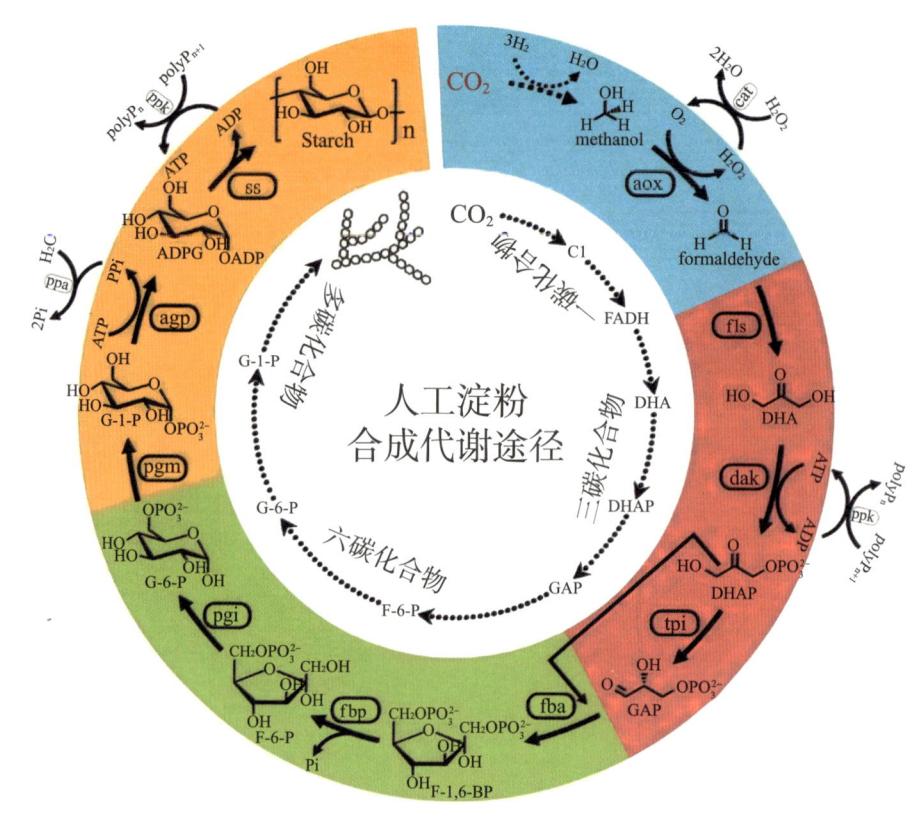

人造淀粉合成代谢途径及反应示意图
（图片来源：中科院天津工业生物技术研究所）

上海长兴岛电厂 10 万吨 CCUS 项目建设现场，2022 年 8 月 5 日
（图片来源：远达环保）

胜利油田项目
（图片来源：中国石化齐鲁石化公司）

Gorgon 项目
（图片来源：Financial Times）

现阶段地质封存不直接产生经济效益，在无政策支持下难以赢利；但我国地质封存理论容量高达万亿吨以上，是未来 CO_2 捕集后消纳的主要渠道。

火电行业 CCUS 减排空间

根据生态环境部环境规划院、中科院武汉岩土力学研究所、中国 21 世纪议程管理中心的研究，火电行业预计到 2025 年，煤电 CCUS 减排量达到 600 万吨/年，2030 年 2000 万吨/年，2040 年达到峰值，为 2 亿~5 亿吨/年，随后保持不变；气电 CCUS 的部署将逐渐展开，预计到 2025 年，气电 CCUS 减排量达到 100 万吨/年，2030 年 500 万吨/年，2035 年达到峰值后保持不变，当年减排量为 0.2 亿~1 亿吨/年。

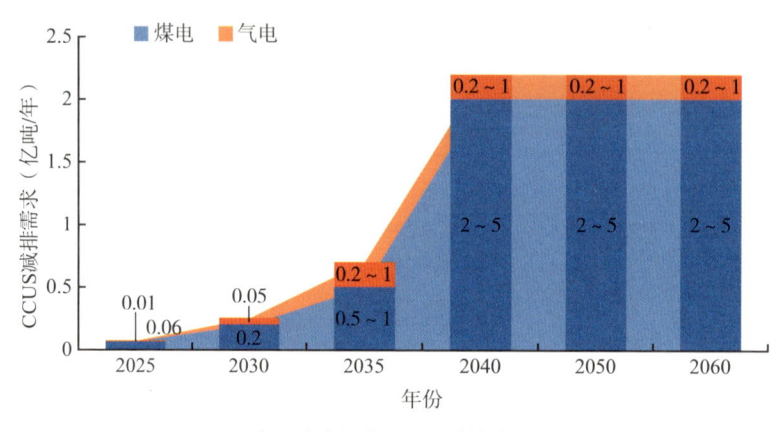

中国火电行业 CCUS 减排空间
（数据来源：生态环境部环境规划院、中国 21 世纪议程管理中心）

火电全面加装 CCUS 可以捕获 90% 的碳排放量，使其变为一种相对低碳的发电技术。在中国目前的装机容量中，到 2050 年仍将有大约 9 亿千瓦在运行。CCUS 技术的部署有助于充分利用现有的煤电机组，适当保留煤电产能，避免一部分煤电资产提前退役而导致资源浪费。现役先进煤电机组结合 CCUS 技术实现低碳化利用改造是释放 CCUS 减排潜力的重要途径。现阶段燃煤电厂改造需要考虑的因素主要有 CCUS 实施年份、机组容量、剩余服役年限、机组负荷率、捕集率设定、谷值/峰值等。

火电行业 CCUS 未来发展之路

现阶段火电 CCUS 仍然以示范为主，主要原因：一是捕集成本仍然较高

（250~500元/吨CO_2）；二是捕集所得CO_2需经复杂流程转化后才能获得少量收益，导致运行亏损下国内少有连续运行的火电CCUS项目。因此，后续可在两个方向上助力火电CCUS发展。

第一，技术迭代升级方面。

在碳捕集领域，持续降低捕集成本。一是进一步降低目前燃烧后碳捕集主流技术——化学吸收法的捕集能耗和吸收剂损耗；二是提升新型膜分离技术、新型吸附技术等第二代碳捕集技术研发及示范进度。

在碳利用领域，进一步扩宽碳资源化利用的方向。开发如CO_2加氢制甲醇、制航空煤油、制碳纳米管、制尿素、制乙醇、制芳香烃、微藻固碳等多种碳资源化利用技术，为全流程CCUS推广落地提供更广泛的技术路线选择。

第二，政策支持方面。

一是由政府方面提出面向碳中和目标的火电行业CCUS发展路径，根据我国能源产业布局，构建火电行业CCUS发展规划。二是完善火电行业CCUS政策支持与标准规范体系。在国家政策支持下，推动CCUS商业化步伐，制定科学合理的建设、运营、监管、终止等标准体系。三是通过国家重点专项等方式布局大规模CCUS示范与产业化集群建设。针对捕集、运输、利用、封存等全产业链开展集成优化，促进CCUS产业集群建设，推动CCUS产业化。

未来CCUS技术的应用在火电行业拥有无穷的潜力、无限的可能。

中国能源研究会

撰稿人：吴其荣　刘舒巍　余　夏

编辑：王　菡

4.
如何通过标准化设计—自动化生产—机器人施工—装配式建造系统性解决建筑工业化和高能耗问题？

  建筑业是直接关系到社会经济发展的重要行业，并且一直以来都是国民经济中能源消费最大的行业。随着"双碳"目标的提出，建筑业传统的粗放型、手工业、劳动密集型和高能耗的发展模式不可持续。因此，我国建筑业近年来向先进科学技术看齐，按工业化的方式改造建筑业，推进建筑业升级转型，寻找一条高质量、低排放发展的道路。

  标准化设计—自动化生产—机器人施工—装配式建造是近年来新型建筑工业化发展的高频词，是建筑工业化发展实现低排放、低消耗、高效益和高品质的重要途径。建筑业应当抓住"中国制造2025"的契机，利用良好的装备制造业发展基础，在建造全过程和全产业链推进新型建筑工业化和智能建造协同发展。这种工业化的建造方式可以有效节约生产建造阶段的消耗，带来良好的社会和经济效益，实现建筑业的提质、减碳。将"中国制造、中国创造、中国建造"融合，创新驱动建筑业高质量发展，走向新型建筑工业化，引领我国土木建筑行业迈入智能建造领先行列。

易 军

中国土木工程学会理事长

走向新型建筑工业化

建筑业面临发展方式粗放、高耗能、高排放等问题。同时，随着生育率持续降低、人口老龄化加剧，建筑工人正逐年减少。如何从劳动密集、高能耗向工业化、低能耗转型升级是需要建筑业和制造业共同关注的产业技术问题。

建筑生产建造是"碳排放"大户

我国城镇化建设稳定高速发展，每年新开工房屋建设面积达15亿~22亿平方米。建筑生产、建造、运维全过程相关联的行业是我国能源消费的主要领域，也是碳排放的主要来源。《中国建筑能耗研究报告（2020）》显示，建筑业能耗占全国能源消费总量的45.8%，占全国碳排放的50.6%，是能源消费和碳排放的第一大户。建筑业能源消费主要包括建筑建材生产、建造施工、运营维护三个部分，其中，建筑建

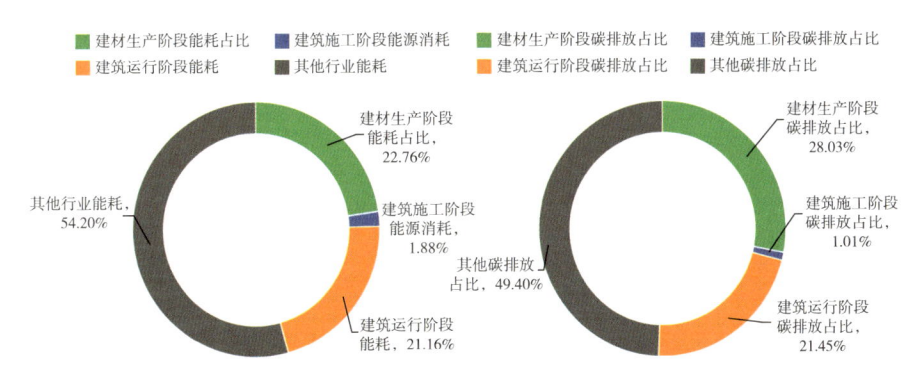

建筑各阶段能耗占全国总能耗比例　　建筑各阶段碳排放占全国碳排放总量比例
（数据来源：《中国建筑能耗研究报告（2020）》）

材生产和施工阶段能耗占全国能源消费总量的 24.6%，碳排放量更是占全国碳排放总量的 29.0%。

建筑业降低能源消耗、减少碳排放潜力巨大。如建设规模最大、应用最广泛的现浇钢筋混凝土结构建筑仍处于需要大量劳动力手工操作的阶段，建筑质量因工人熟练度有所差异、复杂建筑构件返工率较高，粗放的生产建造模式造成大量建材的浪费。

工业革命改变建筑生产建造方式

工业革命的成果促进了制造业的大跨越式的发展。第一次工业革命始于 18 世纪 60 年代，蒸汽机的发明为生产力的提高带来源源不断的动力，机器替代手工作业是其主要特征。第二次工业革命始于 19 世纪 70 年代，电力的广泛应用改变了生产模式，自动化流水生产线替代单机作业实现大规模批量生产是其主要特征。第三次工业革命始于 20 世纪 50 年代，信息控制技术的发展使得高度数字化自动控制下的生产变为现实，走向柔性化定制生产。近年来，"工业 4.0"的提出被认为是第四次工业革命的开端，其目标是实现全产业链联动的可自律操作的智能生产。

建筑工业化的进程是伴随着城镇化的快速发展推进的。建造活动经历了人力、机械化、自动化及数字化等阶段，建造的发展与四次工业革命的典型创新技术紧密结合，进而实现装备、技术、方法和理论的创新。以欧洲的建筑工业化发展为例：技术的进步带来现代建筑材料和技术发展，建筑施工机械的广泛应用促进了全装配化建造和工具式大模板现浇的建造，极大提高了建筑生产建造效率，初步建立了工业化建造体系；为了提质增效，采用自动化流水线建造，推广通用化构件和部品体系，许多国家形成了符合批量生产和大规模工业化要求的构件通用目录，如法国、瑞典和丹麦等；现阶段正向数字化自动控制下的建造发展，通过物联网和互联网技术，打通上下游产业链，为了减排、节能和进一步提质增效等目标精细化生产和建造，出现了增材制造技术、信息化控制的工业机器人和智能机器人，如越来越多的建筑工厂已在智能技术的控制下采用机器人或数控机床进行建筑部品的批量生产和组装。

建筑工业化在降低资源消耗和碳排放方面效果尤为显著。与传统现浇的建造方式相比，工业化建造的方式能源消费降低了20%~30%，材料损耗减少约60%，建筑垃圾减少83%。为解决建筑业高能耗、高排放问题，2021年《关于完整准确全面贯彻新发展理念做好碳达峰碳中和工作的意见》提出建筑业应推动产业结构优化升级、加快推进工业领域低碳工艺革新和数字化转型，实现工程建设全过程绿色建造。

"中国制造2025"驱动建造技术变革

自2016年国务院办公厅印发《关于大力发展装配式建筑的指导意见》以来，以装配式建筑为代表的新型建筑工业化快速推进，建造水平和建筑品质明显提高。我国已在建造标准、工艺规范与流程、BIM辅助设计/建造、优化管理等方面开展了大量研究与实践，粗放型的手工建造方式正在逐步被机械化的装备替代，工程建造正在向低碳化、自动化和智能度更高的新型建造方式发展。

2016年，中国自动化学会成立建筑机器人专业委员会，旨在联合全国的机器人、建筑工程、工程装备等领域专家和机构，共同推进机器人相关技术在建筑生产建造全过程的各类应用。针对装配式建筑，专委会对机器人技术的应用途径及技术难点进行了探讨，一致认为包括构件生产制造在内，涵盖现场吊装、内部装修、检测等多个场合的机器人技术极具应用前景。经过几年的发展，新型生产建造技术已逐步开始应用，用于建筑部品部件流水线生产、现场砌筑、铺贴、喷涂、测量等功能的建筑机器人相继投入使用。机器人技术的新型工业化建造已成为时代潮流，如何打造包含标准化设计、智能化装备、自动化生产、智慧化物流、机器人一体化施工及装配式建造的全流程生态圈已成为全球关注的问题。

我国推进新型建筑工业化将以中国制造 2025 的成果为基础、融合现代信息技术，通过标准化、智能化的设计、生产、施工，全面进一步提升工程质量性能和品质，达到高效益、高质量、低消耗、低排放的发展目标。充分利用我国工业制造业大发展的浪潮，促进建筑业向工业化转型，成为行业摆脱粗放型发展的重要契机。

系列化标准化设计　搭建产业链协同的桥梁

现阶段我国建筑产品的设计体系是以现浇混凝土技术大规模应用作为基础的，建筑产品以定制化的设计为主导。建筑产品由于市场适应性等原因，难以定型化、通用化，造成了生产资料的大量浪费，难以实现高效率、低碳化的生产方式。2020年 9 月国家九部委联合发文《关于加快新型建筑工业化发展的若干意见》明确提出应"加强系统化集成设计"，并"推进标准化设计"。标准化设计是工业化建造的基础，是实现自动化生产、机器人施工和装配式建造的前提和基础，主要包括标准化技术体系、标准化产品。

新型建筑工业化是建筑建造生产方式的重大变革。与先进生产装备相结合的新型工业化建造标准技术体系，包括建筑工业化系列的设计、生产、安装、验收规范、技术标准等，尚处于较为缺乏的状态。标准技术体系需要迭代更新，建造技术的创新发展，带动技术体系自上而下的系统性变革，应统筹研发、设计、生产、施工等全产业链，针对符合工业化建造要求的技术体系，协调各类建筑部品部件设计以提高通用性、简化生产建造以提高生产效率、集成化精益化设计以减少建筑建材生产中的浪费，满足适用、经济、可复制、可大规模推广的要求，为新技术、新产品的推广应用扫平障碍。

开发符合新型建造生产方式的建筑产品。传统的定制化设计体系的建筑产品生产效率较低，成本居高不下，是现阶段建筑工业化推广的最大阻力。新型建筑工业化应基于工业化生产的基本逻辑，针对缺少规格的部品部件大批量复制，提高生产效率、减少生产资料消耗。建筑产品开发应遵循模块化设计的原则，搭建标准建筑产品目录。基于工程实践将符合工业化建造要求的建筑高频部品部件优化设计，实现用最少种类的标准"积木"搭建尽可能形式多样的建筑。现阶段建筑产品不能满足流水线生产要求，需以实现工业化大生产作为建筑产品设计的开发目标，充分考虑自动化生产需求，将建筑部品部件生产操作前置考虑，并充分考虑自动化生产和机器人施工的要求，包括模板复用、简化工序、设备载重、机器人工作条件等要素，建立模块化、系列化的产品体系，实现建筑部品部件商品化、社会化供应。模块化的部品部件的精益化集成化设计，需摒弃传统建造方式的桎梏，以性能化设计为目标以减少建筑材料的无效消耗。通用化的部品部件能够大规模、批量化预先生产，进行商品化流通，使得模具、设备、水电等生产资料摊销降低，减少了生产过程中的能源消耗。

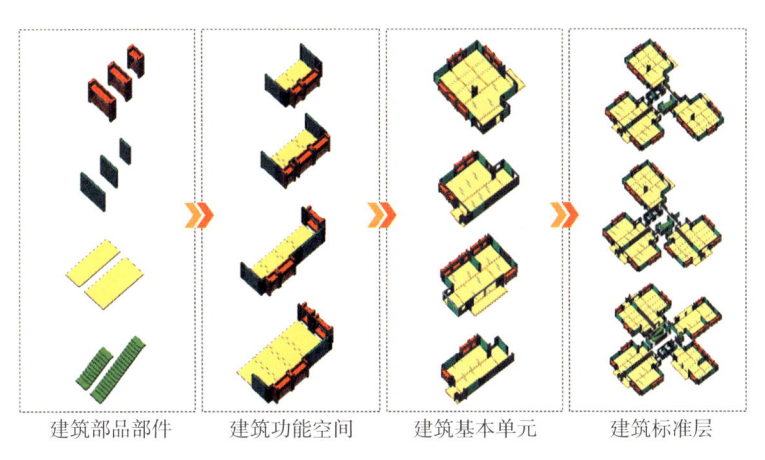

建筑部品部件　　建筑功能空间　　建筑基本单元　　建筑标准层

基于标准部品部件的建筑组合设计

加强基础技术研发

创新的建造技术体系和信息技术、建造设备、材料等相关领域的革命性发展，是建筑业搭建低碳化、高效建造体系及建筑工业化发展的有力推手。

工程信息化技术

信息技术的发展为我国研发具有自主知识产权的三维图形系统提供了良好基础。现阶段我国建筑业信息化建设主要面临产业链信息连通不畅、三维的设计方法不适应以及缺少自主知识产权等问题。

建筑信息化技术在我国建筑建造各阶段均有普遍性的应用。然而，设计、生产、施工各阶段技术软件应用多数局限在单一阶段，较为割裂，各阶段之间缺少通用数据接口，数据信息无法贯穿全建造流程。推进工程建设信息全建筑过程联动需要建立高效协同的信息化平台，这将有利于设计、生产、施工三方的互相衔接，进一步提升建筑完成的质量和效率。

在建筑部品部件自动化生产、机器人施工作业等方面，三维图形及其 BIM 系统在信息传递完整性上有着显著优势。然而，三维图形的制图方法与我国建筑从业人员多年来的设计方法不符，操作效率低、门槛高、普及性差。设计、生产、施工等各阶段设计人员依然是以二维、平法设计方法作为主要的信息传递方式，这也是设计人员操作最为熟练的、应用最为广泛的方法。开发能够支撑新型建筑工业化建造生产的三维图形平台及建筑信息管理系统，应以符合我国建筑技术人员设计方法为基础，实现二维设计方法的三维化实现，为生产、施工环节的智能化设备提供有效支撑。

作为建筑业信息化建设的关键技术，数字化基础图形技术长期被国外企业垄断，如 CAD、Revit、Rhino 等。实现建设领域工程软件自主研发、安全可控是解决工程信息化技术"卡脖子"问题的重要研究方向,应以保障行业数据安全和可持续发展为核心,建立贯通全产业链的自主知识产权软件生态。

高效建造技术

装配式建筑是我国近年来建筑工业化推进过程中的重要载体。装配式建筑是将部分建筑部品部件预先生产,在施工现场进行装配化安装施工的建筑,具有现场作业量少、建造效率高、施工对周边环境影响小、生产过程节材、降低碳排放等优势。

装配式的建造方式能有效降低生产建造阶段的碳排放。建筑部品部件在工厂生产可以有效地节省钢筋、水泥等建筑材料,构件完成质量高、返工率低,特别是形状复杂的构件尤为突出。如上海某预制率为 36% 的装配式建造项目,其生产建造过程测算碳排放总量为每平方米 296.2 千克 CO_2,相比按传统建造模式测算为每平方米 346.7 千克 CO_2,可实现减少生产建造过程中碳排放约 14.6%。随着自动化生产和机器人施工的逐步成熟、预制化程度的进一步提升,建筑生产建造阶段碳排放还有较大减量空间。

在市场和现行标准引导下,装配式建筑的技术偏向于成本最优、或追求高预制率。这种技术倾向导致将简单平板构件放在工厂制作,把大量的钢筋作业、模板复杂的构件留在施工现场制作,现场钢筋和模板作业量大、质量因工人熟练度不同有所差异、施工效率较低、不宜推广现场机器人施工。新型建筑工业化建造技术的不断成熟,对高效装配式建造的技术研究提出了新的开发目标。基于自动化生产、机器人施工、装配式建造等建立一个易于现场建造施工、构件自动化生产的技术体系,将形状复杂的预制构件、标准化程度较高的预制构件和成型钢筋网/骨架进行预制,这种技术选型提高了施工效率和复杂建筑构件完成质量。现场仅现浇简单平板构件和关键连接部位,支模高效、材料节约、安全可靠。这种做法可以发挥预制构件集成设计的优势,更进一步节约建筑材料,降低生产建造阶

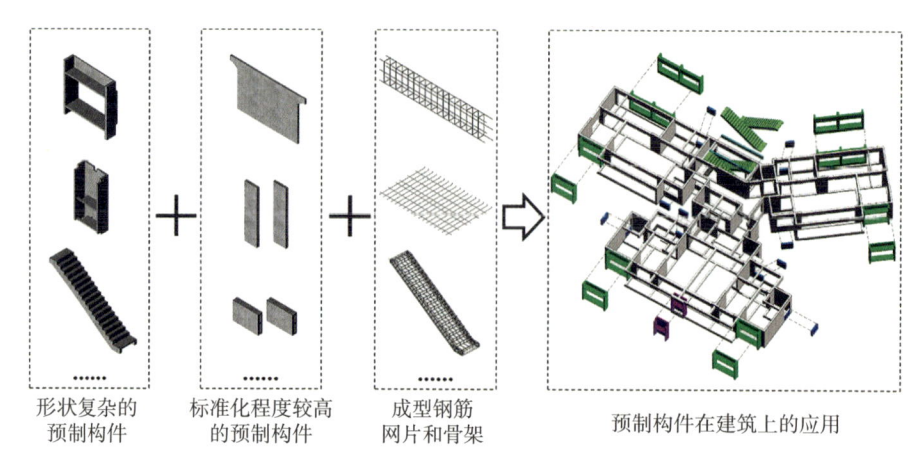

形状复杂的　　标准化程度较高　　成型钢筋　　　　预制构件在建筑上的应用
预制构件　　　的预制构件　　　网片和骨架

装配式建筑标准层预制构件应用

段的碳排放。

高效建造体系的建立需要基础技术研究的支撑。目前装配式建筑"等同现浇"的设计理念深入人心，建筑部品部件设计、生产、施工，都是用"拆分"去生产，用"补强"去完成连接安装。这种技术体系并不是立足于将装配式作为一个完善的技术体系基础之上，而是为了适应现行标准、粗暴简单的等价代换。依照国内现行技术标准的预制构件连接节点生产安装复杂，生产工序复杂、现场建筑连接质量难以保证。因此，高效的装配式建造技术研发发展方向也应重点着眼于优化连接节点简化施工，为自动化生产和现场机器人施工提供良好的工作条件，持续提升装配式建筑易建性。

优化生产建造设备　吹响建筑业升级的号角

中国装备制造业已经迈上新台阶，关键零部件和共享技术逐步成熟，新型建造技术革命的到来有了坚实的技术基础。数字信息驱动机器人参与建造是建筑业向智能化建造升级的典型特征，结合建筑业从手工业的、粗放式向工业化、高质量转型升级的目标,以装配式建筑作为主要载体的发展模式使得工业机器人在生产和建造方面发挥重要作用。

自动化生产

建筑部品部件的生产系统是建筑工业化程度的最直观衡量标志。近年来装配式建筑的大规模建设,大批量的预制建筑构件被从施工现场转移到工厂生产,这其中大多数是将现场的手工作业搬进工厂,没有改变生产方式落后的现状。工业机器人作为自动化生产线上的核心部件,在建筑部品部件生产阶段的应用将会彻底改变这一现状。自动化生产将带给处于手工作业阶段的生产过程难以企及的产品质量均匀和生产高效。自动化生产技术的研发针对不同的部品部件,建立柔性化生产系统,简化生产步骤、定型化生产的操作方式,研发数字化信息控制的高度自动化的生产系统,并逐步发展为可自律操作的智能生产系统,实现通用化部品部件商品化预生产。

| 自动化楼梯成组立模生产线 | 自动化钢筋骨架生产线 |

(图片来源:广东碧品居建筑工业化有限公司)

机器人施工

机器人施工是改变建筑业建造模式的重要抓手。建筑业长期以来属于劳动密集型产业,现场需要大量工人手工作业,施工完成质量因工人熟练度不同有所差异。

外墙喷涂机器人　　　　　　　　　　地砖铺贴机器人

（图片来源：广东博智林有限公司）

同时，建筑现场施工危险性较大，施工作业场地环境条件复杂，有大量的高空作业和重体力劳动。针对建筑现场作业内容开发的建造机器人，可以替代或辅助工人完成危险性较大、重复繁重的施工作业，能够高质量、高效率、安全地完成现场的施工作业。在工程项目建造平台和建筑信息模型技术的驱动下，已有外墙施工、混凝土整平、地砖地板铺贴、室内喷涂等多种建筑机器人上楼施工。通过机器人协同管理系统，可以实现单机自主到多机协同工作，提高现场施工效率。

拥抱新型工业化　开启建造新纪元

我国工业制造技术的革命性发展，为建筑业向先进的科学和工业生产看齐提供了良好的契机，有效促进了建筑业从手工业向工业化转型升级。通过研发、设计、生产、施工等全产业链的联动，采用标准化设计、自动化生产、机器人施工和装配式建造相结合的方式将有效提升建筑的生产效率和质量，有效节约生产建造阶段的材料消耗，降低建筑碳排放，带来良好的经济效益。同时，先进的生产建造方式，可以有效减少施工现场扬尘、噪音等污染，具有良好的社会效益。新型工业化生产建造方式的研发和应用将有效解决目前建筑业低效率、低品质、高能耗、高排放等问题，为实现"双碳"目标做出了切实有效的举措，推动建筑业高效益、高质量、可持续发展。

中国土木工程学会

撰稿人：刘佳瑞　黎加纯　邓宝瑜　李焕端　吴智慨

编辑：冯建刚

5. 如何发展自主可控的工业设计软件？

　　工业设计软件被誉为数字时代工业的"大脑和中枢"，对制造业乃至整个国民经济的高质量发展都具有极其重要的意义。作为"工业之智"的工业设计软件是实施工业生产活动的基础资源，在工业产品设计和制造活动中具有基础性、承载性作用。随着全球工业智能化和产业数字化的迅猛发展，实现工业设计软件自主可控成为许多国家和地区推进工业化、发展制造业的重要战略任务。对我国而言，发展自主可控的工业设计软件是把握工业发展主导权、加快建设世界制造强国的必然要求，是提升国家综合科技实力、实现高水平科技自立自强的重要抓手。

　　我国发展自主可控的工业设计软件必须长期坚持、久久为功。要把自主开发大型工业设计软件作为一项长期战略，坚定自主创新，聚焦工业设计软件关键核心技术，着力培育复合型高端化软件研发设计人才，构建有利于工业设计软件自主发展的生态体系，为我国深入推进新型工业化，加快建设制造强国、质量强国、数字中国提供核心软件支撑。

李健民

上海市科学学研究所原所长，教授级高级工程师

工业产品研发设计软件成为智能创造的灵魂

诺贝尔奖获得者、著名物理学家杨振宁曾说:"21 世纪是工业设计的世纪"。调研显示,在工业设计上每投入 1 美元,企业的销售收入将增加 1500 美元。工业设计能够创造如此显赫的效益,使得工业产品研发设计软件倍受业界人士重视,成为工程师研发设计中必不可少的工具,也成为制造业升级发展的大趋势。与此同时,我国工业产品研发设计软件的自主发展也迫在眉睫:2022 年 8 月 12 日,美国对先进制程电子设计自动化(Electronic Design Automation,EDA)软件实行出口管制,导致我国的 3 纳米及以上超大规模集成电路无从设计,难以发展高端芯片。

工业产品研发设计软件是"工业之智"

我国是全球最大的制造业国家,小到零部件设计,大到器械设备设计,各行各业都离不开工业产品研发设计软件。工业产品研发设计是软件行业的重要成员和高端阶层,无论称其是"工业之智"还是智能创造之"灵魂"都不为过。

第一,工业产品研发设计软件是贯穿诸多领域的交叉学科。根据国家工信部信软司的界定,工业软件是指专用于或主要用于工业领域,为提高工业企业研发、制造、生产管理水平和工业装备性能的软件。工业软件包括工业产品研发设计软件,是以数学为基础,贯穿和跨越物理、力学、机械、电子、材料、信息等诸多领域的交叉学科。

第二,工业产品研发设计软件是软件产业链"皇冠上的明珠"。工业软件是工业

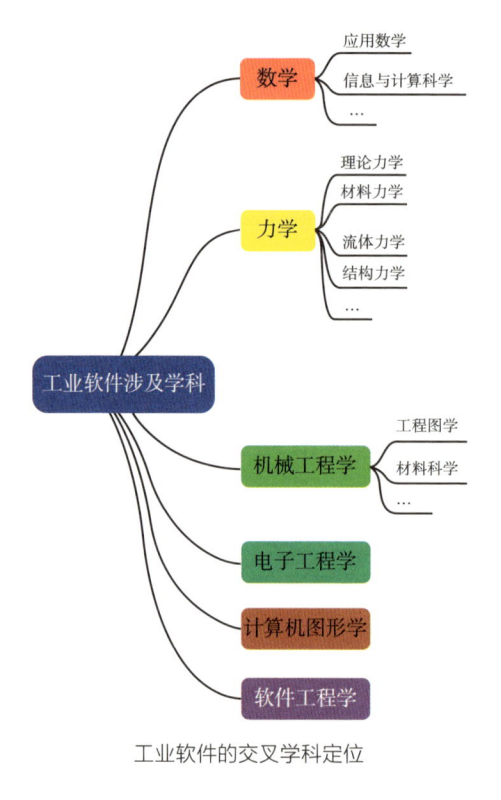

基础知识"软件化"的存在形式，是实施工业生产活动的基础资源，在产品研发、设计和制造活动中具有基础性、承载性功能。在工业领域，工业软件的发展已经成为工业由"制造"变"创造"的决定因素。"软件定义制造"激发了研发设计、仿真验证、生产制造、经营管理等环节的创新活力，加快了工业产品个性化定制，推动了工业制造的网络化协同、服务型制造、云制造等新模式发展，使生产型制造向生产服务型制造转变。工业软件为工业产品赋能，在软件产业链中发挥着关键性作用，堪称工业领域的"皇冠"，而工业产品研发设计软件更是"皇冠上的明珠"。

工业软件的交叉学科定位

第三，工业产品研发设计软件新款迭出、分类复杂。国家工信部在《软件和信息技术服务业统计调查制度》中，将工业软件划分为三类：①产品研发设计类软件，主要用于提升产品研发的能力和效率，包括 3D 虚拟仿真系统、计算机辅助设计（CAD）、计算机辅助工程（CAE）、计算机辅助制造（CAM）等。工业产品设计软件主要集中在这一大类。②生产控制类软件，主要用于提高制造过程中的管控水平，改善生产设备的效率和利用率，包括工业控制系统、制造执行系统（MES）、先进控制系统（APC）等。③业务管理类软件，主要用于提升企业管理水平和运营效率，包括企业资源计划（ERP）、供应链管理（SCM）、客户关系管理（CRM）等。

通常将工业软件分为研发设计、生产制造、运维服务、经营管理等不同类型。一般认为，与工业产品制造相关的软件属于工业产品研发设计软件。目前主要的工

工业软件产品				
研发设计类	生产制造类	运维服务类	经营管理类	其他
辅助设计 CAD	工业监控调度 SCADA	预测与健康管理 PHM	企业资源管理 ERP	工业互联网平台应用
辅助仿真 CAE	生产管理 MES	维护、维修与运营 MRO	营销管理 SCM	开发环境
辅助制造 CAM CAPP	先进控制 APS	故障分析 FMEA	供应商管理 SRM	辅助开发工具
电子设计 EDA	工业实时控制 DCS PLC	质量管理系统 QMS	协同办公 OA	测试工具
数据管理 PDM PLM	高级计划排产 APS		供应链管理 EMS	

工业软件产品的分类

业产品研发设计软件包括：机械和工程领域的 CAD、GAM、CAE 软件等，工业产品设计辅助软件 Techviz VR，快速创意塑形软件 3Ds MAX，发动机、机电仪器内部零件精密固件设计软件 Autodesk Inventor、Solidworks 等，集成电路芯片设计 EDA 软件也属于工业产品研发设计软件。

第四，工业产品研发设计软件的自主化程度代表着国家创新能力的强弱。工业产品研发设计软件可以极大地提高企业的研发、制造水平，提升产品设计效率，节约成本，实现可视化，是支撑和引领制造业智能化、数字化发展的重要基础。许多世界科技强国，都是工业软件特别是工业产品研发设计软件的强国。发展工业产品研发设计软件是推进制造强国建设的必然要求，也是提升国家综合科技实力、加快建设世界科技强国的重要抓手。

全球工业产品研发设计软件的发展趋势

近年来，全球工业软件呈现快速发展态势，工业产品研发设计软件行业呈现如下发展趋势和特征。

第一，国际科技竞争的重要领域。国际品牌研发设计工业软件在全球已形成垄断，欧美制造业强国的工业软件不断更新迭代，拥有技术优势和市场优势。工业产品研发设计软件主要有CAD、CAE、CAM以及衍生的EDA软件。其中应用范围最广、发展难度最大的CAD、CAE、EDA软件，2021年全球市场规模分别为420亿、220亿、600亿美元，引领着万亿美元级全球制造业市场。法国达索，德国西门子，美国新思科技、楷登电子等公司是全球行业领导者，在基础内核与建模仿真技术、工程技术知识积累、供应链嵌入与覆盖范围、企业规模等方面居于领先地位。美国将科学计算和建模仿真作为服务国家利益的关键技术，纳入国家政策体系，在基础研究、共性技术、人才培养领域长期进行持续性投资，同时创造市场机会、建立市场规则。法国重视工业软件技术的发展，将其纳入欧盟框架研究计划和尤里卡框架计划，支持国家科研机构开展基础和共性技术研究。

第二，全球市场形成"两极"。从全球格局来看，北美和欧洲在技术水平、市场规模、企业竞争力方面，都是工业产品研发设计软件的高地，构成了全球市场的"两极"。CAD和CAE等顶尖软件研发技术大多掌握在欧美国家手中。2020年的数据显示，世界工业软件市场规模达到4358亿美元，其中60%以上被欧美企业所占有。特别是EDA软件的三巨头美国楷登电子、美国新思科技、德国明导电子（西门子子公司）占据了全球市场份额的90%，在我国市场份额更是达到了95%。

第三，中国、印度发展凸显增长极。新兴市场国家的开发能力和市场规模在不断增长，与传统发达国家的差距不断缩小。例如，印度拥有41万软件技术人员和众多世界级的软件企业，如TCS、Infosys、Wipro和Satyam等，其中Infosys是第一家在美国上市的印度公司。全球获得CMM5（软件业最权威的评估认证体系）认证的软件公司不过几十家，印度占了60%以上。

第四，开源背景下的自主可控成为发展重要取向。技术的开源趋势与国家自主可控战略，成为现代工业产品研发设计软件发展的两大取向。一方面，具有强大的创造力和生命力的开源软件、开源社区，正逐步发展成为技术创新、产业发展的重要模式。工业软件的开发环境已经从封闭、专用平台转向开放、开源平台。世界一流软件企业正积极通过开源软件方式，将更多的开发资源、用户资源纳入工业软件产品的创新体系，汇聚智慧、用好人才，加快工业软件模块、组件、工具箱的创新性开发与分布式验证。另一方面，随着国际工业软件市场竞争的白热化，一些高端核心软件正成为发达国家和地区打压竞争对手的强大武器。突破软件"卡脖子"问题，实现工业产品研发设计软件自主可控发展，成为许多国家和地区的重要战略选项，我国近年来也从产业链、创新链安全的角度提出加大自主软件开发力度。

第五，平台化、定制化凸显服务供给的重要模式。随着新兴技术的发展和企业对定制化和数字化的需求增多，工业产品研发设计软件从原本单一工具软件逐渐走向定制化的平台服务，朝着"上云"和"手机应用化"发展。从国际经验看，工业产品研发设计软件的发展一般经历三个阶段：软件自身发展阶段、软件协同应用阶段、"工业云"阶段。软件公司由向客户提供单一工具转向为客户提供软件加服务的整体解决方案。目前，国际工业软件厂商大部分进入第三发展阶段，基本实现了软件自身的技术积累和协同应用，正在重点发展软件加服务的平台化、定制化解决方案。世界知名软件公司将生产、经营、管理、服务等活动及过程的集成、互联、社会化协同，作为企业重要发展战略和客户服务新模式。

我国工业产品研发设计软件发展态势及未来展望

随着我国工业生产规模和技术水平的提高，国内产业和市场对工业软件的需求也快速增加，我国工业产品研发设计软件发展迎来了"黄金时代"。

发展现状及特点

在巨大产业规模和市场需求的支撑以及相关政策的扶持下，工业设计软件行业逐步壮大，一批具有市场竞争力的企业加速成长，我国工业产品研发设计水平持续提升，为进一步实现高端核心设计软件国产化、自主化发展奠定了良好基础。

一是技术水平不断提升。目前，虽然我国许多高端核心软件仍需依靠进口，核心技术能力总体上仍处于国际"跟跑"状态，但随着工业化、信息化的持续发展，我国工业软件技术水平正逐步提升，在汽车、机械、航空航天等多个领域已具备了一定的技术研发能力与服务支持能力，开始由引进应用转向自主研发。

二是软件企业快速成长。我国工业软件行业呈现出快速发展态势。覆盖汽车制造、工程机械、航空航天、电子、家电、海洋装备等众多行业的国产工业软件产品体系初步形成，一批具有较强市场竞争力和国际影响力的企业快速成长。在工业产品研发设计软件方面，广州中望龙腾软件股份有限公司的 CAD、CAM 软件在国际市场具有一定的影响力；安世亚太科技股份有限公司在仿真软件方向具有持续性积累，自主研发产品得到行业认可。

三是行业生态逐步优化。近年来，国内工业软件产业增长率远高于全球水平。根据工信部数据，我国工业软件收入占全部软件产品收入的比例，从 2020 年的 8.6% 提高到 2021 年的 9.4%，2012 年至 2020 年年复合增长率达 20.3%，发展环境明显改善。我国作为世界第一制造大国，产生了海量的工业数据，数据资源为开放自主工业软件、推动工业数字化升级提供了重要驱动力。与此同时，我国作为高等教育大国和互联网大国，积累了大量的潜在开发者，人力优势逐步由工人群体转向工程师群体，将为工业产品研发设计软件的自主发展提供丰富充足的人才资本支撑。

发展的短板及问题

我国研发设计工业软件的历程可以说是"起了个大早、赶了个晚集"。20世纪七八十年代，在国家支持下，我国高校院所首先形成CAD、CAE等工业软件研究的潮流，后逐渐进入工业企业。然而，如今工业产品研发设计软件长期被认为是我国制造业中"最短的那块短板"。国际品牌的工业产品设计软件依靠成熟先进的技术，采用免费使用、允许盗版、开源等市场策略，已经蚕食了大部分国内市场。例如，在CAD领域，法国达索公司的CATIA在高端三维CAD市场居主导地位，SolidWorks等在中低端市场占据较大市场份额，即使在二维CAD市场，Autodesk也占据80%左右的市场份额；在CAE领域，占据国内市场的前十大企业均为国际公司；在EDA领域，国际三巨头在国内市场占据明显的头部优势。国内企业仅在技术水平较低的市场才具有一定份额。

我国工业产品研发设计软件发展在产业体量、技术水平、行业人才和行业生态等方面存在诸多问题，突出表现为四个"严重不足"。

第一，国产软件严重不足。近年来，我国虽然涌现了一批具有一定国际竞争力的软件企业，但我国的工业产品研发设计使用国际品牌软件的情况总体上没有发生根本性改变，对外依存度高、国产软件严重不足仍然是我国工业软件行业的基本态势。据测算，我国产品研发设计类工业软件的国产化率不足10%。目前，我国的工业设计软件，特别是与产品创新相关度最高的产品研发设计软件，主要使用国外软件，缺少自主研发的、性能优越的工业设计软件。造成我国工业发展在研发设计环节即受制于人，在向制造强国、工业强国发展过程中面临基础性瓶颈。以汽车电控领域为例，奥地利李斯特公司的发动机设计分析软件和德国实时计算设备dSPACE，几乎垄断了中国汽车电控正向设计研发技术体系。

第二，应用市场和应用场景严重不足。作为世界第一制造大国，我国拥有数量庞大的制造企业和应用场景，但应用市场和场景不足已成为我国工业产品研发设计软件行业发展的最大制约之一。由于国外软件更为成熟、使用方便、效率更高，有些软件采取开源策略，积累了大量工业用户和外围开发者，在全球竞争中具有较大优势。国内除一些大型企业（尤其是国企和诚信度较高企业）之外，多数企业持"造不如买、买不如租"的态度，将研发设计软件使用逐步演变成大量盗版的态势，直接击溃了国产工业产品研发设计软件企业。这种怪象一直延续了三十多年，直至华为芯片被断供、哈尔滨工业大学和北京理光大学等单位被美国制裁才引起人们重视。

第三，高素质复合型人才严重不足。我国人才基础虽然广博，但缺乏高素质、综合型的软件开发人才，这是制约我国工业产品研发设计软件行业发展的关键因素。据赛迪集团《关键软件人才需求预测报告》预测，到 2025 年，我国关键软件人才新增缺口将达 83 万人，其中工业软件人才缺口将超过 12 万人，工业软件将成为人才紧缺度最高的领域和行业之一。当前，我国工业产品研发设计软件企业的研发人员数量大都在 200～400 人，不及互联网企业研发团队的 10%。人才培养难、招聘难、留住难，已成为我国工业产品研发设计软件自主可控发展的重要制约因素。

第四，自主研发设计能力积累严重不足。与美、英、德等软件强国相比，我国工业软件产业的基础能力特别是自主研发设计能力严重不足。软件企业发展有个规律，用户越多，使用反馈越多，数据积累也越多，软件改进迭代越快，才能有更多用户愿意使用。鉴于这方面原因，我国研发设计工业软件的发展存在以下问题：一是自主研发难度大，不同工业产业的产品研发和加工制造的数据积累较低；二是国内企业投巨资开发、研发设计软件的意愿较低；三是工业企业和软件企业协同对接难。

尽管如此，我国仍有部分研发设计工业软件企业正在顽强发展，不断取得突破和进步，如北京数码大方、山大华天、广州中望等企业在三维 CAD、二维 CAD、CAE 等领域持续发展；华大九天、概伦电子、国微思尔芯等企业在 EDA 领域持续深耕。

自主发展的前景展望

如何发展自主可控的工业研发设计软件，是新时代我国制造业高质量发展面临的重大、紧迫的现实问题。拥有自己的产品研发类设计软件，不仅可保障大国重器掌握在自己手中，还可辅助制造业登上新台阶。我国要发展数字经济，实现产业数字化和数字产业化，发展全方位的工业软件包括产品研发设计工业软件，是十分重要的一环。为发展自主可控的工业产品研发设计软件，我国从国家到地方不同层面都极为重视，近年来相继出台了一系列扶持性政策措施。

第一，国家层面的战略与政策。2019 年 3 月，工信部提出，实施国家软件重大工程，集中力量解决关键软件的"卡脖子"问题，着力推动工业技术的软件化，加快推广软件定义网络的应用；2019 年 10 月，工信部、发改委等印发《制造业设计能力提升专项行动计划（2019—2022 年）》，重点提到将通过工业软件的发展解决国内制造业在设计层面的制约瓶颈，并将工业软件的关键发展领域落在了工业设计以及研发仿真等方面；2020 年 8 月，国务院发布《新时期促进集成电路产业和软件产业高质量发展的若干政策》，要求聚焦集成电路设计工具、基础软件、工业软件、应用软件的关键核心技术研发；2022 年 1 月，国务院印发的《"十四五"数字经济发展规划》提出，着力推动软件产业做大做强；2021 年 7 月，工信部、科技部等六部委联合发布《关于加快培育发展制造业优质企业的指导意见》，要求推动产业数字化发展，大力推动自主可控工业软件推广应用，提高企业软件自主化水平；2021 年 11 月，国家工业和信息化部印发《"十四五"软件和信息技术服务业发展规划》，提出重点突破工业软件等重点任务。

第二，地方层面的支持政策。北京、上海、江苏、广东等也相继出台了扶持性政策，有力促进了我国工业研发设计软件产品的研发及应用推广。例如，北京通过应用示范项目，大力推动数字化车间与智能工厂的建设，着力打造智能制造标杆企业；为了推进工业数据的有效流通与实时共享，北京与天津等地联动推进试验区建设，协同集聚工业软件企业。上海聚焦电子信息、生物医药、航空航天、人工智能等产业，推广工业软件应用，并通过"上海品牌"的打造，推动制造业与互联网的深度融合。广东通过"上云上平台"服务券的推广，对工业软件和工业互联网平台建设提供专项支持。江苏通过政策引导加快工业应用软件创新，丰富工业互联网平台应用。

自主发展的契机与突围

我国是制造业大国，发展国内工业软件有不少有利条件。

第一，国家层面重视工业软件的发展，特别在工业安全面临风险的情境下，倒逼我们必须发展自主可控的工业产品研发设计软件。

第二，我国工业门类比较齐全、规模庞大、不断升级，市场规模优势有助于促进国内软件的发展。

第三，在研发设计工业软件的每个赛道，几乎都有对标国外领先者的国内企业，且在局部领域已形成一定优势，具备向上突破的基础，具有更好满足本地化需求的优势。

第四，发展工业产品研发设计软件的关键在人才，我国理工科人才的规模优势能够为行业提供源源不断的人才资源。

第五，未来工业软件技术的发展将趋向集成化、平台化、智能化、标准化、网络化，形成新的商业模式，为国内研发设计工业软件企业提供新的机会。

第六，发展研发设计工业软件需要长期持续的高投入，随着国内外大环境的变化，资本市场已开始关注此行业的发展，有利于汇聚更多资源，助力发展。

近年来，在国家和地方政策的支持下，国产工业产品研发设计软件产业发展取得了喜人进展，为我国进一步发展自主可控的工业产品研发设计软件奠定了扎实基础。当然，工业产品研发设计软件的自主化发展不可能一蹴而就，还需要长时间的培育和积累。正视不足才能更好地进步，我国工业产品研发设计软件的突围之路必将是一项投入巨大、周期漫长、由简到繁、由易到难的长期过程。我们必须坚定信念、紧抓机遇，坚定自主创新，加大研发投入，把自主开发研发设计工业软件作为一项长期战略，聚焦工业产品设计软件关键核心技术，着力培育复合型高端化软件研发设计人才，构建有利于工业产品研发设计软件自主发展的生态体系，加快抢占国际工业软件产业竞争的制高点，为新时代我国制造业高质量发展、产业数字化转型提供坚实的软件支撑。

中国科学学与科技政策研究会

撰稿人：张仁开　朱盛镭

编辑：李双北

6.
如何利用多源数据实现农作物病虫害精准预报？

农作物病虫害防控工作事关国家粮食安全、生物安全和生态安全。近年来，受全球气候变化和外来生物入侵等因素影响，我国农作物病虫害发生形势更加严峻。研发农作物病虫害智能监测设备和技术，建立病虫害多源数据库和精准预报模型，是构建高效、精准、绿色防控体系的基础与前提。"如何利用多源数据实现农作物病虫害精准预报"入选2022年中国科学技术协会十大产业技术问题，将有助于植物保护科技工作者统一思想、攻坚克难。

吴孔明

中国工程院院士

中国农业科学院院长

利用多源数据实现农作物病虫害精准预报

农作物病虫害是威胁粮食安全的重要因素。实时监测和精准预报病虫害是对其科学防控,确保粮食安全,促进农业可持续发展的前提。将遥感、物联网、人工智能等信息技术应用于农作物病虫害及孕灾环境智能监测,实时获取农作物生长发育、病虫害发生发展、气候气象、农田生境等多源数据,构建病虫害发生流行的精准预报模型,是实现农作物病虫害精准预报的有效途径和亟待突破的技术难题。

农作物主要病虫害及为害情况

据《中国农作物病虫害》记载,为害我国农作物生产的病虫害有1600多种,其中构成严重威胁的有100多种,常年发生面积特别大或可能给农业生产造成特别重大损失的一类农作物病虫害有17种,即草地贪夜蛾、飞蝗、草地螟、黏虫、稻飞虱、稻纵卷叶螟、二化螟、小麦蚜虫、马铃薯甲虫、苹果蠹蛾、小麦条锈病、小麦赤霉病、稻瘟病、南方水稻黑条矮缩病、马铃薯晚疫病、柑橘黄龙病、梨火疫病。

据联合国粮食及农业组织(FAO)2022年统计,全球范围内农作物病虫害导致的产量损失超过40%,约2200亿美元。据农业农村部《全国植保专业统计资料》年鉴数据,我国"十三五"期间(2016—2020年)粮食作物病虫害年均发生面积约63亿亩,防治面积约79亿亩,经防治每年挽回粮食损失约1746亿斤,占粮食总产量的13.17%;防治后仍存在288亿~340亿斤粮食损失,"虫口夺粮"的潜力和压力并存。

| 草地贪夜蛾 | 黏虫 | 白背飞虱 | 小麦蚜虫 |
| 稻瘟病 | 小麦赤霉病 | 小麦条锈病 | 马铃薯晚疫病 |

部分农作物害虫和病害（草地贪夜蛾、黏虫、小麦蚜虫、小麦条锈病由张云慧供图，白背飞虱、稻瘟病、小麦赤霉病由何佳春供图，马铃薯晚疫病由刘杰供图）

案例一：稻飞虱

稻飞虱主要包括褐飞虱、白背飞虱和灰飞虱，以刺吸植株汁液为害水稻并能传播水稻病毒病，可造成水稻大面积变黄枯死，形成"虱烧"。褐飞虱和白背飞虱仅在中南半岛和华南南部地区能够越冬存活，每年春、夏随暖湿气流由南向北逐代迁入其他水稻产区为害水稻。

案例二：小麦赤霉病

小麦赤霉病又称烂穗病、麦秸枯、烂麦头、红麦头、红头瘴，是由多种镰孢菌侵染引起的小麦病害。从苗期到穗期均可发生，造成根腐、茎基腐、秆腐和穗腐，以穗腐为害最大。赤霉病除了造成产量严重损失外，还能产生毒素，引起人畜呕吐腹泻，甚至造成孕妇流产。

褐飞虱及其对水稻造成的"虱烧"

小麦赤霉病

案例三：草地贪夜蛾

草地贪夜蛾是原产于美洲热带和亚热带地区的一种重大迁飞害虫，具有特别能吃、特别能生、特别能飞、特别难防四个显著特点。仅在非洲每年可造成 20 亿～55 亿美元损失。2018 年年底该虫入侵我国后，形成了"北迁南回、周年循环"的发生为害格局，对我国粮食生产构成了重大威胁。

草地贪夜蛾为害玉米（李国平，2021 年摄于河南新乡）

草地贪夜蛾为害对小麦造成的缺苗断垄（武予清，2021 年摄于河南太康）

影响农作物病虫害发生发展的因素

农作物病虫害发生发展受病虫害自身、天敌、作物抗性、气候气象、防治措施等因素的综合影响，是一个复杂的动态过程。近年来，受全球气候变化、耕作制度变革、种植业结构调整等影响，农作物病虫害频发且呈现全球性扩散蔓延趋势，给农作物病虫害精准预报带来了新的挑战。

病虫原基数

一定数量的病虫原导致农作物病虫害的发生流行，病虫原按其来源可分为当地和外来两类。田间植物残体和土壤都可能是病虫原的越冬场所，如水稻纹枯病以菌核、棉铃虫以蛹的形态在土壤中越冬。因寄主或气候的影响，有些病虫则通过种子、寄主、气流、人等媒介进行远距离传播或迁飞。随气流远距离传播的病原菌和高空风载迁飞害虫常造成异地突发和迁入地病虫基数监测的困难。

天敌控制

天敌是一类通过寄生、捕食或分泌抑菌物质等途径，能有效地抑制病菌或害虫大量繁殖的生物，可用于防治农作物病虫害。按其作用方式不同，可分为：①捕食性天敌，如螳螂、瓢虫、草蛉、捕食螨、蜻、食蚜蝇、蜘蛛等；②寄生性天敌，如赤眼蜂、缨小蜂、茧蜂、寄蝇等；③病原微生物，如苏云金杆菌、白僵菌等。自然存在的天敌对控制农作物病虫害起着重要作用，是影响农作物病虫害发生发展的重要因素。

作物抗性

作物一般具有抵抗或忍受病菌和害虫侵害的能力，即作物抗性。作物抗性受不同农作物、同一农作物的不同品种以及同一品种的不同生育期的影响。生物多样性是农作物病虫害扩散的天然屏障，因此多样化作物种植有利于减轻农作物病虫害带来的损失。种植抗性品种和改进栽培技术可以减轻或避免农作物病虫害。

防治措施

农作物病虫害的防治措施主要包括农业防治、生物防治、物理防治和化学防治。农业防治主要通过采剪、耕作、施肥等技术达到预防病虫害的目的；生物防治一般利用天敌（如瓢虫、寄生蜂、草蛉、捕食螨等）来达到防治效果；物理防治一般采用灯诱、性诱、色诱等来诱杀害虫，具有经济、安全、简单等优势；化学防治一般通过喷施化学杀菌剂或杀虫剂杀灭病原菌或害虫。目前化学防治是农作物病虫害防治的主要手段。但是，盲目施药会大量杀伤天敌、导致病虫产生抗药性等不良反应，增加了农作物病虫害预测和防控的难度。

气象因子

农作物病虫害的发生发展与田间气象条件密切相关。温度在很大程度上会决定病虫害的区域分布。通常，在适宜温度范围内病虫害的潜育期随温度升高而缩短，积温增加能够增加病菌繁殖或昆虫的发生世代数，为害程度随着温度升高而加重。适宜的湿度和降雨可以加快多数病菌的繁殖和扩散。风可影响真菌孢子的释放和传播，风的强度和方向对迁飞害虫的起飞、飞行和降落有着重要的影响。光照时间与强度直接影响病虫害的存活和繁殖（如大地老虎、小麦吸浆虫在长日照条件下发育受到抑制）。

气候因子

大气环流即大范围（通常水平尺度大于 1000 千米，垂直尺度大于 10 千米，时间尺度 105 秒以上）空气运动对病原菌和害虫的大范围迁移传播具有重要影响。具有远距离迁飞习性的害虫，如褐飞虱、稻纵卷叶螟、黏虫等，每年随大气环流南北往返迁飞；小麦条锈病等大区流行性病害的孢子随大气环流由越冬或越夏区向小麦主产区传播。

全球气候变暖给病菌存活和害虫越冬提供了有利条件，农作物病虫害发生区从低纬度向高纬度、低海拔向高海拔地区扩展。部分远距离迁飞害虫，春季发生期可能会提前，秋季发生期可能会延后，延长了病虫害的为害期。气候变暖有利于外来病虫害在入侵新领地后的定殖。

厄尔尼诺事件造成全球气候异常，会影响病虫害的发生和分布。2016年我国小麦赤霉病和穗期蚜虫暴发流行与2015—2016年我国出现的一次超强厄尔尼诺事件相关。

农作物病虫害及孕灾环境监测方法

农作物病虫害及其孕灾环境的传统监测方法主要依靠植保技术人员"手查目测"，这种调查方法费时费力、效率低下、主观性强、覆盖面窄。

随着信息、遥感、物联网、人工智能等新技术的迅速发展，不同领域科技人员合作研发了多种病虫害智能监测设备，如智能虫情测报灯、自动计数性诱捕器、昆虫雷达等，并利用卫星、无人机和地面遥感技术获取病虫害本身以及其所处的寄主

植保技术人员下田调查小麦病虫害（张云慧，2015年于四川绵阳，2019年于河南新乡）

植物、水分、土壤、温湿度等环境因子信息，初步实现了农作物病虫害的天—空—地一体化的实时监测与信息采集。

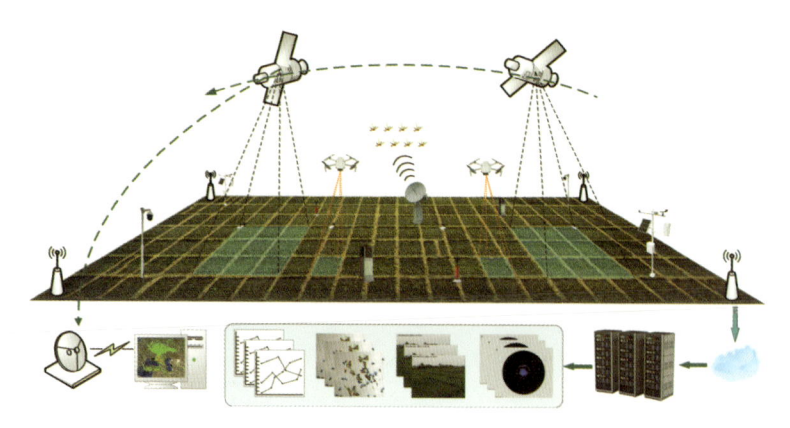

农作物病虫害天—空—地一体化监测网络示意图（姚青供图）

虫情测报灯

虫情测报灯利用昆虫趋光性监测害虫种群数量，监测成本低，方法简单，自20世纪60年代投入使用后，逐步在全国范围内形成了农业害虫监测网，对农业害虫测报和防控功不可没。当前，智能虫情测报灯集自动化、互联网、地理信息系统（GIS）、人工智能、图像处理、深度学习等多项前沿科技，通过远程控制专用的农作物害虫敏感LED（发光二极管）光源诱捕农作物害虫，利用红外加热将害虫杀死并烘干后，通过散虫装置将害虫散落在循环转动的拍摄平台上，高清摄像机定时采集害虫图像并发送至云平台进行自动识别分类与计数，实现了几十种农业害虫的自动监测。

性诱捕器

多数昆虫成虫性信息素腺体产生并向体外释放具有特殊气味的微量化学物质，能引诱同种异性昆虫前去交配。这种在昆虫交配过程中起通信联络作用的化学物质

智能虫情测报灯（姚青供图）

叫昆虫性信息素。人工合成的性信息素通常叫昆虫性引诱剂，简称性诱剂。

由于昆虫性信息素具有专一性和敏感性的优势，利用人工合成的性诱剂引诱害虫进行害虫种群监测和干扰交配，能降低虫口数量，已得到世界各国植保专家的认可和广泛的应用。目前已在生产上获得广泛应用的性诱剂主要有二化螟、稻纵卷叶螟、草地贪夜蛾、梨小食心虫、桃小食心虫、苹果蠹蛾、枣黏虫、苹小卷蛾、金纹细蛾等。用于田间的性诱捕器主要包括简易型性诱捕器和基于光电计数和基于机器视觉的智能型性诱捕器。

多种性诱捕器（姚青供图）

昆虫雷达

昆虫雷达是专门为了探测高空迁飞昆虫而研制的一种雷达。1968 年，英国昆虫学家成功研制出世界上第一台昆虫雷达，并在尼日尔首次成功观测到夜间迁飞的沙漠蝗。昆虫雷达可以实现对目标空域全天时、全天候监测，为观测空中虫群迁飞提供了最有效的手段。

根据工作方式，昆虫雷达主要分为扫描昆虫雷达、垂直监测昆虫雷达、双模式昆虫雷达等。扫描昆虫雷达监测范围大，但精度有限；垂直监测昆虫雷达天线垂直向上，结构简单，能提取迁飞昆虫移动的方向、速度、头向以及个体大小、体型、振翅频率、空中密度等系列参数；双模式昆虫雷达集扫描、垂直两种工作模式为一体。根据波长，昆虫雷达可分为毫米波昆虫雷达和厘米波昆虫雷达。前者主要用于监测稻飞虱、蚜虫等小型昆虫。

通过雷达监测迁飞昆虫的空中动态，可揭示昆虫起飞、成层、定向等行为特征及其与大气结构、大气运动之间的关系。

毫米波昆虫雷达 　　车载扫描昆虫雷达 　　垂直监测昆虫雷达 　　双模式昆虫雷达
部分昆虫雷达（程登发、张云慧、张智供图）

光学遥感

当农作物在受到各种生物或非生物胁迫后，植株叶片颜色、物理结构、叶绿素含量、光合能力、生理特性等会发生改变，影响作物对光能的吸收，可以从植物在可见光波段和近红外波段的光谱反射率上体现出来。利用卫星、无人机和地面遥感

平台搭载不同光谱传感器从不同尺度采集农作物的光谱反射数据，通过光谱分析可进行病虫害的早期诊断和为害评估。

卫星遥感可以实现水稻、小麦、玉米、大豆、棉花等大田农作物和大蒜、生姜、枸杞等经济作物的田块级精细识别；可以长期监测作物长势、土壤墒情和大尺度的农作物病虫为害情况。

无人机遥感具有自动化程度高、灵活方便、高分辨率等优点，逐渐成为监测农作物病虫害的新型遥感技术，弥补了卫星遥感数据因距离远和重访周期长导致的精度低的不足，为小区域尺度遥感监测提供了良好的技术支持。

地面高光谱遥感通过车载、手提、固定或活动高架平台搭载高光谱相机采集小尺度农作物植株光谱信息，因其便捷、快速、无损、精确等特点被广泛应用于作物病虫害的监测。

与传统的病虫害监测方法相比，多尺度遥感技术能从多角度、多层次对地面农作物生长发育、病虫害为害状况和生境状况进行实时、高效、面状连续的精细监测，极大地丰富和扩展病虫害监测的信息源，达到点面结合和时空互补，可形成病虫害的时空分布图，为决策者提供病虫害蔓延的趋势和为决策者制定合理防治计划提供技术支持。

农作物病虫害预报方法

传统的农作物病虫害预报方法主要通过植保技术人员下田手查目测获得病虫害的种类、数量、为害范围等数据，再根据每种病虫害测报标准计算为害程度或等级，专家根据调查数据进行会商，对某个地区的病虫害发生情况作出预测，并进行病虫害预报和防治措施的发布。手查目测存在主观性强、精确性差、费时费力、预报滞后等问题。

随着监测技术和装备不断更新，运用智能虫情测报灯、性诱计数装置、昆虫雷达、智能识别手机应用程序、无人机遥感、卫星遥感等设施设备，科学家们可以获得农作物病虫害及其生境的多种来源监测数据（即多源数据）。通过研究每种病虫害发生发展的关键影响因子以及因子之间定性或定量的关系，利用数理统计、时序分析、空间分析等方法建立预测模型，给出病虫害时空发生流行概率、严重程度、传播与扩散的方向与速度、流行趋势等信息，提升了农作物病虫害预测预报的时效性和精准度，为病虫害的科学防控提供决策信息。如我国自主研发了基于天气预报模式（WRF）中尺度大气模式的迁飞昆虫三维轨迹分析平台；建立了气象因素、寄主植物、迁飞、化学防控等因子驱动的棉铃虫种群动态模型，耦合遥感机制和病虫迁飞扩散机理的小麦、玉米、水稻等主要作物重大病虫害动态预测模型；构建了基于气象因子、初始菌源量和传感器、物联网技术的小麦赤霉病、条锈病智能预测系统。

农作物病虫害精准预报的难点

目前，我国已初步形成了覆盖全国的农作物病虫害监测与预报网络，获取的病虫害及田间环境信息数据呈井喷式增长，但我国仍面临病虫害多源数据利用率不高、重监测轻预报、重数据积累轻数据挖掘、研究者间协同创新不够等问题，导致模型的精度和普适性较差，距离生产需求还有相当大的差距。

要实现农作物病虫害的精准预报，首先，要实现农作物病虫害的精准监测。虽然目前的智能监测装备和技术较手查目测有很大进步，但这些智能监测装备的准确性、稳定性、普适性等均未得到充分验证。由于数据格式、技术标准、分析手段等不统一、不成熟，农作物病虫害智能监测设备自动采集数据的开放共享和有效利用尚未实现。另外，智能监测装备还存在一些技术难点，尚未实现突破；如智能孢子捕捉仪，由于孢子十分微小，相似种类形态特征差别小，自动识别困难。目前许多农作物病害预测预报模型，在没有初始菌源量数据的情况下，仅依赖气象条件进行预测，准确性差。

其次，需要充分解析生物和非生物因素对农作物病虫害的复杂影响机制。农作物病虫害发生发展受自身生物学特性、寄主、生境、耕作栽培措施、全球气候变化、外来生物入侵、耕作制度变革和种植业结构调整等多种因素综合影响，各因素之间互作机制极其复杂。在未完全掌握农作物病虫害暴发成灾机制情况下建立的预测模型时空分辨率低、普适性差，难以在生产上推广应用。

最后，还需要建立多时空尺度农作物病虫害精准预报模型并进行有效性验证。现有的农作物病虫害预测模型主要是基于手查目测数据资料建立的宏观预测模型，对于政府宏观决策具有一定的指导作用，但对于指导农户或田块级防控存在明显的不足。在信息技术日新月异的情况下，如何利用海量多源数据建成覆盖全国的多时空尺度农作物病虫害精准预报模型亟待突破。

实现农作物病虫害精准预报的途径

加强对农作物病虫自动化监测原理和方法创新、生物与非生物因素对农作物病虫害发生为害复杂影响机制解析、多时空大尺度农作物病虫害智能化精准预报分析探索等基础研究。对已有的智能监测设备、预测平台、系统进行广泛验证，提高监测设备的智能化、准确性和稳定性，进一步研发病虫害智能监测技术与装备，制定相关标准，统一规范，开发病虫害灾变规律多源大数据的获取、传输、云存储及智能化精准预测平台及系统，并向研发人员开放共享。

随着我国农作物病虫害监测能力的不断提升，利用天—空—地的农作物监测网络，采集不同时空尺度的病虫害多源数据，与农作物生长及其生境参数相融合，利用深度学习模型可以提升预测预报的及时性、准确性和指导性，实现农作物重大病虫害实时精准监测和早期快速预警。

中国植物保护学会

撰稿人：姚　青　封洪强　张云慧　黄文江　胡小平　胡　高　刘　杰

编辑：彭慧元

如何采用非石油原料高效、安全地合成己二腈？

　　己二腈是一种重要的有机化工中间体，其加氢产物己二胺主要用于生产尼龙-66，市场应用前景巨大。然而，生产己二腈的技术壁垒和投资门槛较高，其行业集中度极高。当下相关工艺技术主要被英威达、巴斯夫、奥升德、旭化成等少数国外企业垄断。它们同时配套了下游己二胺和尼龙-66的生产装置，生产的己二腈和己二胺优先保障自身供应，并通过控制己二腈的供应量来控制全球尼龙-66生产。目前，我国尼龙-66生产企业主要从国外寡头进口己二腈原料，长期受制于人。己二腈供应不足已成为国内尼龙-66行业发展的"卡脖子"难题。己二腈国产化，关系到我国的国计民生和战略物资安全。另一方面，我国石油资源紧张，而现今主流的己二腈合成方式存在严重的石油原料依赖问题。因此，对非石油原料合成己二腈进行技术储备，有助于规避因原油行情波动所带来的风险，有很重要的战略意义。

丁克鸿

中化控股江苏扬农化工集团有限公司首席科学家

以非石油原料合成己二腈

己二腈的用途、市场前景及国内产业化状态

己二腈是一种重要的有机化工中间体，主要用于合成聚酰胺。例如，由己二腈加氢生产己二胺，再与己二酸缩聚，即可制得尼龙-66。尼龙-66是一种聚酰胺材料，具有强度高、耐温、耐热、电绝缘性能好等优点，因而被广泛应用于纺织、新能源汽车、轨道交通、工业设备等多个领域。

尼龙-66的用途

目前，全球每年约90%的己二腈都用于生产尼龙-66。由于尼龙-66的消费市场巨大，全球市场对己二腈的需求旺盛，基本处于供不应求的状态。以中国市场为例，受尼龙-66需求增长拉动，国内己二腈市场消费量逐年攀升。根据隆众咨询统计数显示，2010年国内己二腈消费量6.2万吨，而到了2020年，增加至28.8万吨。

年复合增长率达到 16.6%！

截至 2018 年底，国内没有一家企业能够生产己二腈（胺），全部依赖进口。因受制于国外生产厂商，导致订货周期长、运输困难、原料价格高昂，严重限制和制约了国内尼龙行业的发展。因此，国内企业一直在推动己二腈合成国产化，包括：① 辽阳石化曾经采用己二酸工艺建成了 2.1 万吨/年的己二腈合成装置，为其尼龙生产装置配套，但由于工艺落后，已于 2002 年停产（工艺原理见下图，路线 c）；② 2015 年 8 月，山东润兴化工科技有限公司建成 10 万吨/年己二腈合成装置。该装置采用丙烯腈电解法工艺（工艺原理图，路线 b），而在试生产时发生爆炸。该项目恢复可能性较小，而该工艺也逐渐退出了国内市场；③ 2018 年华峰集团在重庆涪陵基地采用自主研发的苯法工艺设计建设 10 万吨/年的己二腈生产线。其中，5 万吨/年的装置于 2019 年 10 月实现生产并稳定运行；④ 2022 年 7 月，中国化学下属天辰齐翔尼龙新材料有限公司建成国内首套丁二烯法己二腈合成装置（工艺原理图，路线 a），并成功制备出优级产品。

由上述可知，尽管国内己二腈（胺）合成工业在不断发展，但离满足市场需求还有较大差距。此外，目前主流的丁二烯法，其原料主要来自于石油，受制于国际

路线 a

$$\text{CH}_2=\text{CH-CH}=\text{CH}_2 + \text{HCN} \xrightarrow[100\ ^\circ\text{C},\ 6.8\ \text{atm}]{\text{cat.}} \text{3-PCN} + \text{4-PCN} \quad (1)$$

$$\text{3-PCN} \text{ or } \text{4-PCN} \xrightarrow[50\ ^\circ\text{C},\ 3.4\ \text{atm}]{\text{cat.}} \text{NC-(CH}_2)_4\text{-CN} \quad (2)$$

路线 b

$$2\ \text{CH}_2=\text{CH-CN} + \text{H}_2 \xrightarrow{\text{electrolysis}} \text{NC-(CH}_2)_4\text{-CN}$$

路线 c

$$\text{HO}_2\text{C-(CH}_2)_4\text{-CO}_2\text{H} + 2\ \text{NH}_3 \xrightarrow{\text{cat.}} \text{NC-(CH}_2)_4\text{-CN}$$

传统己二腈合成路线示意图

原油行情波动。因此，这一领域的研究仍然有很大的发展空间。其中，以非石油原料制备己二腈（胺）的研究，因其可有效对抗因原油行情波动所带来的风险，则更具有战略意义。

己二腈（胺）的现有合成方法

己二腈的传统合成方法

己二腈的传统合成方法主要就是"老三套"，即丁二烯直接氰化法、丙烯腈电解二聚法和己二酸催化氨化法。其中，丁二烯直接氰化法是当下最先进的产业化方法。该方法采用氰化氢与丁二烯反应，合成己二腈（路线 a）。该方法原料成本、反应能耗以及废弃物排放都很低。但是，该反应需要使用镍络合物催化剂和过量配位基，在加压下进行。整个生产过程较复杂，经过丁二烯氰化、异构化、反-3-戊烯氰（3-PN）氰化、己二腈提纯、催化剂回收多个工段。此外，反应所使用的氰化氢剧毒，一旦泄漏后果非常严重。

丙烯腈电解二聚法由美国孟山都公司于 20 世纪 60 年代开发成功。该方法的最初原料是丙烯，通过氨氧化进而转化为丙烯腈，再通过电解-还原最终合成己二腈（路线 b）。改进后的无隔膜电解法具有产品品质高、能耗低、收率高等优点，但由于目前原料丙烯腈市场价格较高，导致该工艺生产规模一般较小，基本没有盈利空间，因而逐步被淘汰。己二酸催化氨化法由法国罗纳普朗公司于 20 世纪 60 年代末开发成功（路线 c）。该方法由于使用了生产尼龙-66 盐的另一主要原料己二酸，工艺路线长，成本高，并非理想的工艺路线。

己二腈（胺）的新合成方法

传统的己二腈（胺）合成方法都存在着一些问题。并且，国外垄断企业经过多年的优化消缺运行，技术不断升级，能耗低、生产成本也低，从而使得国内企业仅通过原有路线进行改进很难赶超国外竞争对手。因此，只有开发更加简洁、绿色、安全的己二腈（胺）全新合成路线，才有机会实现技术上的弯道超车，发挥后发优势，超越国外竞争对手，从而突破束缚我国尼龙-66行业发展的瓶颈。

最近几年以来，不断有新方法被报道，例如：大连化学物理研究所的己二醇氨氧化法（专利号 CN201410164307.5）与环己醇氨氧化法（专利号 CN201711336931.9）、扬州大学的环己烯氨氧化法（专利号 CN201810267865.2）、中科院过程工程研究所的己二酸二酯氨解脱水法（专利号 CN201910501004.0）、天津大学的正己烷氨氧化法（专利号 CN201910175210.7）、浙江理工大学的丙腈芬顿氧化法（专利号 CN202010240483.8）。此外，大连化学物理研究所还开发出绕过己二腈，直接制备尼龙工业所需己二胺的环己烯→己二醛→己二胺合成路线（专利号 CN201911295990.5）。类似地，北京旭阳科技有限公司开发了环己烯→环己二醇→己二醛→己二胺路线（专利号 CN201410488395.4）。

己二腈（胺）合成路线的探讨

由前述讨论可知，已知的己二腈（胺）合成方法，根据所使用主要原料母体的碳原子数来区分，目前主要有两种合成路线：一种是使用含有四个碳原子的分子为原料的 C4 方案，而另一种是使用含有六个碳原子的分子为原料的 C6 方案。

丁二烯直接氰化法即属于 C4 方案。目前，其原料丁二烯主要是从石油中提取，而所使用的氰化氢则由甲烷与氨和空气在高温下反应来合成。由于氰化氢价格较便宜，丁二烯的成本对该合成路线的总体成本影响较大。

C6 方案即以环己烯、环己醇、环己酮等含有六个碳的原料来合成己二腈的路线。它们最初的原料是苯。苯既可以由石油制备，也可由煤制备。在已报道的 C6 工艺路线中，江苏扬农化工集团有限公司的己内酰胺氨化加氢制备己二胺工艺，已经获得成功，颇具竞争力。与 C4 路线相比，由煤制备 C6 原料-苯更加容易。因此，从目前的技术水平来看，C6 路线能够有效地抵御石油行情波动，值得开发。

以非石油原料合成己二腈（胺）

目前来看，丁二烯直接氰化法是最成熟且已经实现产业化的己二腈合成技术。该方法所使用的原料丁二烯，目前主要由石油合成，是由乙烯裂解装置副产的混合 C4 馏分中分离而得。实际上，也有可能以煤为原料，来合成丁二烯及其 C4 衍生物。如图所示，以煤为原料可以制备电石，进一步水解可以合成乙炔。乙炔作为一种活泼的 C2 源，可以通过与一氧化碳、甲醛等 C1 合成子的反应，合成各种 C4 化合物，如丁炔二醇、丁炔二醛、丁二醇、丁二烯等。这些 C4 化合物可以进一步反应，合成己二腈（胺）。该反应路线在技术上很成熟，但由电石制备乙炔的过程，会产生大量含钙固废。在环境保护要求严格的今天，如何将这些含钙材料资源化利用，减少固废排放，是有待解决的瓶颈问题。

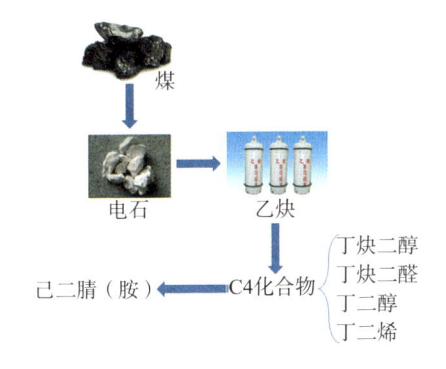

以煤为来源通过 C4 化合物合成己二腈（胺）

除此之外，通过糠醛的脱羰反应制呋喃，再进一步生产丁二醇、丁二醛、丁二烯等，也是不使用石油原料制备 C4 化合物的一条路径（右图）。以玉米芯等农副产品为原料，可以制取戊聚糖。在酸作用下，戊聚糖可以发生水解反应生成戊糖，进一步脱水环化可以制得糠醛。因此，通过该路线能够实现以可再生资

以生物质为原料通过 C4 化合物合成己二腈（胺）

源为原料合成己二腈（胺），契合可持续发展精神。但是，农副产品的收集、加工以及副产物的处理等环节会明显提高该工艺路线的成本，降低合成利润。因此，如果不能与其他高附加值产品耦合生产，该路线经济效益较低，难以推广应用。

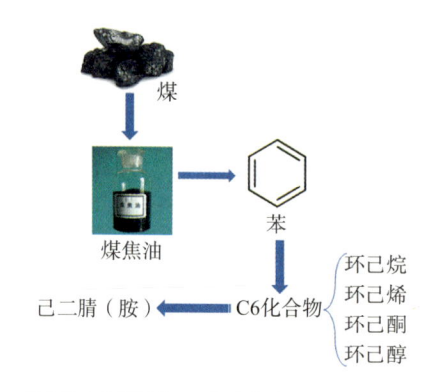

以煤为原料通过 C6 化合物合成己二腈（胺）

C6 合成路线的最初原料是苯。苯既可以由石油合成，也可以由煤合成。目前，由石油合成苯效率较高，且不需要经过脱硫过程，即可产出高质量的苯。以煤为原料合成苯，可以作为一个技术补充（左图）。由于无论是以石油为原料，还是以煤为原料来合成苯，其成本都是可以接受的，且下游路线合成己二腈（胺）的工艺是相同的。因此，如遇资源行情波动，C6 合成路线无须进行大的技术调整，仅从源头切换原料来源即可直接应用，从而抗风险能力更强。因此，如前文所述，最近国内开发的己二腈（胺）合成新工艺，主要聚焦于 C6 路线，即以环己烷、环己烯、环己醇、环己酮等为原料来合成己二腈（胺）。

在上述方法中，以官能化的 C6 化合物（如环己烯、环己醇、环己酮等）为原料合成己二腈（胺），效率更高。从有机合成的角度来看，C6 原料的官能化能够提高这些分子的反应活性，并实现 C6 环反应位点的定位，从而可以明显提高反应的原料转化率与产物选择性。但是，新方法存在着一些技术上的矛盾，是制约相关工艺大规模应用的瓶颈问题。因此，需要从科学的高度来设计高效的催化反应体系，以解决这些矛盾。例如，通过环己烯氨氧化制备己二腈，该过程涉及两个关键反应，即烯烃氧化裂解反应与己二醛氨氧化反应。其中，环己烯氧化裂解产生己二醛，需要较强的氧化环境才能实现，而己二醛氨氧化反应，由于己二醛和氨都是还原性物质，过度的氧化环境会导致它们失活，从而影响反应产物收率。如何克服上述矛盾，去尽可能地提高反应选择性与产物产率，是目前有待解决的关键技术问题。

展望与建议

己二腈（胺）属于大化工产品，市场需求量极大，供不应求。然而，与制药工业相比，生产己二腈（胺）的利润率并不高，需通过大规模合成来获得充足的利润。正因为合成规模巨大，对己二腈（胺）合成工艺的环保要求更高。此外，如果能够降低反应能耗，则可进一步降低成本，从而可提高利润，使得新方法具有更好的市场竞争力。因此，己二腈（胺）合成新工艺，需满足原子经济性高、步骤简短、反应条件温和，才可能获得足够的竞争优势，以取代现有的成熟技术。

欧美国家先进的工业体系，并非一朝一夕建成，而是从基础研究开始，经过长期的积累、转化而成。因此，要实现对欧美技术的弯道超车，必须从基础研究入手。己二腈合成反应是研究得很透的化学过程，现有技术路线的原理都很明确，且其效果也已被改进到接近极致。如果沿着原有技术路线进行优化，很难获得足够的竞争优势。欧美公司通过长期的生产实践，消缺运行，在现有技术路线上所掌握的诀窍要超过国内，从而利润空间更加充足。一旦国内有了同类产品，它们的降价空间将会很大。因此，国内工业在该领域目前处于竞争劣势，需要采用与传统路线不同的新方法，出奇制胜，才可获得压倒性竞争优势。要实现这点，只有重视基础研究，从基础研究成果中发掘技术宝藏。实际上，己二腈合成方法很多，即便是丁二烯合成法，以非石油原料合成其 C4 源的方法也有很多。只不过，目前这些方法因为种种原因，不适合大规模应用。进行基础研究，解决其中所涉及的科学问题，是产生实用的新合成工艺的前提。最近 20 年以来，新材料、新催化剂的研究迅猛发展，取得了一系列新成果。例如，纳米材料催化剂可以极大地提高催化效率；光催化反应的发展使得利用可见光推动反应成为可能；发光材料的发展提高了光能利用率，降低了因热效应而导致的能量损耗；串联反应则明显提高了合成效率……这些研究成果在发表时未必是用于合成己二腈的，但在开发己二腈合成新工艺时，却可以大胆地借鉴这些成果，采用"拿来主义"，将相关技术应用于己二腈合成反应中。

此外，提出非石油原料合成己二腈（胺），并不是说以石油为原料的合成方法就是落后的、要被淘汰的。恰恰相反，仅从实用性角度来看，以石油为原料合成己二腈，是目前最高效的方法。提出本问题的目的是居安思危，为应对原油行情波动所带来的危机提供备选方案。因此，不要轻易否定一种合成方案，要保持鼓励多种合成方法的研究并存的策略。同时，还要鼓励研究一些相关重要化工原料的非石油来源。例如，以煤或者以生物质为原料合成 C4 源（如丁二烯、丁二醇等）。从目前来看，很多方案并不实用。但是，由于基础研究与产业发展迅猛，一旦在某个关键节点取得突破，有可能导致产业格局发生巨变，从而使得一些从前不实用的方案的可行性大为提高。保持多种合成方法研究并存，毫无疑问将会为解决己二腈（胺）合成问题提供了多个可能方案，从而使我们的方法手段更为灵活，可以更有效地应对资源供应方面所出现的各种突发情况。

中国化学会

撰稿人：俞　磊　陈　颖　鞠华俊

编辑：高立波

8. 小麦茎基腐病近年为什么会在我国小麦主产区暴发成灾,如何进行科学有效地防控?

　　小麦是我国重要的口粮作物,常年种植面积达到 3.6 亿亩左右,在国家粮食安全工作中占有十分重要的地位。小麦茎基腐病是一种世界性的土传病害,在美国、澳大利亚等数十个国家均有发生。近年来,该病在我国小麦主产区(河南、山东、河北等省)逐年加重,部分地区暴发成灾,造成严重减产,对小麦生产和国家粮食安全构成严重威胁。

　　茎基腐病主要危害麦类作物茎基部,造成罹病部位变褐腐烂,后期导致植株早死并形成枯白穗,对小麦产量影响极大,重病地块可以减产 70% 以上。由于该病属我国新发病害,对其成灾机理尚不清楚,加上抗病品种匮乏,关键防控手段不足,给该病科学防控带来严重困难,亟待尽快加以解决。有效防控小麦茎基腐病对于小麦丰产稳产和国家粮食安全具有十分重要的现实意义。

康振生
中国工程院院士

茎基腐病——我国小麦生产新挑战

问题背景

小麦茎基腐病的发生与分布

小麦茎基腐病（优势病原菌为假禾谷镰孢 *Fusarium pseudograminearum*）于 20 世纪 50 年代在澳大利亚昆士兰州首次被报道，目前该病已经成为一种重要的世界性小麦土传病害，在大洋洲、美洲、欧洲、亚洲、非洲的数十个国家均有报道。

2012 年河南农业大学在河南沁阳首次报道了由假禾谷镰孢引起的小麦茎基腐病。近年来，由于持续多年秸秆还田造成菌源积累，加上小麦品种抗性普遍较差、土壤生态条件恶化及气候变暖等因素的影响，茎基腐病在我国黄淮小麦主产区逐年加重，特别是豫北、豫中东、冀中南、鲁西南、鲁西北、陕关中等不少地区造成严重损失，成为继条锈病、赤霉病等重大病害后，对我国小麦安全生产构成巨大威胁的新型病害。

近年，小麦茎基腐病在我国的快速蔓延和严重危害已经引起农业农村部、有关省份及众多科技工作者的高度关注。农业农村部以及河南省、山东省、河北省等小麦主产省已经将该病害列入小麦生产中重点监测和防控的病害之一。河南农业大学、山东农业大学、河北农业大学、河南省农业科学院植保所、山东省农业科学院植保所、河北省农林科学院植保所、中国农业科学院植保所、江苏省农业科学院植保所、西北农林科技大学等数十家教学科研单位的科技人员开始从事该病害的研究工作。

小麦茎基腐病危害的严重性

茎基腐病在小麦苗期至乳熟期均可发生,一般以苗期和灌浆期发病最盛。苗期受到病菌侵染后,胚芽鞘和茎基部出现棕褐色病变,严重时叶片发黄,形成烂种、死苗;成株期发病后,一般植株茎基部的1~2茎节变为褐色或酱油色,严重时可上升至第3、4茎节,并产生"枯白穗"症状,籽粒秕瘦甚至无籽。潮湿条件下,茎节处可见粉红色或者白色霉层。

(a) 苗期症状(茎基部褐变)

(b) 灌浆期症状(茎基部褐变及粉红色霉层)

(c) 灌浆期"枯白穗"症状

(d) 健康植株及罹病植株籽粒比较

小麦茎基腐病的症状(周海峰、李洪连等摄,2016—2019)

近年小麦茎基腐病在我国蔓延速度很快,已从黄淮麦区逐步蔓延到西北、华北、长江中下游等麦区。据有关部门调查统计,2022年黄淮麦区小麦茎基腐病的发生面积达3650万亩以上,一般病田可引起减产20%~30%,重病田产量损失达到60%以上,每年该病在我国造成的小麦减产达35亿公斤以上。河南焦作沁阳市王召乡李大人村的一块麦田原来常年小麦亩产在 600 公斤左右，2020 年由于茎基腐病严重发生，平均亩产不足 200 公斤。

小麦茎基腐病在国外同样造成重大经济损失。如澳大利亚几乎所有小麦种植区都有茎基腐病的发生，造成普通小麦平均减产 25%，硬粒小麦平均减产 58%，一般年份澳大利亚每年因茎基腐病导致的小麦损失大约为 8800 万澳元，严重年份高达 4.3 亿澳元；在美国西北部麦区约有 76% 的田块发生小麦茎基腐病，其中自然发病田可直接引起小麦年平均减产 10%~35%，人工接种地块引起减产高达 61%。

问题阐释

引起小麦茎基腐病的病原物

小麦茎基腐病可由多种镰孢菌引起。国内外已经报道的病原物包括：假禾谷镰孢（*F. pseudograminearum*）、黄色镰孢（*F. culmorum*）、禾谷镰孢（*F. graminearum*）、燕麦镰孢（*F. avenaceum*）、层出镰孢（*F. proliferatum*）、三线镰孢（*F. tricinctum*）等 10 多种。在澳大利亚，小麦茎基腐病的优势病原为假禾谷镰孢和黄色镰孢，假禾谷镰孢在澳大利亚各产麦区均有分布，而黄色镰孢主要分布在较冷的南澳大利亚州和维多利亚省；同样，美国的俄勒冈州东部和华盛顿州南部麦区，优势病原是假禾谷镰孢，而在偏冷的蒙大拿和爱达荷州麦区，其病原以黄色镰孢为主。

国内研究发现，我国黄淮麦区小麦茎基腐病病原菌比较复杂，包括假禾谷镰孢、禾谷镰孢、黄色镰孢、三线镰孢等多种镰孢菌，以假禾谷镰孢占比最高，为优势病原菌；各地病原菌分离比率有一定差异，其中河南、河北、山东等黄淮北部省份小麦茎基腐病病原菌以假禾谷镰孢为优势种，皖北、苏北等黄淮南部地区以禾谷镰孢复合种为主，西北麦区甘肃、青海、新疆等地优势病原菌是三线镰孢。其中假禾谷

(a) 假禾谷镰孢

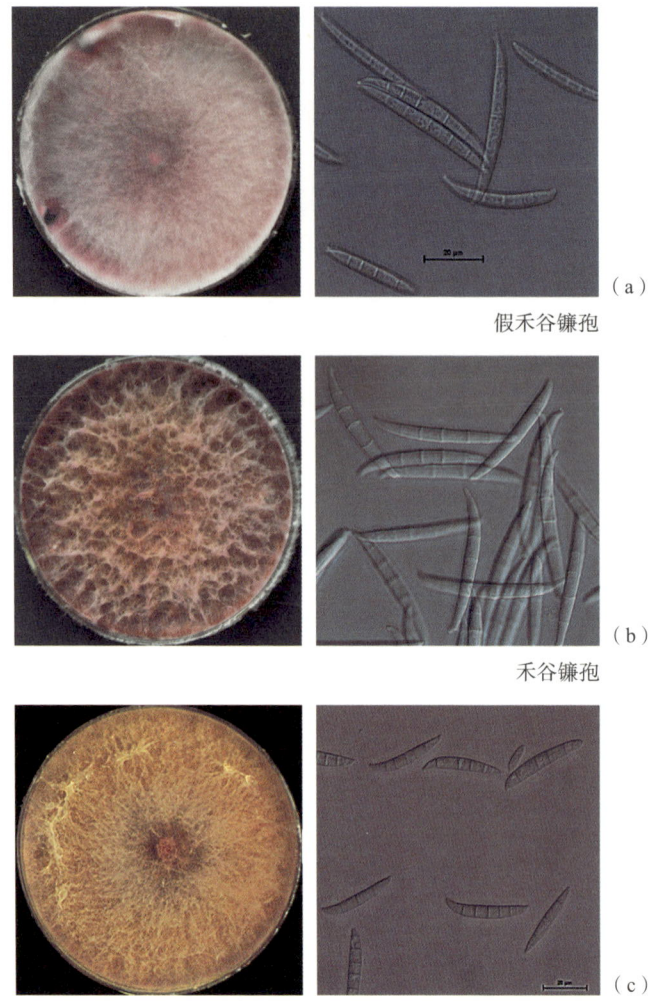

(b) 禾谷镰孢

(c) 黄色镰孢

小麦茎基腐病几种重要病原菌培养性状及大型分生孢子（周海峰摄，2014）

镰孢、禾谷镰孢、黄色镰孢不仅可以引起茎基腐症状，还可以引起穗腐（即赤霉病）症状。

通过人工接种发现假禾谷镰孢的致病力最强，其次为黄色镰孢和禾谷镰孢，而层出镰孢、燕麦镰孢、木贼镰孢、三线镰孢等的致病力相对较弱。

病原菌致病机理

小麦播种后，病原菌的侵染可造成种子腐烂，导致缺苗或麦苗黄化。田间病原菌通过菌丝生长与小麦植株接触后，通过形成类似侵染钉的"垫状结构"直接侵入或通过气孔进入胚芽鞘或茎基部外层叶鞘，随后侵入内层叶鞘或茎节的表皮及维管束组织，引起典型的褐变症状，从而阻断维管组织并限制植物体内水分和营养物质的转移，引起罹病植株的早枯症状。在整个侵染过程中，病原镰孢菌可不断产生有毒的次生代谢物（如呕吐毒素、玉米赤霉烯酮等），进一步影响根的伸长以及加剧植物褐变症状的产生。

病害发生规律

小麦茎基腐病是一种典型的土传病害，其病原菌主要以菌丝体、分生孢子或者厚垣孢子的形式存活于土壤中或者病残体上，尤其在干旱或半干旱地区；黄色镰孢则以菌丝、分生孢子或者厚垣孢子的形式存活于土壤或者病残体组织中。一般情况下，菌丝在病残体中可存活 2 年以上，分生孢子和厚垣孢子则存活时间更长。如果在下茬作物播种前未能及时清理病残体，将大大增加菌源数量，有利于病害的发生和流行。在环境条件适宜时，菌丝或者孢子便开始萌发，就近从根茎组织侵入。病原菌在田间主要靠耕作措施进行传播。同时，引起小麦穗腐症状的病原物（如禾谷镰孢、黄色镰孢、假禾谷镰孢等）也能随种子进行传播。

国内外研究发现，小麦茎基腐病的发生与品种抗性、耕作制度、土壤生态及气候条件等因素有比较密切的关系。小麦连作、秸秆还田、偏施氮肥、土壤盐碱化、灌浆期干旱少雨等条件有利于病害发生。

我国小麦茎基腐病成灾因素分析

一是品种抗病性差：筛选培育抗病品种向来是植物病害最行之有效的防治方法，

致病阶段　　　　|　　腐生阶段

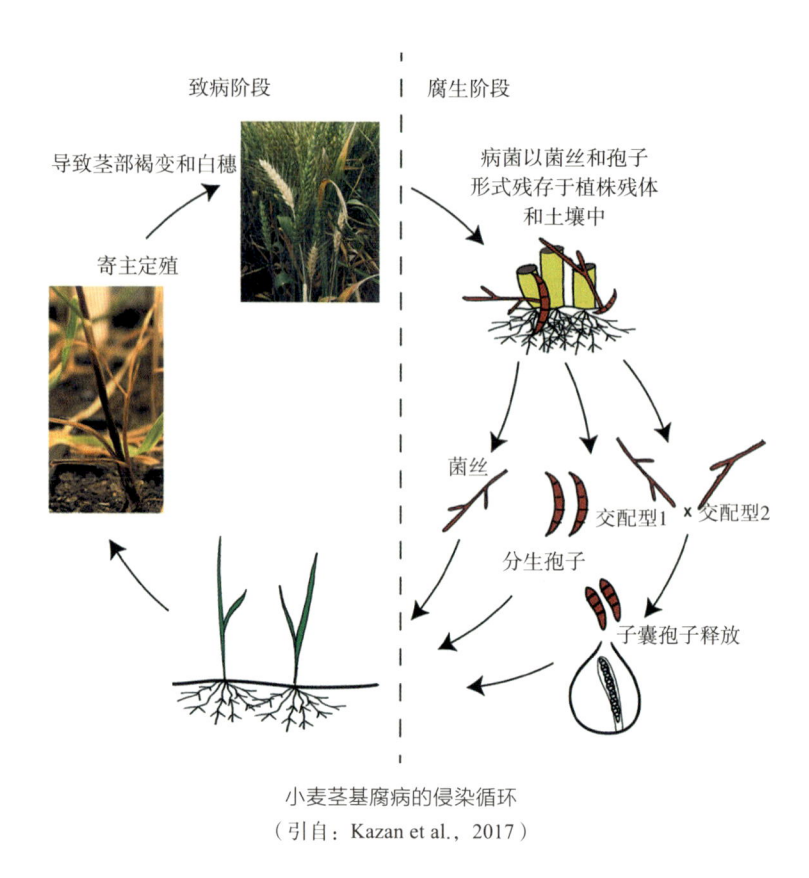

导致茎部褐变和白穗

寄主定殖

病菌以菌丝和孢子形式残存于植株残体和土壤中

菌丝　　交配型1 × 交配型2

分生孢子

子囊孢子释放

小麦茎基腐病的侵染循环
（引自：Kazan et al.，2017）

但我国科研人员近年来对1000多个小麦栽培品种进行了茎基腐病的抗病性鉴定，发现绝大多数为感病或者高感品种，只有极少数品种达到中抗水平。感病品种的大面积种植，十分有利于病害的发生和流行。

二是耕作制度及栽培条件有利于病害发生：小麦常年连作、秸秆持续还田、免耕等措施的实行，有利于菌源的积累，加速病害的发展与流行。偏施氮肥等化学肥料，农家肥和有机肥施用量不足，土壤生态条件恶化，有利于病原菌在土壤中生存及繁衍。土壤盐渍化不仅使植物的生长受到影响，对茎基腐病的发生也十分有利。同时，农机跨区作业在一定程度上加速了病原菌的传播，对病害扩展比较有利。

三是气候变化导致病害加重：小麦茎基腐病又称"旱地脚腐病"，在温暖、干旱或半干旱地区发生较重。近年气候变化导致的暖冬和小麦灌浆期干旱少雨，加重了该病害的发生和危害程度。

四是其他因素影响：由于茎基腐病主要为害小麦茎基部，发病部位隐蔽，前期诊断困难，防治上易于忽视；同时，目前生产上小麦茎基腐病防控产品研发滞后，缺乏高效的杀菌剂和生防菌剂产品，也在一定程度上导致病害危害程度加重。

展望

我国小麦茎基腐病近年呈现不断加重趋势

在我国自 2012 年河南首次报道假禾谷镰孢引起的小麦茎基腐病以来，该病从一个局部的新发病害，到目前在黄淮小麦主产区普遍暴发，并逐渐蔓延至西北麦区、华北麦区及长江流域麦区，发病面积逐年扩大，2022 年仅黄淮麦区发病面积已达 3650 万亩以上。由于目前我国生产上推广种植的小麦品种绝大多数为感病或高感品种，品种抗性普遍较差，秸秆还田、农机跨区作业在全国范围内大面积实施，有利于病原菌积累及传播，加上气候变暖现象加剧等有利于病害发生因素的存在，小麦茎基腐病在我国近期将是一个不断加重的趋势。

培育抗病品种是小麦茎基腐病防控的关键

鉴于目前生产上推广的小麦品种对茎基腐病抗性普遍较差，采取有效途径，培育抗病品种将是今后我国小麦茎基腐病有效防控的关键措施。在田间病圃抗性鉴定中发现，尽管大多数品种对茎基腐病感病或高感，仍有少数品种可以达到中抗水平，具有一定的生产利用价值。育种者可以从国内外小麦种质资源包括农家品种、近缘属种中挖掘抗病基因或数量性状（QTL），采用基因聚合育种、分子辅助育种等手段加快抗病育种进程。河南农业大学发现了一个小麦茎基腐病相关基因 TaDIR-B1，该基因缺失可以提高小麦茎基腐病抗性能力；山东农业大学从小麦近缘植物长穗偃麦草中首次克隆出抗赤霉病主效基因 Fhb7，且成功将其转移至小麦品种中，明确并验证了其在小麦抗病育种中不仅具有稳定的赤霉病抗性，而且对小麦茎基腐病也具有明显抗性。

绿色防控是今后小麦茎基腐病防控技术的发展方向

国内目前对于小麦茎基腐病的防控主要采取种子处理及早期喷药的化学防治方法。根据国家农药"减施增效"及绿色防控鼓励支持政策，结合国内外小麦茎基腐病防控经验，采取以抗病品种和农业农艺措施为基础、生态调控和生物防治为辅助、种子处理为关键、早期药剂防治为补充的绿色综合防控技术将是我国小麦茎基腐病防控的发展方向。在重视抗病育种工作培育抗病品种的同时，要加强简便有效农业农艺措施、生物防治和生态调控技术研究及相关产品研发工作，并进一步筛选研发高效环保新型种子处理剂及防治药剂，为病害科学防控提供技术和物质保障。

河南近年发布实施了《小麦茎基腐病综合防控技术规程》，采取以抗病品种和农业农艺措施为基础，种子处理为关键，生物防治及生态调控、早期精准施药为辅助的综合防治技术，在示范区取得了良好的防病保产效果。

决策建议

将小麦茎基腐病列为国家农作物一类病虫害，提升病害监测预警水平

加强对小麦茎基腐病识别与诊断知识的培训和危害性的宣传，由全国农技中心牵头组织各小麦种植省、市、区特别是小麦主产省农业系统相关专家和技术人员，在病害高发季节开展全面系统普查，以充分掌握我国各小麦种植区茎基腐病发生分布及为害程度，并进一步明确各地病原种类及优势种。尽快建立小麦茎基腐病及根茎病害病原菌快速检测技术体系，制订小麦茎基腐病田间病情调查、病害风险评估、产量损失估计、品种抗性评价、防控产品如生防制剂及杀菌剂田间药效试验等行业标准，提升我国小麦茎基腐病监测预警能力和水平。

强化绿色高效防控技术和产品研发，提高病害防控能力

广泛收集国内外品种资源及育种材料，包括农家品种及近缘属种，采用室内接种、田间病圃、抗性基因分子标记等方法进行抗病性鉴定及评价，进一步挖掘新型抗病基因及数量性状 QTL，并采用基因聚合育种、分子辅助育种等技术培育抗病丰产品种。根据生产需求，组织有关科研、教学、推广和相关企业，尽快研发小麦茎基腐病绿色高效防控技术和产品，包括简便农艺防病技术、生物防治及生态防控技术和产品、新型高效种子处理剂等，对生产上急需的防控产品登记给予绿色通道政策，加快试验及登记进程。此外，建议有关部门研究制定具体政策，对实施土壤深翻、秸秆深埋的作业给予补贴，促进还田秸秆的快速降解，压低病菌基数。同时，重视病害综合防控技术集成、示范和推广工作，在不同生态区制订一批小麦茎基腐病综合防控技术规程，加快现有防控技术的示范和推广利用。

尽快设立重大科技专项，开展多学科联合攻关

建议科技部、农业农村部、财政部等部委设立"小麦茎基腐病监测预警及绿色防控技术"重大科技专项项目，组织全国相关研究单位优势力量，加强植物保护、栽培育种、土壤生态、生物技术等学科联合攻关，尽快构建我国小麦茎基腐病快速监测预警体系，有机集成病害高效绿色防控技术体系，为保障小麦安全生产和农产品质量安全提供科技支撑。同时，要重视相关基础研究工作，进一步明确茎基腐病病原菌寄主范围及其在土壤中的消长规律、病原菌有性生殖及其调控机理、病原菌与寄主互作的分子机制、气候变化对病害灾变的影响、茎基腐病与赤霉病及其他根茎病害的关系等，为病害有效监测和科学防控提供理论依据。

中国植物病理学会

撰稿人：李洪连　刘万才　赵中华　孙炳剑　周海峰

编辑：彭慧元

9. 如何研制大型可变速抽水蓄能机组？

随着能源消费结构调整的深入和电气化的推进，未来30年，以风电、光伏发电为首的可再生能源将持续快速发展，成为增速最快的能源。在快速转型情景下，预计到2050年，可再生能源的占比将增长至45%。但是，受到地理位置、气候条件等环境因素的影响，风电、光伏发电等可再生能源的发电功率具有较强的间歇性与不确定性，导致电能质量降低、调频调峰难度增大等问题，影响电网运行的稳定性。为了抑制间歇式电源出力的波动性，保证电网的可靠运行，需要在电力系统中增加储能电源。抽水蓄能电站由于其良好的调节性和运行的灵活性，得以大规模发展，在储能中占据领先地位。可变速抽水蓄能机组相较于常规抽蓄机组的主要优势在于：首先，具备自动跟踪电网频率变化的能力，在水泵工况下，通过平滑调速实现输入功率连续可调，为系统提供了相应的频率自动控制容量；其次，通过改变交流励磁系统输出电压的频率实现转速和有功功率调节，使机组在水轮机工况也能工作在最佳运行区域，提高了运行效率和有功功率调节性能；另外，可变速抽水蓄能机组适应水头和输出功率的变化范围更广、稳定运行区域更宽，并且通过定子绕组短路利用交流励磁装置即可实现零速自起动。故而，发展可变速抽水蓄能机组，对于提高电网安全稳定运行水平以及提升新能源资源利用率等，具有重要意义。

舒印彪
中国工程院院士
中国电机工程学会理事长

可变速抽水蓄能机组的科学问题

可变速抽水蓄能机组的原理

可变速抽水蓄能电站主要由上水库、下水库、可变速抽水蓄能机组和电网组成，可变速抽水蓄能机组是可变速抽水蓄能电站的关键设备，实现机械能和电能的相互转换。在电网负荷高峰期，可变速抽水蓄能机组将水库存储的水的势能转换为电网的电能；在低谷期，再将电网的电能转换为水的势能存储起来。例如：在日间负荷高峰期，上水库放水流经可变速抽水蓄能机组到下水库，可变速抽水蓄能机组将水的势能经过机电能量转换为电能，传输到电网。在夜间负荷低谷期，将下水库中的水抽到上水库，电网上多余的电能转换为水的势能，存储起来以备负荷高峰期使用。

可变速抽水蓄能机组主要由水泵水轮机、可变速发电电动机、变频器和自同步控制系统等组成。

可变速发电电动机结构类似于绕线异步电机，转子绕组同定子绕组一样，由三相交流绕组构成，转子由交流变频装置代替了常规定速机组的普通直流励磁装置。常规抽水蓄能机组和可变速抽水蓄能机组定子基本一样，定子三相绕组与电网连接，会产生三相同步转速旋转的磁场，由电机机电能量转换原理知，为产生恒定的电磁转矩，转子绕组产生的磁场必须与定子绕组产生的磁场一致。常规抽水蓄能机组采用同步电机，转子绕组上通有静止的直流电，为产生与定子同步转速旋转的磁场，要求转子必须同步转速旋转，所以常规抽水蓄能机组只能恒定转速运行。

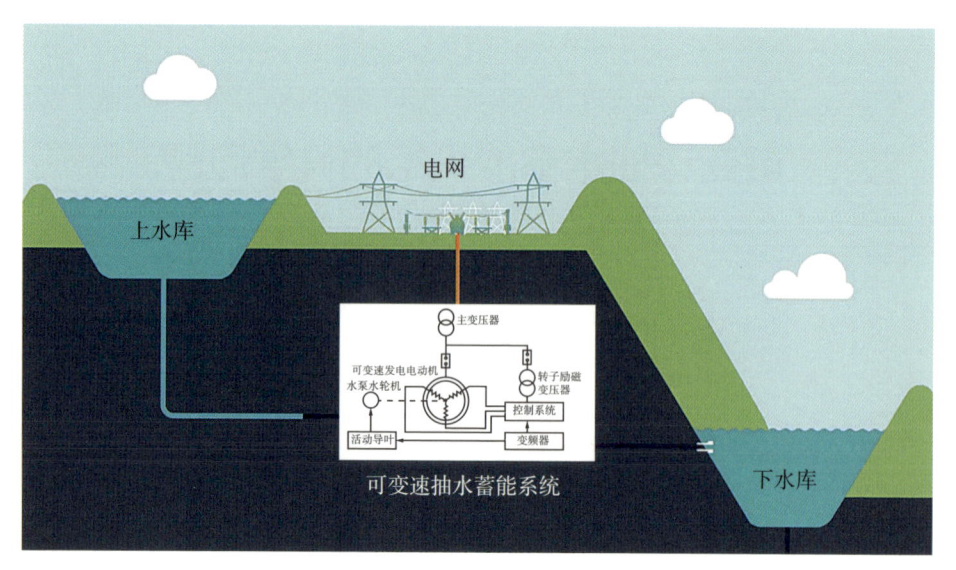

可变速抽水蓄能电站简图

由于抽水蓄能电站水头和扬程变幅较大，不同的水头和扬程下，水泵水轮机的最优转速不同，恒定转速运行会导致水泵水轮机效率低、空化性能差、驼峰特性差、稳定性差等一系列问题，故亟须开发可变速抽水蓄能机组。可变速抽水蓄能机组采用绕线异步电机结构，转子绕组上通有可变频率的三相交流电，为产生与定子绕组同步转速旋转的磁场，要求转子的旋转速度和转子绕组产生的磁场相对于转子的速

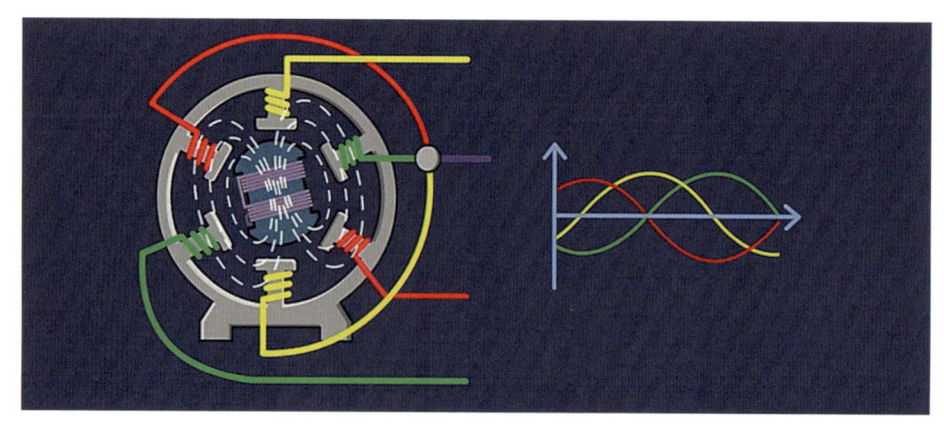

电机机电能量转换简图

度之和与定子旋转速度一致，通过自同步控制系统为转子三相绕组供电实现，用公式表示为 $n_1=n_2+n_m$，其中 n_1 为定子磁场旋转速度；n_m 为转子旋转速度；n_2 为转子供电旋转转速。转子可以通过调节供电电流的频率、相位、幅值三个量，来调节机组发出或吸收无功及控制发电机励磁磁场大小、相对于转子的位置和电机转速，也正是由于可变速抽水蓄能电机励磁控制自由度的增加，使其具有超越传统同步发电机的运行性能。

当可变速抽水蓄能机组用于发电时，其工作方式包括以下几种：

亚同步状态：可变速抽水蓄能电机转速 $n<n_s$（发电机同步转速），此时变频器向发电机转子提供交流励磁，发电机由定子发出电能给出电网。

超同步状态：电机转速 $n>n_s$ 时，此时发电机同时由定子和转子发出电能给电网，变频器的能量流向逆向。

同步状态：电机转速当 $n=n_s$，此时发电机作为同步电机运行，$f_2=0$，变频器向转子提供直流励磁。

由此可见，当发电机转速变化时，若控制 f_2 相应变化，可使 f_1 保持恒定不变，即与电网频率保持一致，也就实现了变速恒频控制。

大型可变速抽水蓄能机组的发展

日本从 20 世纪 80 年代初开始研究可变速发电机技术，1993 年 12 月，日立公司制造的容量为 395 兆伏安大河内电站可变速抽水蓄能机组投入运行，该巨型变速抽水蓄能机组投运后，由于其较好的瞬时功率响应能力和大大超过预期的对电力系统的稳定作用，得到了较高的评价。当今世界上最大的抽水蓄能电站为日本东芝公司建造的葛野川电站，单台容量为 475 兆伏安。

欧洲近年来也在可变速抽水蓄能电站的应用方面取得了较多的成果。安德里茨公司于 2003 年 2 月，在欧洲戈尔登塔尔（Goldisthal）电站开发研制成功 340 兆伏安的可变速抽水蓄能机组，并投运成功。阿尔斯通公司也相继开发了南德德朗斯（Nant de Drance）电站 174 兆瓦、林塔尔（Linthal）电站 250 兆伏安、代赫里（Tehri）电站 306 兆伏安和谢拉斯（Le Cheylas）电站 305 兆伏安的可变速抽水蓄能机组。

我国河北丰宁电站二期项目将装设两台套单机容量 300 兆瓦的变速抽水蓄能机组，全部由国外公司供货，目前产品正在制造当中，尚未投运。总体上，我国大型可变速抽水蓄能机组的研究还停留在理论探索阶段，还属于国内的技术空白，亟须进行国产化示范项目建设。

大型可变速抽水蓄能机组的优势

（1）常规机组在水头变幅较大时不能高效率运行，偏离最优工况较大时水力效率明显降低，汽蚀及泥沙磨损恶化，尾水管压力脉动增大，因而要限制机组运行范围和降低发电效率。变速机组可根据运行工况和水轮机特性调整转速，而发电机输出仍为 50 赫兹或 60 赫兹，使机组始终运行于最优或较优工况。因而可提高运行效率，减少磨蚀，延长机组检修期，并可扩大运行水头范围和负荷范围。根据几个水

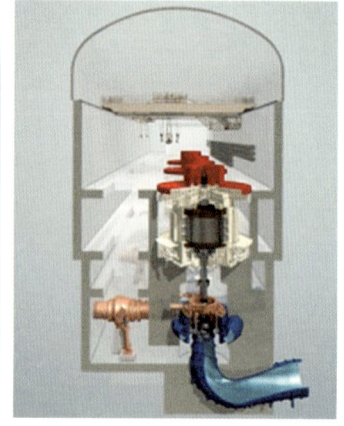

大型可变速抽水蓄能电站

（a）机组总装配　　　（b）发电电动机转子

大型可变速抽水蓄能机组

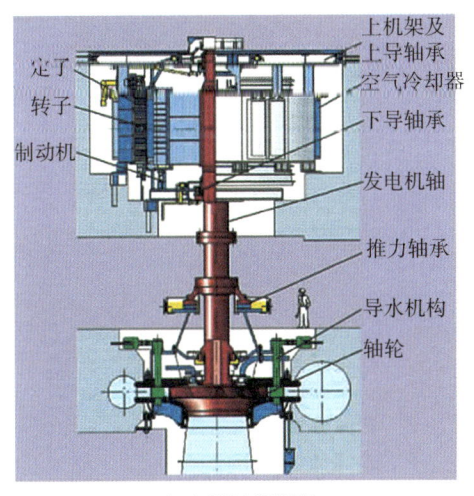

电站测算，年平均效率可提高 3%~5%，机组检修期可延长一倍左右。

（2）常规抽水蓄能机组抽水功率不能调整。变速蓄能机组可在较大范围内调节，可配合电力系统频率自动控制，并可免掉水泵工况启动装置。在发电工况下变速机组可提高发电效率。大河内电站变速机组在抽水工况时自动频率控制的平均范围为 ±22.5%，在发电工况时负荷低限为额定容量的 30%，机组效率提高 3.4%。失木泽电站原常规机组在 50~60 兆瓦出力（额定出力 80 兆瓦）时振动剧烈，改用变速机组后在 10 兆瓦出力时运行平稳，能在 0~80 兆瓦范围内运行。

（3）变速机组具有一定程度的异步运行能力，它通过相位控制可获得快速有功功率响应，因而比常规同步电机具有较好的稳定运行性能，有利于电力系统稳定性的提高。即使机组失步以后，变速机组也较易于再同步。据失木泽电站运行经验表明，变速机组通过直接用变频器控制内相位角，能够经受常规恒速同步机组会产生问题的电力系统扰动，从而仍能保持稳定运行。

（4）变速机组具有较好的调节系统无功和深度吸收系统无功的功能。据苏联对南部联合电力系统的研究表明，在 750 千伏电力系统中变速机组深度吸收无功可稳定运行，可显著减少并联电抗器数量。由于变速机组无功调节是连续的，因此，它还可以与各种运行状态下高压电网电压水平的优化创造条件，降低电网电能损耗。目前电网中的并联电抗器不能获得优化电压，同时电抗器自身的损耗与一般调压措施所降低的损耗几乎相等。在大型发电站中如果首先安装变速机组，可适应高压线路轻载，而不需装并联电抗器。

（5）变速机组能满足水轮机和同轴发电机对额定转速不同的要求，从而使机组达到最优配置。例如，三峡机组（单机容量 700 兆瓦）有两种额定转速（75 转 / 分及 71.4 转 / 分）方案：从水轮机来看由于泥沙问题采用 71.4 转 / 分为宜，从发电机来看 75 转 / 分有利于定子绕组支路数和槽电流的设计。常规机组两者不可兼顾，而变速机组则可兼顾。二滩机组（550 兆瓦）及李家峡机组（400 兆瓦）也存在类似情况。三峡电站水轮机在高水头区域存在稳定问题；在洪水季低水头运行存在气蚀和泥沙磨损问题。变速机组皆能较好地解决这些问题。同时变速机组能提高电力系统稳定性及提高无功调节性能，这对于三峡电站有重要作用。因此，变速机组对三峡是非常适合的。但变速机组受到技术限制，已投产容量最高达到 400 兆瓦，700 兆瓦机组尚无法完成。

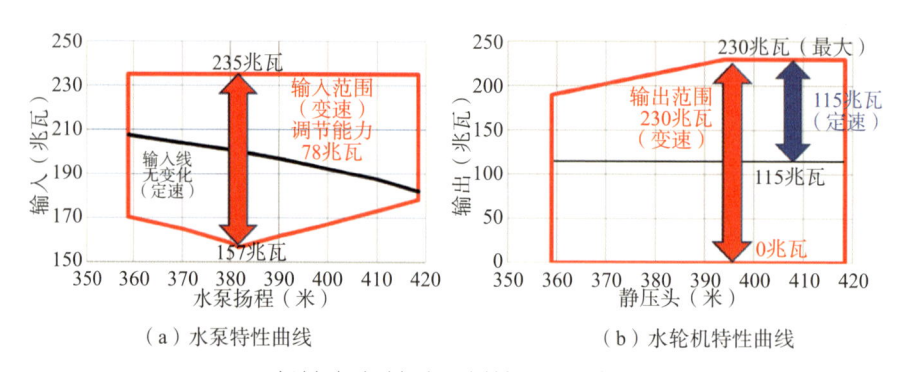

（a）水泵特性曲线　　　　（b）水轮机特性曲线

变速机与定速机水泵水轮机运行区域对比

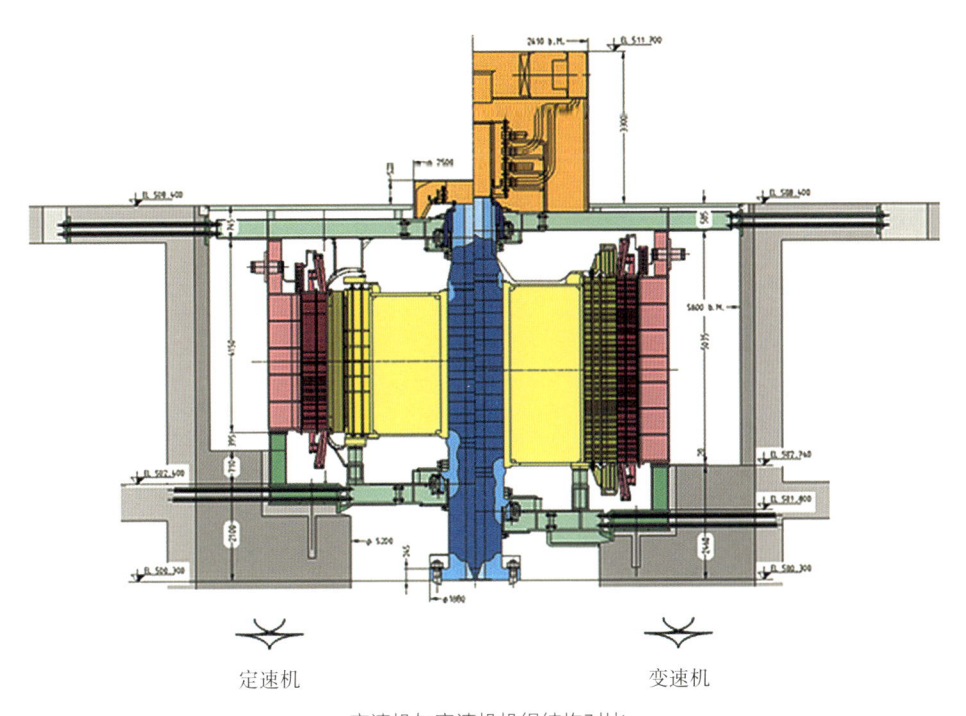

定速机　　　　　　　　变速机

变速机与定速机机组结构对比

大型可变速抽水蓄能机组研制的难点

研制大型可变速抽水蓄能机组，是具有前瞻性、基础性、开拓性的问题，涉及电气工程、电机学、自动控制和流体机械等学科，学科跨度大、融合程度深，研制大型可变速抽水蓄能机组需克服以下难点与挑战：

（1）可变速水泵水轮机水力开发的技术难点。可变速水泵水轮机的调节范围越宽越好，但是水泵水轮机功率调节范围主要受到水泵空化性能、水泵驼峰、水泵水轮机的稳定性的限制，越宽的调节范围，要求可变速水泵水轮机的运行范围更宽，在更宽的范围内，实现空化性能最优，驼峰特性更好，稳定性更优，水力开发难度大。

（2）可变速水泵水轮机结构设计的技术难点。可变速水泵水轮机具有很强的功率调节能力，需要经常调节，负荷与转速调节频次多，对转轮、导叶等过流部件带来部件疲劳问题，因此需要着重考虑水泵水轮机部件的疲劳，通过结构优化，提高变速水泵水轮机抗疲劳能力。

水泵水轮机试验模型

由于机组转速有较大的变化，动静干涉的共振频率有一定的变化范围，需要考虑的共振频率更多。

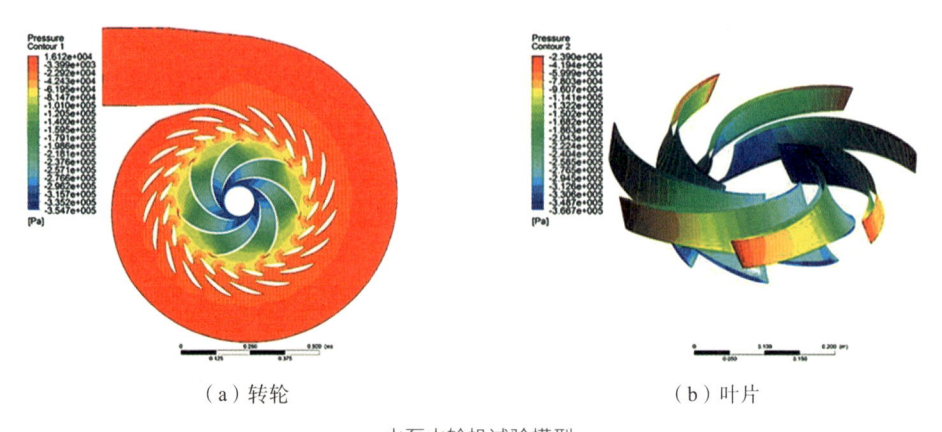

（a）转轮　　　　　　　　　　（b）叶片

水泵水轮机试验模型

（3）可变速机组过渡过程的技术难点。水力过渡过程被列为抽水蓄能电站建设的重大难题之一，对于可变速机组也尤为重要。由于转速可以调节，除考虑常规定速抽水蓄能过渡过程外，还需要考虑在甩全负荷或水泵断电变速机组和定速机组瞬态过渡过程、可变速机组变速调节过程中与定速机组之间的瞬态过渡过程。

（4）可变速发电电动机电磁方案设计。电磁方案作为可变速发电电动机设计的先决条件，需根据可变速抽水蓄能电机运行机理，在建立其等效电路和功率流关系的基础上，进行电磁方案开发。可变速抽水蓄能电机电磁设计主要包括基本数据确定、磁路计算、参数计算、损耗、效率、温升计算等部分。整个可变速抽水蓄能电机电磁设计中，既有与常规电机相同的部分，又有其自身的特殊性，且要同时兼顾电机的机械性能、散热性能、系统的动态性能以及控制系统和电网对电机性能的影响，必须在其电磁设计中将其完全融会贯通，具有较大难度，需要进行技术攻关。

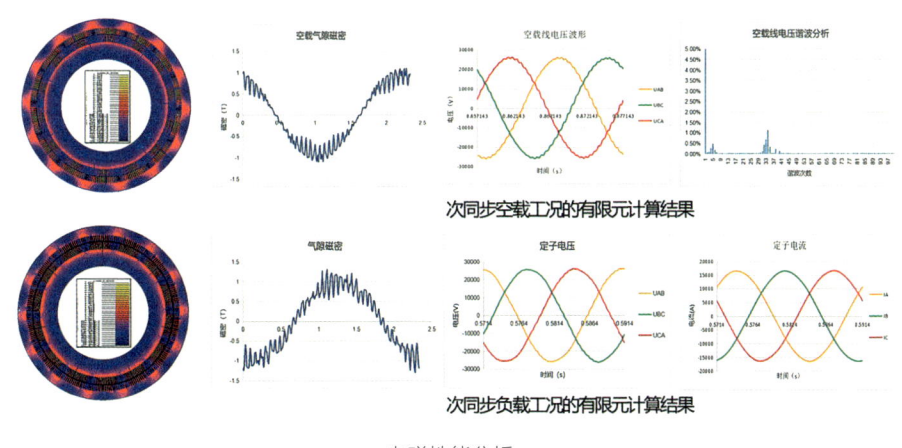

电磁性能分析

（5）可变速发电电动机转子结构设计。转子结构主要由转子支架、转子铁心、三相对称绕组、绕组槽内固定结构和绕组端部固定系统构成。由于可变速发电电动机高线速度下的应力作用，转子铁心的材料和结构设计受到极端考验，大离心力易导致零部件飞出。需要找到最佳的铁心冲片材料，来满足高强度、导磁良好、低损耗的性能要求，并具有良好的导热和机械性能。同时开发高速旋转铁心的端部压紧技术、高强度转子支架结构、安全稳定的绕组槽内固定结构和适用于变速电机转子铁心叠装的安装工艺也极为关键。

（6）可变速发电电动机转子绕组端部固定方式。由于高离心力和机组频繁起停，转子绕组端部固定系统设计直接影响电机的安全稳定运行，目前可选的端部固定方式包括螺栓结构（包括 U 型螺栓和径向螺栓）和护环结构，护环结构下绕组的稳定性较好，但存在五大不利之处：①巨型护环的制造尚不成熟，难度极大；②大直径薄壁件的护环吊装、运输及加工过程的稳定性存在问题，极易出现结构变形；③巨型护环的安装难度极大；④端部绕组的通风冷却效果差；⑤转子绕组的维护、检修非常困难。U 型螺栓结构具有如下优点：①端部绕组的通风冷却效果好；②制造简单；③安装过程相对简单，工艺稳定；④转子绕组的维护、检修方便。U 型螺栓的不足之处是：螺栓数量多，需要严格质量控制。故亟须攻克可变速发电电动机转子绕组端部固定方式的设计、制造工艺、材料供货厂家、运输、现场安装工艺、质量控制、维护维修等方面技术难题。

(a) 护环结构　　(b) U 型螺栓结构

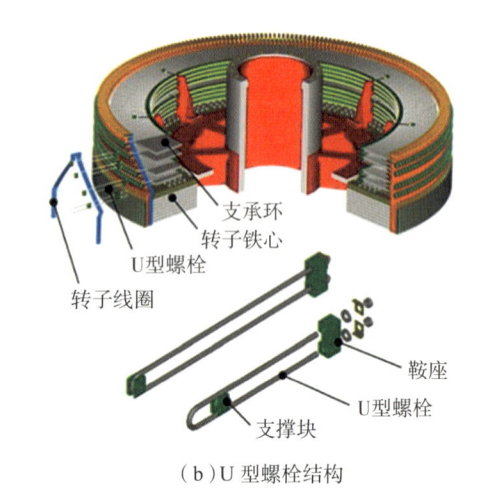

端部固定结构

（7）可变速发电电动机转子绝缘系统设计。可变速发电电动机转子绕组绝缘结构设计需考虑：转子绕组必须能够在电机运行及短路或飞逸等故障模式下承受离心力。为保证线棒的机械可靠性，主绝缘设计需充分考虑机械疲劳应力的影响；主绝缘中的电场、电压波形的 dU/dt 和绕组的工作温度也同样是主绝缘设计的主要影响因素；需根据不同的端部固定结构，设计特殊的转子线棒防晕结构，以满足电气试验和运行要求；需开发配套不同端部固定结构绝缘材料，满足不同端部固定结构的设计要求；需配合不同的端部固定结构，设计合理的绕组端部放电距离，保障机组安全运行。

（8）可变速发电电动机通风系统设计。发电电动机的通风与冷却能力直接影响各部分温度的均匀性，是决定各部分温度分布的关键技术。可变速发电电动机转子电密高，与容量为其 1.2~1.3 倍的定速发电电动机转子电密相当，转子为隐极结构，流道复杂多变，电机内流体流动空间受限，不同于凸极电机，转子端部需要足够的冷却风量保证其温度分布，定子端部的冷却风量来自转子端部和气隙，风量有限，风温较高，定子端部的冷却问题也亟待解决，这些特点给电机定、转子各部件的冷却带来巨大的挑战，并直接影响部件的温升。控制各部件温升在安全可靠范围内，

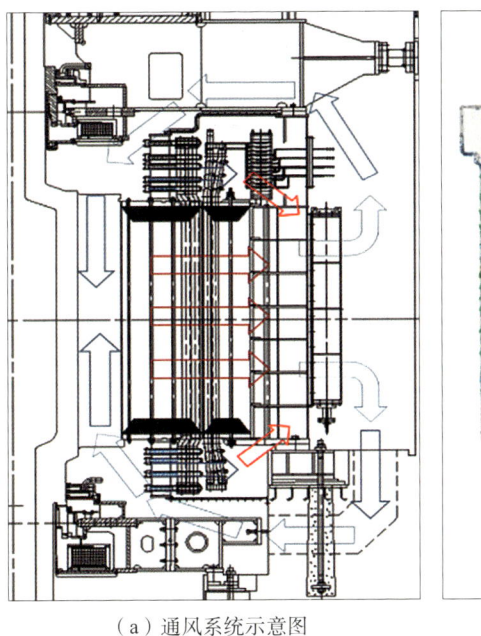

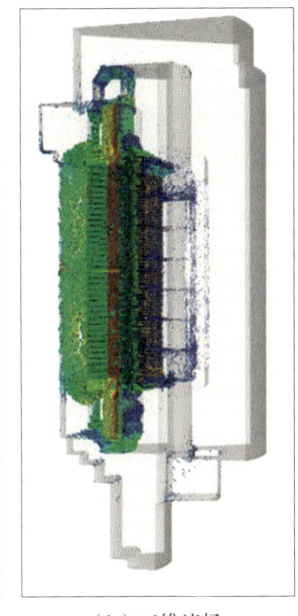

（a）通风系统示意图　　（b）三维流场

通风系统

需要对可变速发电电动机的冷却方式和冷却结构进行深入研究。

（9）可变速发电电动机集电环系统设计。变速机组的集电装置主要由集电环、电刷和通风换热系统组成，安装在转子上方便于观察和维护且无油雾和灰尘污染的位置，并有单独罩子保护，与发电电动机的通风回路隔开，避免碳粉污染定、转子绕组。集电环的材料和碳刷的材料必须匹配，仅仅当材料都选的比较合适且考虑了厂房内的气候条件后，集电环表面才能较好地形成氧化膜，这个化学过程将使得集电环系统运行在最佳状态。合理地选择碳刷和集电环的材料将会使碳刷的寿命大大增加。交流励磁系统的电压和电流非常高，如何保证碳刷运行在一个允许的温度范围内，是值得研究的问题（材料匹配、气候条件、运行条件等）。

集电系统

（10）可变速发电电动机交流励磁控制技术。可变速机组控制策略主要是水轮机工况和水泵工况的调节，涉及转速、水头/扬程、导叶开度、功率之间的协调，以及和新能源的匹配，需要通过协调控制器完成可变速工况的精细化调节，控制策略研究需要综合调速器、励磁厂家、电网需求等一起研究。一般情况下，变速机组的出力/入力调节可以先通过调速器调整导叶开度实现粗调，然后再通过交流励磁调节发电机的转速来实现功率的细调，从而使机组运行在较优工况点。然而开度调整不仅会影响机组出力/入力，同样也会影响机组转速，励磁系统对转速的调节也会影响机组的出力/入力，因此，变速机组必须研究调速器与励磁系统控制有功功率和转速的协调问题。由于可变速机组转速、开度、有功调节互相影响，需要进行解耦，需要配置协调控制器，内置效率优化模块和一次调频模块，效率优化模块主要根据机组不同工况、水头和设定的功率，自动优化机组的转速和开度，使得机组的效率达到较优；一次调频模块主要依据机组频率和给定频率的偏差，自动调整变速机组的出力（水轮机工况）或入力（水泵工况）。优化获得的转速和开度分别输送到机组调速器和励磁调节器，通过调速器对水泵水轮机开度的调节和励磁装置对发电电动机转速的调节，达到控制变速机组有功功率的目的。该项技术难度较大，亟须攻关。

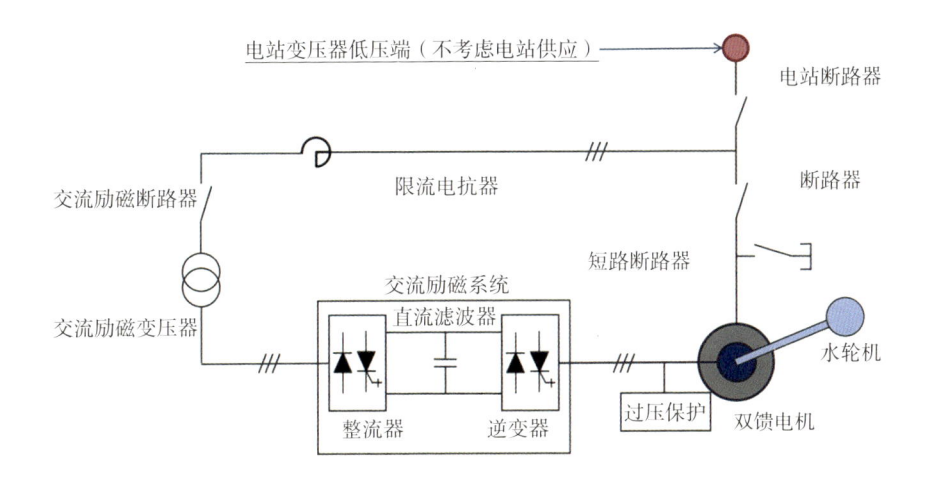

控制系统

展望

大型可变速抽水蓄能技术是一种很有发展前途的新技术，能实现常规机组不能实现或难以实现的多种功能，值得在我国研究、研制和应用推广。研制大型可变速抽水蓄能机组是一个较复杂的系统工程，需要国内有关科研院所、高校、制造和设计单位等联合攻关。我们畅想，通过布局重点专项研究项目、建设基础研究平台、建设示范项目、产学研协同攻关等手段，不远的未来，定将实现大型可变速抽水蓄能机组的大规模工程建设，并将推动大型风、光等清洁能源的迅猛发展。

中国电机工程学会

撰稿人：孙玉田　宋瀚生　胡　刚　陈建福　胡金明

编辑：夏凤金

10. 如何突破满足高端应用领域需求的高品质对位芳纶国产化"卡脖子"技术？

芳纶纤维是我国战略性新兴产业中重点发展的材料品种之一，具有明显军民两用特性，对国民经济发展和国防现代化建设具有重要的基础性、关键性作用。对位芳纶具有高强、高模和耐高温，同时还具有耐磨、阻燃、耐化学腐蚀、尺寸稳定等优异性能和功能，广泛应用于橡胶、光缆、防护、摩擦密封、复合材料等领域，在许多行业有着广阔的发展前景。

我国芳纶生产和应用的研发已经取得了一定的成果，但是与国际最先进水平相比，在技术、产品、装备、产业及应用方面都存在不小差距。由于存在极高的制造技术壁垒和知识产权保护，芳纶及其下游产品的生产技术长期为国外的公司所垄断，相关产品长期以来处于禁运或高价进口状态，在技术与经济上受西方国家遏制，极大地限制了我国卫星平台、运载火箭、大飞机、兵器舰船等国家重大工程建设及发展。加之国家对环保理念的倡导，及对产品高质量、高强度及长寿命的追求，未来更多的领域会应用芳纶材料。

俞建勇
中国工程院院士
东华大学校长、党委副书记

芳纶纤维产业技术发展现状及未来发展趋势

新材料产业是国家战略性新兴产业的重要组成，对实现我国创新驱动发展具有重要的支撑作用。高性能纤维及其复合材料是引领新材料技术与产业变革的排头兵，其中芳纶、碳纤维、超高分子量聚乙烯纤维并称为世界三大高性能纤维。芳纶是人工合成的芳香族聚酰胺纤维，全称为"聚苯二甲酰苯二胺"，英文为 aramid fiber，作为高性能有机材料的典型代表，具有高强度、高模量和耐高温、绝缘性能好、质量轻等优良性能，已广泛用于航天航空、交通运输、通信、高温绝缘、防弹防护等多个国防和民用领域，是我国关键战略材料品种之一。芳纶分为全芳香族聚酰胺纤维和杂环芳香族聚酰胺纤维两大类，全芳香族聚酰胺纤维中已经实现工业化的纤维主要是对位芳纶（PPTA）和间位芳纶（PMIA）。

芳纶纤维材料有哪些？

间位芳纶，化学名为聚间苯二甲酰间苯二胺，我国称为芳纶1313。芳纶1313最早于1967年由美国杜邦（DuPont）公司商业化进入市场，商品名为 Nomex®。日本帝人（Teijin）公司于1974年也成功实现商业化，商品名为 Conex®，还有日本尤尼吉可（Unitika）公司的 Apyeil® 和俄罗斯的 Fenilon® 纤维。国内芳纶1313主要生产企业有烟台泰和新材料股份有限公司、超美斯新材料股份有限公司等。目前，国内芳纶1313产业不但实现了自主供应，而且走出国门开始参与国际竞争。

对位芳纶，通常指的是芳纶1414，化学名为聚对苯二甲酰对苯二胺，也称为芳纶Ⅱ。20世纪60年代，在芳纶1313基础上，美国杜邦公司成功研制出芳纶1414，并于1972年实现了工业化生产，商品名为Kevlar®。芳纶1414具有比芳纶1313更好的综合性能，其出现被认为是材料界发展的重要里程碑。荷兰阿克苏诺贝尔（Akzo Nobel）公司也于20世纪70年代开始研制芳纶1414，并于1986年实现工业化生产，商品名为Twaron®。2000年日本帝人公司收购Twaron®，先后几次对其进行扩产，目前Twaron®已成为帝人公司的核心新材料产品。此外，韩国科隆（Kolon）公司于2005年成功产业化生产出芳纶1414，商品名为Heracron®，韩国晓星（Hyosung）公司也于2009年实现了芳纶1414 ALKEX®的工业化生产。国内，中蓝晨光化工研究设计院有限公司于2011年成功建设了1000吨/年芳纶1414工业生产装置实现产业化生产，商品名为Staramid®。烟台泰和新材料股份有限公司于2011年实现年产1000吨芳纶1414长丝产业化项目的顺利投产，商品名为Taparan®。目前，国际市场上芳纶1414主要由美国杜邦公司和日本帝人公司两巨头控制。

杂环芳纶（芳纶Ⅲ）也是对位芳纶中的一种，是在Kevlar®纤维分子链基础上加入第三单体——5（6）-氨基-2-（4-氨基苯）苯并咪唑进行共聚改性得到的一种芳纶产品，是一种金黄色或棕色的柔软纤维。20世纪70年代，宇航、军事工业的快速发展向材料科学界提出了更高的要求。苏联科学家经过努力，发明了Armos®纤维（国内称芳纶Ⅲ）。1978年，苏联化纤院注册了Armos®纤维专利，并同时在自己的试验厂进行小批量生产，1985年在特威尔（Tver）化纤公司建立生产基地并首先进行工业化生产。芳纶Ⅲ的研发与生产主要集中在俄罗斯和中国。国内中蓝晨光化工研究设计院有限公司于2005年完成工业生产装置建设并开车生产，随后经过两次扩产，形成了批量生产能力。另外中国航天科工集团第六研究院四十六所、四川辉腾科技有限公司也在进行芳纶Ⅲ的研制与生产。代表产品有俄罗斯的Armos®、Rusar®，以及我国中蓝晨光的STARAMID F-3和中国航天科工集团第六研究院四十六所的F-12系列产品等。

目前芳纶在哪些应用场景发挥作用？

间位芳纶的应用分布主要在电气绝缘纸、高温防护服、高温滤料；对位芳纶的应用分布主要在安全防护材料、车用摩擦材料和光缆增强；杂环芳纶应用在航空航天、军事工业、生命保护等尖端产业，以及部分民用市场（下图）。

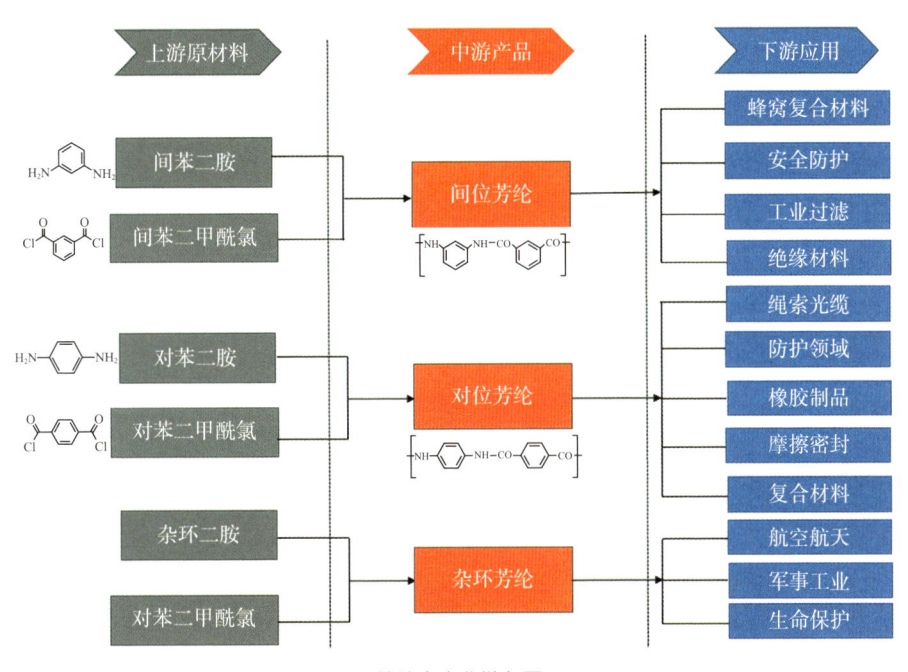

芳纶全产业链条图

从国内外的下游应用来看，我国间位芳纶的品种结构与国外差异明显。我国间位芳纶超过 60% 用于高温过滤材料，安全防护服饰领域用量不足 30%，高端产品芳纶纸、芳纶长丝、可染纤维等应用还处于起步阶段；而国外间位芳纶应用于高端产品占其总量的 80% 左右，高温过滤材料用的芳纶纤维只有 20% 左右（下页图）。上述情况主要是高端间位芳纶产品技术开发难度较大，市场推广门槛较高造成的。

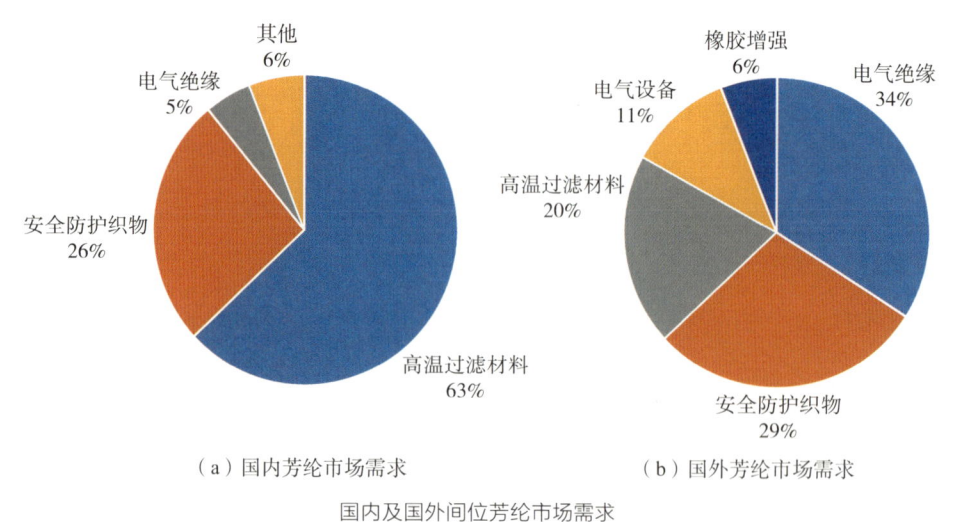

（a）国内芳纶市场需求　　　　（b）国外芳纶市场需求
国内及国外间位芳纶市场需求

从消费结构来看，我国对位芳纶44%用于光纤增强。国外对位芳纶下游主要用于防护领域（高温防护服、防弹头盔）、光纤增强（光缆、耳机数据线）、汽车橡胶工业（橡胶轮胎、汽车胶管、离合器垫片、刹车片）、复合材料（同步传输带）等（下图）。

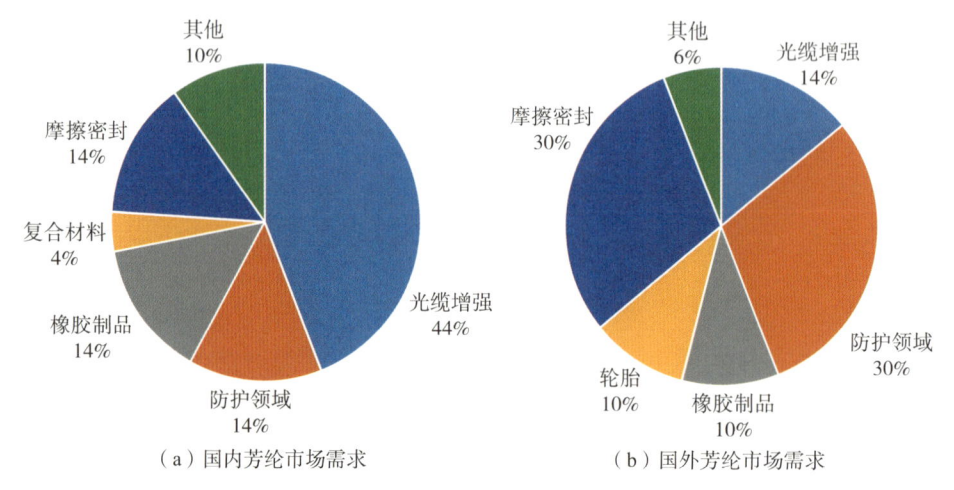

（a）国内芳纶市场需求　　　　（b）国外芳纶市场需求
国内及国外对位芳纶市场需求

芳纶纤维行业技术发展情况

芳纶纤维的生产工艺主要分为芳纶聚合物制备和聚合物纺丝两个步骤。芳纶聚合的原料是苯二甲酰氯和苯二胺,目前主流聚合反应包括低温溶液聚合法和界面聚合法,还包括直接溶液聚合法、酯交换法、气相聚合法和酰胺化缩聚等。间位芳纶纤维制备主要有干法纺丝和湿法纺丝,对位芳纶通常采用干喷湿法纺丝工艺,纺丝的过程则包括牵引、干燥和热处理等。

目前,我国间位芳纶纤维已实现了产业化生产,并有一定的出口;对位芳纶纤维发展较慢。虽然我国对位芳纶纤维产业化制造技术已取得重大突破,解决了基本型(相当于美国 DuPont 公司的"传统型")产品的有无问题,并已在军需民用领域得到了初步应用,但与美国 DuPont 公司和日本 Teijin 公司的产品相比,目前国产纤维的强度、模量、延伸率、离散性和工艺性等关键性能,还有较大差距,具体表现在:

(1)国内间位芳纶总产能已达 17000 吨 / 年,其中烟台泰和新材料股份有限公司的产能达 11000 吨 / 年,总规模居世界第二。但国内生产技术基本都采用湿法纺丝工艺,和世界最先进的干法纺丝工艺还存在差距;另外在产品方面,国内产品性能水平及规格系列化程度还和国外存在差距,主要是产品性能及稳定性不如国外,400 D 以下线密度产品还未获得市场认可。

(2)在几种国产芳纶中,对位芳纶和国外的差距最大。① 国内产品差距较大。产品性能及稳定性不如国外,600 D 以下规格产品市场认可度不高,高模量的高端产品还未实现国产化水平。② 技术水平存在不小差距。国内纺丝速度最多 500 米 / 分,而国外已达 800 米 / 分,且工艺稳定性有待提高。③ 产业规模差距较大。国际上对位芳纶总产能约为 76000 吨 / 年,开工率约为 70%~80%。我国目前已有 8 家企业建设了对位芳纶纤维的生产装置,产能已超过 7000 吨 / 年,但全国实际年产量约为

1800 吨，行业开工率不足 30%，且超过 70% 仍需依赖进口。国内产业分散，远未达到经济规模。

（3）应用水平存在较大差距。目前国产芳纶因产品稳定性及可靠性等影响，主要用于低端领域，在航空、航天、国防军工等高端领域的应用尚缺乏竞争力。

（4）产品下游应用开发迟滞，市场开发与培育举步维艰，且大部分还停留在模仿阶段，市场占有率低。如芳纶纸的下游应用：我国绝缘领域的应用占绝对优势，但国产芳纶纸的市场份额依然偏低，传统电气绝缘领域的市场壁垒还需要逐步消除；在蜂窝芯材领域，国产芳纶蜂窝在军机上已有一定的用量，但在商用大飞机和高铁领域还处于起步阶段。

（5）产品结构单一，差异化程度低，高端产品尚不具备批量供应的能力。

（6）工程化技术水平落后，核心装备国产化程度低、国外依赖性强。尤其是对位芳纶，对设备材质、精度等要求高，关键装备基本都采用进口。国内虽有报道，如对位芳纶聚合螺杆已可国产化，但应用质量相去甚远。技术突破缓慢，产业化攻关团队稳定性不够、领军人物缺乏。

（7）芳纶原料供应紧张。从历史上看，我国酰氯和二胺均出现过因供应紧张而价格飙涨的情况，日益严峻的安全环保形势是原料供应紧张的主要原因。如何保障芳纶原料的供应安全成为摆在主要芳纶厂家面前的一个严肃话题。由于不具备原材料一体化优势，上下游高效互动的芳纶产业链尚未形成。

（8）杂环芳纶在性能及产业规模方面还存在差距。

根据国家先进功能纤维创新中心前期调研，划分芳纶纤维产业链各环节，将各环节关键技术/产品分为短期难以突破的短板、3 年内有望突破的短板、非长板非短板、具备一定优势的长板、具备反制能力的长板五类，并以不同颜色标注，同时列出关键指标、依赖国别及国内重点企业，绘制芳纶纤维产业链技术、产品和企业分布图谱如下图所示。

第三篇 产业技术问题 347

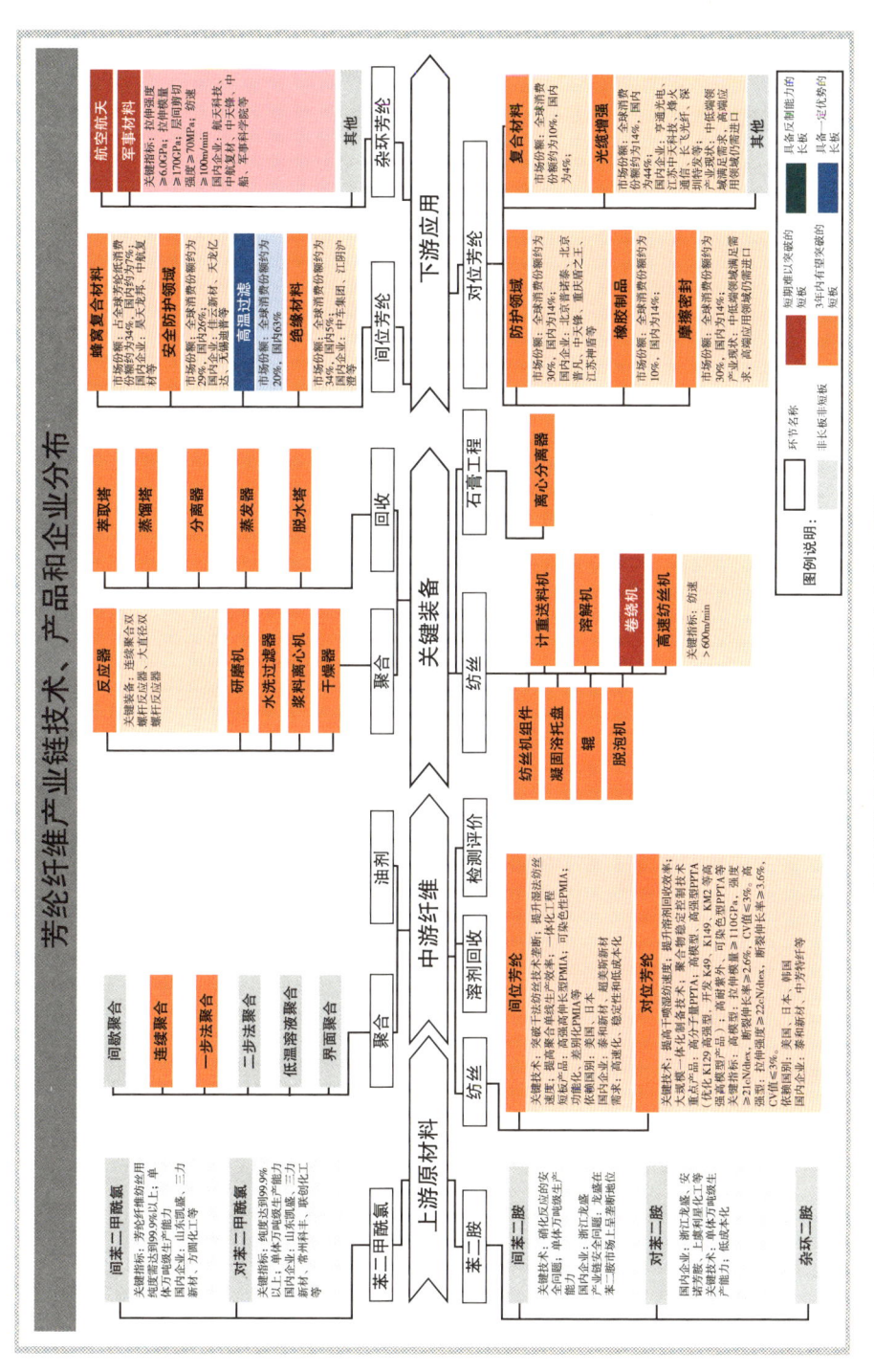

芳纶纤维产业链技术、产品和企业分布图谱

未来芳纶的技术该怎样发展？

芳纶技术发展方向与其他高性能纤维一样，遵循低成本、高性能、差别化产品的技术路线。通过芳纶聚合物分子质量有效控制、原液高效脱泡、高速稳定纺丝、高效溶剂回收等技术，提升纤维性能，降低生产成本，实现产品系列化。包括间位芳纶纤维溶剂体系、纺丝原液高效脱泡、高速稳定纺丝、提高力学性能、降低不匀率等关键技术；对位芳纶原料高效溶解、纺丝稳定控制、高温热处理、溶剂回收等关键技术；更高性能的高强型、高模型产品（相当于 Kevlar-129、Kevlar-49、KM2 级别）产业化技术；大容量连续聚合装备、高速纺丝组件、高稳定性高速牵引装置设计制造技术等。

制约高新技术纤维扩大应用的一个原因是高昂的成本，芳纶也不例外。目前，芳纶市场价格相对较高，很大一部分原因在于成本较高的工艺路线。因此，通过技术进步、加强合作、节能减排、循环利用等方式，降低纤维材料的研发、生产成本，降低产品价格，进而拓宽应用领域，扩大市场覆盖率是芳纶技术发展方向的主流。

由于芳纶纤维表面缺少活性基团，大分子中较高的结晶度使得纤维表面致密、光滑，浸润性较差，导致其与基体界面间的黏结性差。此外，芳纶分子结构中存在大量苯环，分子间氢键作用力弱，横向强度远小于纵向，使得纤维集合体在受到压缩及剪切时容易发生断裂。尤其当纤维表皮受到破坏时，其力学性能快速下降，甚至影响到整个复合材料的性能。为了能够充分利用芳纶纤维的优异性能，必须对芳纶纤维表面进行改性，增加纤维表面粗糙度或引入活性基因，改善纤维表面性能。

随着国内芳纶产能的不断扩大，芳纶及其制品的优良性能逐渐被人们所认识，其应用领域不断扩大。虽然近几年我国芳纶技术快速发展，但在产品的差别化方面与国外仍有差距。

我国是一个新兴的芳纶生产和需求大国，在不断扩大间位及对位芳纶产能的同时，更应遵循低成本、高性能、差别化产品的技术路线，同时注重配套装备的研发及下游领域芳纶材料的应用开发，推动装备及产品的国产化生产和替代，使我国不仅成为世界性的芳纶生产大国，更成为世界性的芳纶生产强国。

中国纺织工程学会

撰稿人：王玉萍　梅　锋　高　欢　王茜璇　田会双　赵　润

编辑：杨　丽